数据资产系列丛书

刘云波　总主编

数据要素政策汇编与核心政策解读

刘玉铭◎编著

北京大学出版社

PEKING UNIVERSITY PRESS

内 容 简 介

近年来国家对数据要素越来越重视,相关的法律政策陆续发布,这些法律政策的出台不仅引起了学术界对数据要素的高度重视,也推动了产业方对数据要素的广泛应用,更推动了数据资产入表的深入开展,使全民对数据要素的认识和应用提高到一个新台阶。

为方便广大读者学习、领悟和贯彻这些法律政策,本书组织了本领域相关重量级专家对相关法律政策进行解读,论述法律政策出台的背景及缘由,以及其指向及重点,为读者了解法律政策提供简明扼要的辅助,同时帮助从业者了解法律政策出台目的,引导从业者按照法律政策取向干事创业、取得实际成效。

本书可作为高校相关专业的配套教材,以及学校通识课的配套教材,也可作为企事业单位的培训教材。

图书在版编目(CIP)数据

数据要素政策汇编与核心政策解读 / 刘玉铭编著. 北京 : 北京大学出版社,2025.1. -- (数据资产系列丛书). -- ISBN 978-7-301-35585-5

Ⅰ. TP274

中国国家版本馆 CIP 数据核字第 20244JC673 号

书　　　名	数据要素政策汇编与核心政策解读
	SHUJU YAOSU ZHENGCE HUIBIAN YU HEXIN ZHENGCE JIEDU
著作责任者	刘玉铭 编著
策 划 编 辑	郑 双 李 虎
责 任 编 辑	李斯楠 郑 双
标 准 书 号	ISBN 978-7-301-35585-5
出 版 发 行	北京大学出版社
地　　　址	北京市海淀区成府路 205 号　100871
网　　　址	http://www.pup.cn 新浪微博:@北京大学出版社
电 子 邮 箱	编辑部 pup6@pup.cn 总编室 zpup@pup.cn
电　　　话	邮购部 010-62752015 发行部 010-62750672 编辑部 010-62750667
印 刷 者	三河市北燕印装有限公司
经 销 者	新华书店
	730 毫米×1020 毫米　16 开本　19 印张　331 千字
	2025 年 1 月第 1 版　2025 年 1 月第 1 次印刷
定　　　价	69.00 元

数据资产系列丛书
编写委员会

（按姓名拼音排序）

推 荐 序 一

随着全球数字经济的快速发展，数据作为一种新型生产要素，正成为推动全球经济结构转型和全球价值链重塑的战略资源，也是国际竞争的制高点。我国政府高度重视数字经济发展和数据要素的开发应用，国家层面出台了一系列政策，大力推动数据要素化和数据资产化进程。在这一时代背景下，如何有效管理和利用数据资源或数据资产，成为各行各业亟须解决的重大课题。

数据具备不同于传统生产要素的独特价值。数据的广泛运用，将推动新模式、新产品和新服务的发展，开辟新的经济增长点。更重要的是，数据的广泛运用带来的是效率的提升，而不是简单的规模扩张。例如，共享单车的兴起并未直接带来自行车产量的增长，但却显著提升了资源的使用效率。这种效率提升，是数字经济最核心的贡献，也是高质量发展所追求的目标。

数字经济发展不仅需要技术创新，还需要战略引领和政策支持。没有战略的引领，往往会导致盲目发展，最终难以实现预期目标。中国在数字经济领域的成功经验表明，技术创新和商业模式创新相辅相成，数字产业化与产业数字化同步推进。国家制定数字经济发展战略要因地制宜，不可照搬他国模式，也不能搞"一刀切"。战略引领和政策支持都必须遵循数字经济发展的规律，因此，要不断深化对数字经济的研究。

数据要素化是世界各国共同面对的新问题，有大量的理论问题和政策问题需要回答。当前，各国在数据管理、政策制定及监管方面，仍面临诸多挑战。例如，如何准确衡量数据资产的价值，如何确保数据跨境流动的安全与合规，都是摆在各国政府和企业面前的难题。对我国而言，没有信息化就没有现代化，没有网络安全就没有国家安全，在发展数字经济的同时，必须保证信息安全。因此，在制定数据收集、运用、交易、流动相关政策时，始终要坚持发展与安全并重的原则。

创新数字经济的监管同样需要研究新问题。随着数据的广泛应用，隐私保护、数据安全以及跨境流动的合规性问题变得愈加复杂。各国在探索数字经济监管体系时，必须坚持市场主导和政府引导相结合的原则，确保监管体系的适应性、包容性和安全性。分类监管是未来监管体系创新的重要方向。

针对不同类型的数据,根据其对经济和安全的不同影响,创新监管方式,既要便利数据的有序流动,也要确保安全底线。

北京大学出版社出版的《数据资产系列丛书》,系统总结了数字经济发展的政策与实践,对一系列前沿理论问题和方法进行了探讨。本丛书不仅从宏观层面讨论了数字经济的发展路径,还结合大量的实际案例,展示了数据要素在不同行业中的具体应用场景,为政府和企业充分开发和利用数据提供了参考和借鉴。通过阅读本丛书,从数据的收集、存储、安全流通、资产入表,到深入的开发利用,读者将会有更加全面的了解。期待本丛书的出版为我国数字经济健康发展作出应有的贡献。

是为序。

国务院发展研究中心副主任
隆国强

推荐序二

随着全球产业数字化、智能化转型的深度演进，数据的战略价值愈发重要。作为新型生产要素，数据除了是信息的集合，还可以通过分析、处理、计量或交易成为能够带来显著经济效益和社会效益的资产。在这一背景下，政策制定者、企业管理者和学术界，都在积极探索如何高效管理和利用数据资产，以实现高质量发展。从整个社会角度看，做好数据治理，让数据达到有序化、合规化，保障其安全性、隐私性，进一步拓宽其应用场景，可以更好地为经济赋能增值。对于企业而言，数据作为核心资源，具有与传统有形资产显著不同的特性。它的共享性和非排他性使得数据资产管理更加复杂，理解并掌握数据资产的管理和使用方法及其价值创造方式，有助于形成企业自身的数据治理优势，能够提高企业的市场竞争力。正如我曾在多个场合提到的，数据资产的管理不仅是一个技术问题，更涉及政策、法律和财务领域的多方协作。因此，科学的管理体系是企业有效利用数据资产、提升经济效益的基础。

北京大学出版社《数据资产系列丛书》的出版，为这一领域提供了宝贵的理论支持与实践指导。本丛书不仅详细介绍了数据资产管理的基本理论，还结合大量实际案例，展示了数据资产在企业运营中的广泛应用。丛书在数据资产的财务处理、规范应用以及数据安全等方面，均进行了大量有益探索。在财务处理方面，企业需要结合数据的独特属性，建立适应数据资产的财务管理制度和管理体系。这不仅需要考虑数据的质量、时效性和市场需求，还需要构建符合数据资产特性的确认、计量和披露要求，以确保其在企业财务报表中的科学反映，帮助企业更好地将数据资产纳入其整体财务管理框架。在法律与政策层面，国家近年来出台了一系列法规，明确了数据安全、隐私保护及数据交易流通的基本规范。这些法规为企业和政府部门在数据资产管理中的合法合规提供了保障。在数据交易流通日益频繁的背景下，如何确保数据安全、完善基础设施建设，成为政府和企业必须面对的挑战，丛书在这些方面的分析和探讨均有助于引导读者对数据资产进行进一步的研究探索。

本丛书不仅适用于政策制定者、企业管理者和财务管理人员，也为学术界提供了深入研究数据资产管理的丰富素材。丛书从理论到实践，对数据资产的综合管理进行了系统整理和分析，可以帮助更多的企业、相关机构在数字经济时代更好地利用数据要素资源。我相信，随着数据资产管理制度体系的逐步完善，数据将进一步发挥其在资源配置、生产效率提升及经济增长中的重要作用。企业也将在这一过程中，通过科学的管理和有效的应用，进一步提升其市场竞争力，实现更高水平的发展与转型。

中国财政科学研究院副院长

徐玉德

推 荐 序 三

数据作为重要的生产要素，其价值日益凸显，已成为推动国民经济增长、技术创新与社会进步的关键要素。数据从信息的集合转变为可持续开发的资源，这不仅改变了企业的运营模式，也对全球经济发展路径产生了深远的影响。中国作为世界第二大经济体也是数据大国，近年来积极探索数据要素化的路径，推进数据在安全前提下的国际流动，推动全球数字经济有序健康发展。在这个过程中，如何科学地管理、评估与运营数据资产，已成为企业、政府部门乃至国家进行数据管理的核心议题。

从政策层面上看，数据资产的管理和跨境流动涉及多个方面，包括数据隐私、安全性、合规性以及经济效益的最大化。为了规范数据的使用与流动，确保国家安全与经济发展，近年来，我国出台了一系列法律法规，如《中华人民共和国网络安全法》与《中华人民共和国数据安全法》。这标志着我国在数据要素化的进程中迈出了重要一步，为企业的数据资产管理提供了法律依据，确保数据在创造经济价值的同时，保持高度的安全性与合规性。同时，还为推动数字经济的高质量发展提供了法律和制度保障。

北京大学出版社《数据资产系列丛书》的出版，恰逢其时。本丛书系统地梳理了数据资产的概念、运营管理、入表及价值评估等关键议题，可以帮助企业管理者和政府决策部门从理论到实践，全面理解数据资产的开放与共享、运营与管理。本丛书不仅涵盖了数据资产管理的基本理论，还结合了大量的实际案例，展示了数据资产在不同行业中的应用场景。例如，在公共数据的管理与运营中，丛书通过具体的案例分析，详细地讨论了如何在数据开放与隐私保护之间取得平衡，确保公共数据的合理使用与价值转化。从公共数据资产运营管理的角度，丛书不仅为政府与公共机构提升服务水平、优化资源配置提供了新思路，还能够带来巨大的社会效益。丛书中特别提到，随着大数据技术的广泛应用，公共数据的应用场景日益多样化，从智慧城市建设到公共医疗服务，数据的价值正在各个领域得到充分体现。丛书通过对这些实践的深入分析，为企业与公共机构提供了宝贵的参考，帮助其在实际操作中最大化地发挥数据的内在价值。

在企业层面，如何将数据从普通的资源转化为具有经济价值的资产，是当前企业管理者面临的重大挑战。数据资产不同于传统的有形资产，它具有共享性、非排他性和高度的流动性。这意味着企业在管理数据时，必须采用与传统资产不同的管理方法和评估模型，数据资产的有效管理，不仅能够帮助企业提高运营效率，还能够显著提升其市场竞争力。通过对数据的全面收集、分析与应用，企业可以更加精准地把握市场需求，优化生产流程，进而实现经济效益的最大化。此外，数据资产的会计处理与价值评估，是数据资产管理中的核心环节之一。由于数据资产的无形性和动态性，使得传统的资产评估方法难以完全适用。丛书中分析了数据资产的独特属性，入表和价值评估的相关要求和操作流程，可以帮助企业在财务决策中更加科学地进行数据资产的评估与管理。另外，还可以帮助企业将数据资产纳入其整体财务管理体系，提升企业在市场中的透明度与公信力。

推动数字经济有序健康发展，不仅需要政策的支持，还需要企业的积极参与。通过阅读本丛书，读者将能够更加深刻地理解数据资产的管理框架、财务处理规范及其在经济增长中的关键作用，并且在公共数据资产运营、数据安全、隐私保护及数据价值评估等方面，获得系统的指导。

总之，数字经济的迅猛发展，给全球经济带来了新的机遇与挑战。数据资产作为核心资源，其管理与运营将直接影响企业的长远发展。我相信，本丛书不仅为企业管理者提供了宝贵的实践经验，还将推动中国数字经济持续健康稳定发展。

全国政协委员、北京新联会会长、中国资产评估协会副会长
北京中企华资产评估有限责任公司董事长
权忠光

丛 书 总 序

  2019 年 10 月 31 日，中国共产党第十九届中央委员会第四次全体会议通过《中共中央关于坚持和完善中国特色社会主义制度 推进国家治理体系和治理能力现代化若干重大问题的决定》，提出要健全劳动、资本、土地、知识、技术、管理、数据等生产要素由市场评价贡献、按贡献决定报酬的机制，"数据"首次被正式纳入生产要素并参与分配，这是一项重大的理论创新。2020 年 3 月 30 日，中共中央、国务院发布《中共中央、国务院关于构建更加完善的要素市场化配置体制机制的意见》，将数据与土地、劳动力、资本、技术等传统要素并列成为五大生产要素。《中共中央、国务院关于构建数据基础制度更好发挥数据要素作用的意见》提出要根据数据来源和数据生成特征，分别界定数据生产、流通、使用过程中各参与方享有的合法权利，建立数据资源持有权、数据加工使用权、数据产品经营权等分置的产权运行机制。鼓励公共数据在保护个人隐私和确保公共安全的前提下，按照"原始数据不出域、数据可用不可见"的要求，以模型、核验等产品和服务等形式向社会提供，实现数据流通全过程动态管理，在合规流通使用中激活数据价值。

  可以预期，数据作为新型生产要素，将深刻改变我们的生产方式、生活方式和社会治理方式。随着数据采集、治理、应用、安全等方面的技术不断创新和产业的快速发展，数据要素已成为国民经济长期增长的内生动力。从广义上理解，数据资产是能够激发管理服务潜能并能带来经济效益的数据资源，它正逐渐成为构筑数字中国的基石和加速数字经济飞跃的关键战略性资源。数据资产的科学管理将为企业构建现代化管理系统，提升企业数据治理能力，促进企业战略决策的数据化、科学化提供有力支撑，对于企业实现高质量发展具有重要的战略意义。数据资产的价值化是多环节协同的结果，包括数据采集、存储、处理、分析和挖掘等。随着技术的快速发展，新的数据处理和分析技术不断涌现，企业需要更新和完善自身的管理体系，以适应数据价值化的内在需求。数据价值化将促使企业提升数据治理水平，完善数据管理制度，建立完善的数据治理体系；企业还需要打破部门壁垒，实现数据的跨部门共享和协作。随着技术的高速发展，大数据、云计算、人工智能等技术的应用日益广泛，数据资产的价值正逐渐被不同行业的企业所认识。然而，相较于传统的资产类型，数据资产的特性使得其在管理、价值创造与会计处理等方面面临诸多挑战，提升数据资产的管理能力是产业数字化和数据要素化的关键，也是提升企业核心竞争力和发展新质生产力的必然选择。我们需要在不断研究数据价值管理理论的基础上，深入开展数据价值化实践，以有效释放数据资产的价值并推进数字经济高质量发展。

财政部 2023 年 8 月印发《企业数据资源相关会计处理暂行规定》，标志着"数据资产入表"正式确立。2023 年 9 月 8 日，在财政部指导下，中国资产评估协会印发《数据资产评估指导意见》，为数据资产价值衡量提供了重要标准尺度。数据资产入表的推进为企业数据资产的价值管理带来新的挑战。数据资产入表不仅需要明确数据资产确认的条件和方式，还涉及如何划定数据资产的边界，明确会计核算的范围，这是具有一定挑战性的任务。最关键的是，数据资产入表只是数据资源资产化的第一步。同时，数据资产的价值评估已成为推动数据资产化和数据资产市场化不可或缺的重要环节之一。由于数据资产的价值在很大程度上取决于其在特定应用场景中的使用，现实情况中能够直接带来经济利益流入的应用场景相对较少，如何对数据资产进行合理和科学的价值评估，也是资产评估行业和社会各界所关注的重要议题，需要深入进行理论研究并不断总结最佳实践。

数据资产化将加速企业数字化转型，驱动企业管理水平提升，合规利用数据资源。数据资产入表将对企业数据治理水平提出挑战，企业需建立和完善数据资产管理体系，加强数字化人才的培养，有效地进行数据的采集、整理，提高数据质量，让数据利用更有可操作性、可重复利用性。企业管理层将会更加关注数据资产的管理和优化，强化数据基础，提高企业运营管理水平，助力企业更好地遵循相关法规，降低合规风险，注重信息安全。通过对数据资产进行系统管理和价值评估，企业能够更好地了解自身创新潜力，有助于优化研发投资，提高业务的敏捷性和竞争力，推动基于数据资产利用的场景创新并激发业务创新和组织创新。因此，需要就数据资源的内容、数据资产的用途、数据价值的实现模式等进行系统筹划和全面分析，以有效达成数据资源的资产化实现路径，并不断创新数据资产或数据资源的应用场景，为企业和公共数据资产化和资本化的顺利实现，通过数据产业化发展地方经济，构建新型的数据产业投融资模式，以及国民经济持续健康发展打下坚实的基础。

数据要素在政府社会治理与服务，以及宏观经济调控方面也扮演着关键角色。数据要素的自由流动提高了政府的透明度，增强了公民和政府之间的信任，同时有助于消除"数据孤岛"，推动公共数据的开放共享。来自传统和新型社交媒体的数据可以用于公民的社会情绪分析，帮助政府更好地了解公民的情感、兴趣和意见，为公共服务对象的优先级制定提供支持，提升社会治理水平和能力。还可以对来自不同公共领域的数据进行相关性分析，有助于政府决策机构进行更准确的经济形势分析和预测，从而促进宏观经济政策的有效制定。公共数据也具有巨大的经济社会价值，2023 年 12 月 31 日国家数据局等 17 个部门联合印发《"数据要素×"三年行动计划（2024—2026 年）》，提出要以推动数据要素高水平应用为主线，以推进数据要素协同优化、复用增效、融合创新作用发挥为重点，强化场景需求牵引，带动数据要素高质量供给、合规高效流通，培育新产业、新模式、新动能，充分实现数据要素价值。2023 年 12 月 31 日，财政部印发《关于加强数据资产管理的指导意见》，明确指出要坚持有效市场与有为政府相结合，充分发挥市场配置资源的决定性作用，支持用于产业发展、行业发展的公共数据资产有条件有偿使用，加大政府引导调节力度，探索建立公共数据资产开发利用和收益分配机制。我们看到，大模型已在公共数据开发领域发挥着显著的作用。

数据要素化既有不少机遇也有许多挑战，当前在数据管理、数据安全及合规监管方面还有大量的理论问题、政策问题以及具体的实现路径问题需要回答。例如，如何准确衡量数据资产的价值，如何确保数据交易流动的安全与合规，利益的合理分配，数据资产的合理计量和会计处理，都是摆在政府和企业面前的难题。在这样的背景下，北京大学出版社邀请我组织编写《数据资产系列丛书》，我深感荣幸与责任并重。我们生活在一个信息飞速发展的时代，每一天都有新的知识、新的观点、新的思考在涌现。作为致力于传播新知识、启迪思考的丛书，我们深知自己肩负的使命不仅仅是传递信息，更是要引导读者深入思考，激发他们内在的智慧和潜能。在筹备丛书的过程中，我们精心策划、严谨筛选，力求将最有价值、最具深度的内容呈现给读者。我们邀请了众多领域的专家学者，他们用自己的专业知识和独特视角，为我们解读相关理论和实践成果，让我们得以更好地理解那些隐藏在表象之下的智慧和思考。本丛书不仅是对数据要素领域理论体系的一次系统梳理，也是对现有实践经验的深度总结。在未来的数字经济发展中，数据资产将扮演越来越重要的角色，希望这套丛书能成为广大从业人员学习、参考的必备工具。

我要感谢本丛书的作者团队。他们在繁忙的工作之余，收集大量的资料并整理分析，贡献了他们的理论研究成果和丰富的实践经验，他们的智慧和才华，为丛书注入了独特的灵魂和活力。

我要感谢北京大学出版社的编辑和设计团队。他们精心策划、认真审阅、精心设计，他们的专业精神和创造力，为丛书增添了独特的魅力和风采。

我还要感谢我的家人和朋友们。他们一直陪伴在我身边，给予我理解和支持，让我能够有时间投入到丛书的协调和组织工作中。

最后，我要再次向所有为丛书的出版作出贡献的人表示衷心的感谢，是你们的努力和付出，让丛书得以呈现在大家面前；我们也将继续努力，为大家组织编写更多数据资产系列书籍，为中国数字经济的发展作出应有的贡献。

中国资产评估协会数据资产评估专业委员会副主任
北京中企华大数据科技有限公司董事长
刘云波

前　　言

　　人类从农业文明迈入工业文明，在工业文明经历了机械化、电气化、信息化阶段，如今正向智能化阶段迈进。还有专家把人类经历的社会阶段划分为农业时代、工业时代、数智时代。在工业时代，电力改变了我们的生产生活方式；在数智时代，大数据和人工智能同样也将改变我们的生产生活方式。

　　在全球范围内运用大数据来推动经济发展、完善社会治理、提升政府服务水平和监管能力已经成为大势所趋。随着 ChatGPT 在 2023 年实现突破性发展，各类以大数据为"原料"的大模型不断涌现。这些大模型必将重塑数据分析之道，改变企业运用人工智能和机器学习的途径，颠覆自动化商业流程，赋能各个行业，引领企业决策迈向新纪元。

　　目前，我国互联网用户规模居全球第一，拥有丰富的数据资源和庞大的应用市场，大数据部分关键技术研发取得突破，涌现出一批互联网创新企业并得到一批创新应用成果。坚持创新驱动发展，加快大数据部署，深化大数据应用，是发展新质生产力的内在需要和必然选择。

　　近年来，我国出台了大量政策文件，支持大数据应用及数字产业、数字经济的发展。国家把数据作为与土地、劳动力、资本、技术并列的第五大生产要素予以强调，并对如何利用、发展大数据提出了方向目标、具体要求、保障措施。

　　本书对近年来我国出台的相关政策进行了梳理汇编，其中既包括国家相关立法文件，中共中央、国务院（包括中办发、国办发）和国家部委层面的政策文件，也引用了北京市、贵州省、广东省深圳市的政策文件供大家参考。

　　按照发文单位的不同，本书共分为 5 篇，分别是：国家立法，中共中央、国务院及国家部委相关政策，北京市相关政策，贵州省相关政策，广东省深圳市相关政策。第 1 篇汇编了 3 项立法，并对其进行了解读。第 2 篇共汇编了 13 项政策，并对其中的 12 项进行了解读。由于《数字中国建设整体布局规划》未公开刊发，仅引用了概要，所以未专门进行解读。鉴于北京市、贵州省、广东省深圳市在大数据方面先行先试，具有较强的代表性，所以第 3、4、5 篇分别为北京市、贵州省、广东省深圳市的相关政策及合并解读。

　　本书的定位为政策工具书,供读者查阅和系统掌握数据要素相关政策,并辅以介绍及引导。由于作者水平有限,且政策文件本身指向明确、措施清晰、通俗易懂,加之篇幅有限,一些解读仅是对政策重点予以强调,未能做太多横向扩展及纵向延伸。此外,书中如有疏漏或不足之处,欢迎读者提出宝贵意见。

　　在本书编写过程中,北大出版社郑双先生予以大力支持和巨大帮助,对本书的章节结构、写作模式、行文方式及文字细节提出了建设性修改意见,在此表示衷心感谢。感谢北大师兄刘云波先生予以的指导帮助,感谢汝玉虎先生对本书的修改斧正。在此,还要感谢我的父母、妻女对我工作的支持,给我营造了安静、舒适的写作环境。

编者
2024 年 6 月

目　　录

第1篇

国家立法

1.1　《中华人民共和国网络安全法》

中华人民共和国主席令

（第五十三号）

《中华人民共和国网络安全法》已由中华人民共和国第十二届全国人民代表大会常务委员会第二十四次会议于 2016 年 11 月 7 日通过，现予公布，自 2017 年 6 月 1 日起施行。

中华人民共和国主席　习近平

2016 年 11 月 7 日

中华人民共和国网络安全法

（2016 年 11 月 7 日第十二届全国人民代表大会常务委员会第二十四次会议通过）

目录

第一章　总则

第一条　为了保障网络安全，维护网络空间主权和国家安全，社会公共利益，保护公民、法人和其他组织的合法权益，促进经济社会信息化健康发展，制定本法。

第二条　在中华人民共和国境内建设、运营、维护和使用网络，以及网络安全的监督管理，适用本法。

第三条 国家坚持网络安全与信息化发展并重，遵循积极利用、科学发展、依法管理、确保安全的方针，推进网络基础设施建设和互联互通，鼓励网络技术创新和应用，支持培养网络安全人才，建立健全网络安全保障体系，提高网络安全保护能力。

第四条 国家制定并不断完善网络安全战略，明确保障网络安全的基本要求和主要目标，提出重点领域的网络安全政策、工作任务和措施。

第五条 国家采取措施，监测、防御、处置来源于中华人民共和国境内外的网络安全风险和威胁，保护关键信息基础设施免受攻击、侵入、干扰和破坏，依法惩治网络违法犯罪活动，维护网络空间安全和秩序。

第六条 国家倡导诚实守信、健康文明的网络行为，推动传播社会主义核心价值观，采取措施提高全社会的网络安全意识和水平，形成全社会共同参与促进网络安全的良好环境。

第七条 国家积极开展网络空间治理、网络技术研发和标准制定、打击网络违法犯罪等方面的国际交流与合作，推动构建和平、安全、开放、合作的网络空间，建立多边、民主、透明的网络治理体系。

第八条 国家网信部门负责统筹协调网络安全工作和相关监督管理工作。国务院电信主管部门、公安部门和其他有关机关依照本法和有关法律、行政法规的规定，在各自职责范围内负责网络安全保护和监督管理工作。

县级以上地方人民政府有关部门的网络安全保护和监督管理职责，按照国家有关规定确定。

第九条 网络运营者开展经营和服务活动，必须遵守法律、行政法规，尊重社会公德，遵守商业道德，诚实信用，履行网络安全保护义务，接受政府和社会的监督，承担社会责任。

第十条 建设、运营网络或者通过网络提供服务，应当依照法律、行政法规的规定和国家标准的强制性要求，采取技术措施和其他必要措施，保障网络安全、稳定运行，有效应对网络安全事件，防范网络违法犯罪活动，维护网络数据的完整性、保密性和可用性。

第十一条 网络相关行业组织按照章程，加强行业自律，制定网络安全行为规范，指导会员加强网络安全保护，提高网络安全保护水平，促进行业健康发展。

第十二条 国家保护公民、法人和其他组织依法使用网络的权利，促进网络接入普及，提升网络服务水平，为社会提供安全、便利的网络服务，保障网络信息依法有序自由流动。

任何个人和组织使用网络应当遵守宪法法律，遵守公共秩序，尊重社会公德，不得危害网络安全，不得利用网络从事危害国家安全、荣誉和利益，煽动颠覆国家政权、推翻社会主义制度，煽动分裂国家、破坏国家统一，宣扬恐怖主义、极端主义，宣扬民族仇恨、民族歧视，传播暴力、淫秽色情信息，编造、传播虚假信息扰乱经济秩序和社会秩序，以及侵害他人名誉、隐私、知识产权和其他合法权益等活动。

第十三条 国家支持研究开发有利于未成年人健康成长的网络产品和服务，依法惩治利用网络从事危害未成年人身心健康的活动，为未成年人提供安全、健康的网络环境。

第十四条 任何个人和组织有权对危害网络安全的行为向网信、电信、公安等部门举报。收到举报的部门应当及时依法作出处理；不属于本部门职责的，应当及时移送有权处理的部门。

有关部门应当对举报人的相关信息予以保密，保护举报人的合法权益。

第二章 网络安全支持与促进

第十五条 国家建立和完善网络安全标准体系。国务院标准化行政主管部门和国务院其他有关部门根据各自的职责，组织制定并适时修订有关网络安全管理以及网络产品、服务和运行安全的国家标准、行业标准。

国家支持企业、研究机构、高等学校、网络相关行业组织参与网络安全国家标准、行业标准的制定。

第十六条 国务院和省、自治区、直辖市人民政府应当统筹规划，加大投入，扶持重点网络安全技术产业和项目，支持网络安全技术的研究开发和应用，推广安全可信的网络产品和服务，保护网络技术知识产权，支持企业、研究机构和高等学校等参与国家网络安全技术创新项目。

第十七条 国家推进网络安全社会化服务体系建设，鼓励有关企业、机构开展网络安全认证、检测和风险评估等安全服务。

第十八条 国家鼓励开发网络数据安全保护和利用技术，促进公共数据资源开放，推动技术创新和经济社会发展。

国家支持创新网络安全管理方式，运用网络新技术，提升网络安全保护水平。

第十九条 各级人民政府及其有关部门应当组织开展经常性的网络安全宣传教育，并指导、督促有关单位做好网络安全宣传教育工作。

大众传播媒介应当有针对性地面向社会进行网络安全宣传教育。

第二十条 国家支持企业和高等学校、职业学校等教育培训机构开展网络安全相关教育与培训，采取多种方式培养网络安全人才，促进网络安全人才交流。

第三章　网络运行安全

第一节　一般规定

第二十一条　国家实行网络安全等级保护制度。网络运营者应当按照网络安全等级保护制度的要求，履行下列安全保护义务，保障网络免受干扰、破坏或者未经授权的访问，防止网络数据泄露或者被窃取、篡改：

（一）制定内部安全管理制度和操作规程，确定网络安全负责人，落实网络安全保护责任；

（二）采取防范计算机病毒和网络攻击、网络侵入等危害网络安全行为的技术措施；

（三）采取监测、记录网络运行状态、网络安全事件的技术措施，并按照规定留存相关的网络日志不少于六个月；

（四）采取数据分类、重要数据备份和加密等措施；

（五）法律、行政法规规定的其他义务。

第二十二条　网络产品、服务应当符合相关国家标准的强制性要求。网络产品、服务的提供者不得设置恶意程序；发现其网络产品、服务存在安全缺陷、漏洞等风险时，应当立即采取补救措施，按照规定及时告知用户并向有关主管部门报告。

网络产品、服务的提供者应当为其产品、服务持续提供安全维护；在规定或者当事人约定的期限内，不得终止提供安全维护。

网络产品、服务具有收集用户信息功能的，其提供者应当向用户明示并取得同意；涉及用户个人信息的，还应当遵守本法和有关法律、行政法规关于个人信息保护的规定。

第二十三条　网络关键设备和网络安全专用产品应当按照相关国家标准的强制性要求，由具备资格的机构安全认证合格或者安全检测符合要求后，方可销售或者提供。国家网信部门会同国务院有关部门制定、公布网络关键设备和网络安全专用产品目录，并推动安全认证和安全检测结果互认，避免重复认证、检测。

第二十四条　网络运营者为用户办理网络接入、域名注册服务，办理固定电话、移动电话等入网手续，或者为用户提供信息发布、即时通讯等服务，在与用户签订协议或者确认提供服务时，应当要求用户提供真实身份信息。用户不提供真实身份信息的，网络运营者不得为其提供相关服务。

国家实施网络可信身份战略，支持研究开发安全、方便的电子身份认证技术，推动不同电子身份认证之间的互认。

第二十五条　网络运营者应当制定网络安全事件应急预案，及时处置系统漏洞、计算机病毒、网络攻击、网络侵入等安全风险；在发生危害网络安全的事件时，立即启动应急预案，采取相应的补救措施，并按照规定向有关主管部门报告。

第二十六条　开展网络安全认证、检测、风险评估等活动，向社会发布系统漏洞、计算机病毒、网络攻击、网络侵入等网络安全信息，应当遵守国家有关规定。

第二十七条　任何个人和组织不得从事非法侵入他人网络、干扰他人网络正常功能、窃取网络数据等危害网络安全的活动；不得提供专门用于从事侵入网络、干扰网络正常功能及防护措施、窃取网络数据等危害网络安全活动的程序、工具；明知他人从事危害网络安全的活动的，不得为其提供技术支持、广告推广、支付结算等帮助。

第二十八条　网络运营者应当为公安机关、国家安全机关依法维护国家安全和侦查犯罪的活动提供技术支持和协助。

第二十九条　国家支持网络运营者之间在网络安全信息收集、分析、通报和应急处置等方面进行合作，提高网络运营者的安全保障能力。

有关行业组织建立健全本行业的网络安全保护规范和协作机制，加强对网络安全风险的分析评估，定期向会员进行风险警示，支持、协助会员应对网络安全风险。

第三十条　网信部门和有关部门在履行网络安全保护职责中获取的信息，只能用于维护网络安全的需要，不得用于其他用途。

第二节　关键信息基础设施的运行安全

第三十一条　国家对公共通信和信息服务、能源、交通、水利、金融、公共服务、电子政务等重要行业和领域，以及其他一旦遭到破坏、丧失功能或者数据泄露，可能严重危害国家安全、国计民生、公共利益的关键信息基础设施，在网络安全等级保护制度的基础上，实行重点保护。关键信息基础设施的具体范围和安全保护办法由国务院制定。

国家鼓励关键信息基础设施以外的网络运营者自愿参与关键信息基础设施保护体系。

第三十二条　按照国务院规定的职责分工，负责关键信息基础设施安全保护工作的部门分别编制并组织实施本行业、本领域的关键信息基础设施安全规划，指导和监督关键信息基础设施运行安全保护工作。

第三十三条　建设关键信息基础设施应当确保其具有支持业务稳定、持续运行的性能，并保证安全技术措施同步规划、同步建设、同步使用。

第三十四条　除本法第二十一条的规定外，关键信息基础设施的运营者还应当履行下列安全保护义务：

（一）设置专门安全管理机构和安全管理负责人，并对该负责人和关键岗位的人员进行安全背景审查；

（二）定期对从业人员进行网络安全教育、技术培训和技能考核；

（三）对重要系统和数据库进行容灾备份；

（四）制定网络安全事件应急预案，并定期进行演练；

（五）法律、行政法规规定的其他义务。

第三十五条 关键信息基础设施的运营者采购网络产品和服务，可能影响国家安全的，应当通过国家网信部门会同国务院有关部门组织的国家安全审查。

第三十六条 关键信息基础设施的运营者采购网络产品和服务，应当按照规定与提供者签订安全保密协议，明确安全和保密义务与责任。

第三十七条 关键信息基础设施的运营者在中华人民共和国境内运营中收集和产生的个人信息和重要数据应当在境内存储。因业务需要，确需向境外提供的，应当按照国家网信部门会同国务院有关部门制定的办法进行安全评估；法律、行政法规另有规定的，依照其规定。

第三十八条 关键信息基础设施的运营者应当自行或者委托网络安全服务机构对其网络的安全性和可能存在的风险每年至少进行一次检测评估，并将检测评估情况和改进措施报送相关负责关键信息基础设施安全保护工作的部门。

第三十九条 国家网信部门应当统筹协调有关部门对关键信息基础设施的安全保护采取下列措施：

（一）对关键信息基础设施的安全风险进行抽查检测，提出改进措施，必要时可以委托网络安全服务机构对网络存在的安全风险进行检测评估；

（二）定期组织关键信息基础设施的运营者进行网络安全应急演练，提高应对网络安全事件的水平和协同配合能力；

（三）促进有关部门、关键信息基础设施的运营者以及有关研究机构、网络安全服务机构等之间的网络安全信息共享；

（四）对网络安全事件的应急处置与网络功能的恢复等，提供技术支持和协助。

第四章 网络信息安全

第四十条 网络运营者应当对其收集的用户信息严格保密，并建立健全用户信息保护制度。

第四十一条 网络运营者收集、使用个人信息，应当遵循合法、正当、必要的原则，公开收集、使用规则，明示收集、使用信息的目的、方式和范围，并经被收集者同意。

网络运营者不得收集与其提供的服务无关的个人信息，不得违反法律、行政法规的规定和双方的约定收集、使用个人信息，并应当依照法律、行政法规的规定和与用户的约定，处理其保存的个人信息。

第四十二条　网络运营者不得泄露、篡改、毁损其收集的个人信息；未经被收集者同意，不得向他人提供个人信息。但是，经过处理无法识别特定个人且不能复原的除外。

网络运营者应当采取技术措施和其他必要措施，确保其收集的个人信息安全，防止信息泄露、毁损、丢失。在发生或者可能发生个人信息泄露、毁损、丢失的情况时，应当立即采取补救措施，按照规定及时告知用户并向有关主管部门报告。

第四十三条　个人发现网络运营者违反法律、行政法规的规定或者双方的约定收集、使用其个人信息的，有权要求网络运营者删除其个人信息；发现网络运营者收集、存储的其个人信息有错误的，有权要求网络运营者予以更正。网络运营者应当采取措施予以删除或者更正。

第四十四条　任何个人和组织不得窃取或者以其他非法方式获取个人信息，不得非法出售或者非法向他人提供个人信息。

第四十五条　依法负有网络安全监督管理职责的部门及其工作人员，必须对在履行职责中知悉的个人信息、隐私和商业秘密严格保密，不得泄露、出售或者非法向他人提供。

第四十六条　任何个人和组织应当对其使用网络的行为负责，不得设立用于实施诈骗，传授犯罪方法，制作或者销售违禁物品、管制物品等违法犯罪活动的网站、通讯群组，不得利用网络发布涉及实施诈骗，制作或者销售违禁物品、管制物品以及其他违法犯罪活动的信息。

第四十七条　网络运营者应当加强对其用户发布的信息的管理，发现法律、行政法规禁止发布或者传输的信息的，应当立即停止传输该信息，采取消除等处置措施，防止信息扩散，保存有关记录，并向有关主管部门报告。

第四十八条　任何个人和组织发送的电子信息、提供的应用软件，不得设置恶意程序，不得含有法律、行政法规禁止发布或者传输的信息。

电子信息发送服务提供者和应用软件下载服务提供者，应当履行安全管理义务，知道其用户有前款规定行为的，应当停止提供服务，采取消除等处置措施，保存有关记录，并向有关主管部门报告。

第四十九条　网络运营者应当建立网络信息安全投诉、举报制度，公布投诉、举报方式等信息，及时受理并处理有关网络信息安全的投诉和举报。

网络运营者对网信部门和有关部门依法实施的监督检查，应当予以配合。

第五十条　国家网信部门和有关部门依法履行网络信息安全监督管理职

责，发现法律、行政法规禁止发布或者传输的信息的，应当要求网络运营者停止传输，采取消除等处置措施，保存有关记录；对来源于中华人民共和国境外的上述信息，应当通知有关机构采取技术措施和其他必要措施阻断传播。

第五章 监测预警与应急处置

第五十一条 国家建立网络安全监测预警和信息通报制度。国家网信部门应当统筹协调有关部门加强网络安全信息收集、分析和通报工作，按照规定统一发布网络安全监测预警信息。

第五十二条 负责关键信息基础设施安全保护工作的部门，应当建立健全本行业、领域的网络安全监测预警和信息通报制度，并按照规定报送网络安全监测预警信息。

第五十三条 国家网信部门协调有关部门建立健全网络安全风险评估和应急工作机制，制定网络安全事件应急预案，并定期组织演练。

负责关键信息基础设施安全保护工作的部门应当制定本行业、本领域的网络安全事件应急预案，并定期组织演练。

网络安全事件应急预案应当按照事件发生后的危害程度、影响范围等因素对网络安全事件进行分级，并规定相应的应急处置措施。

第五十四条 网络安全事件发生的风险增大时，省级以上人民政府有关部门应当按照规定的权限和程序，并根据网络安全风险的特点和可能造成的危害，采取下列措施：

（一）要求有关部门、机构和人员及时收集、报告有关信息，加强对网络安全风险的监测；

（二）组织有关部门、机构和专业人员，对网络安全风险信息进行分析评估，预测事件发生的可能性、影响范围和危害程度；

（三）向社会发布网络安全风险预警，发布避免、减轻危害的措施。

第五十五条 发生网络安全事件，应当立即启动网络安全事件应急预案，对网络安全事件进行调查和评估，要求网络运营者采取技术措施和其他必要措施，消除安全隐患，防止危害扩大，并及时向社会发布与公众有关的警示信息。

第五十六条 省级以上人民政府有关部门在履行网络安全监督管理职责中，发现网络存在较大安全风险或者发生安全事件的，可以按照规定的权限和程序对该网络的运营者的法定代表人或者主要负责人进行约谈。网络运营者应当按照要求采取措施，进行整改，消除隐患。

第五十七条 因网络安全事件，发生突发事件或者生产安全事故的，应当依照《中华人民共和国突发事件应对法》《中华人民共和国安全生产法》等有关法律、行政法规的规定处置。

第五十八条 因维护国家安全和社会公共秩序，处置重大突发社会安全事件的需要，经国务院决定或者批准，可以在特定区域对网络通信采取限制等临时措施。

第六章　法律责任

第五十九条 网络运营者不履行本法第二十一条、第二十五条规定的网络安全保护义务的，由有关主管部门责令改正，给予警告；拒不改正或者导致危害网络安全等后果的，处一万元以上十万元以下罚款，对直接负责的主管人员处五千元以上五万元以下罚款。

关键信息基础设施的运营者不履行本法第三十三条、第三十四条、第三十六条、第三十八条规定的网络安全保护义务的，由有关主管部门责令改正，给予警告；拒不改正或者导致危害网络安全等后果的，处十万元以上一百万元以下罚款，对直接负责的主管人员处一万元以上十万元以下罚款。

第六十条 违反本法第二十二条第一款、第二款和第四十八条第一款规定，有下列行为之一的，由有关主管部门责令改正，给予警告；拒不改正或者导致危害网络安全等后果的，处五万元以上五十万元以下罚款，对直接负责的主管人员处一万元以上十万元以下罚款：

（一）设置恶意程序的；

（二）对其产品、服务存在的安全缺陷、漏洞等风险未立即采取补救措施，或者未按照规定及时告知用户并向有关主管部门报告的；

（三）擅自终止为其产品、服务提供安全维护的。

第六十一条 网络运营者违反本法第二十四条第一款规定，未要求用户提供真实身份信息，或者对不提供真实身份信息的用户提供相关服务的，由有关主管部门责令改正；拒不改正或者情节严重的，处五万元以上五十万元以下罚款，并可以由有关主管部门责令暂停相关业务、停业整顿、关闭网站、吊销相关业务许可证或者吊销营业执照，对直接负责的主管人员和其他直接责任人员处一万元以上十万元以下罚款。

第六十二条 违反本法第二十六条规定，开展网络安全认证、检测、风险评估等活动，或者向社会发布系统漏洞、计算机病毒、网络攻击、网络侵入等网络安全信息的，由有关主管部门责令改正，给予警告；拒不改正或者情节严重的，处一万元以上十万元以下罚款，并可以由有关主管部门责令暂停相关业务、停业整顿、关闭网站、吊销相关业务许可证或者吊销营业执照，对直接负责的主管人员和其他直接责任人员处五千元以上五万元以下罚款。

第六十三条 违反本法第二十七条规定，从事危害网络安全的活动，或者提供专门用于从事危害网络安全活动的程序、工具，或者为他人从事危害网络安全的活动提供技术支持、广告推广、支付结算等帮助，尚不构成犯罪的，由公安机关没收违法所得，处五日以下拘留，可以并处五万元以上五十万元以下罚款；情节较重的，处五日以上十五日以下拘留，可以并处十万元以上一百万元以下罚款。

单位有前款行为的，由公安机关没收违法所得，处十万元以上一百万元以下罚款，并对直接负责的主管人员和其他直接责任人员依照前款规定处罚。

违反本法第二十七条规定，受到治安管理处罚的人员，五年内不得从事网络安全管理和网络运营关键岗位的工作；受到刑事处罚的人员，终身不得从事网络安全管理和网络运营关键岗位的工作。

第六十四条 网络运营者、网络产品或者服务的提供者违反本法第二十二条第三款、第四十一条至第四十三条规定，侵害个人信息依法得到保护的权利的，由有关主管部门责令改正，可以根据情节单处或者并处警告、没收违法所得、处违法所得一倍以上十倍以下罚款，没有违法所得的，处一百万元以下罚款，对直接负责的主管人员和其他直接责任人员处一万元以上十万元以下罚款；情节严重的，并可以责令暂停相关业务、停业整顿、关闭网站、吊销相关业务许可证或者吊销营业执照。

违反本法第四十四条规定，窃取或者以其他非法方式获取、非法出售或者非法向他人提供个人信息，尚不构成犯罪的，由公安机关没收违法所得，并处违法所得一倍以上十倍以下罚款，没有违法所得的，处一百万元以下罚款。

第六十五条 关键信息基础设施的运营者违反本法第三十五条规定，使用未经安全审查或者安全审查未通过的网络产品或者服务的，由有关主管部门责令停止使用，处采购金额一倍以上十倍以下罚款；对直接负责的主管人员和其他直接责任人员处一万元以上十万元以下罚款。

第六十六条 关键信息基础设施的运营者违反本法第三十七条规定，在境外存储网络数据，或者向境外提供网络数据的，由有关主管部门责令改正，给予警告，没收违法所得，处五万元以上五十万元以下罚款，并可以责令暂停相关业务、停业整顿、关闭网站、吊销相关业务许可证或者吊销营业执照；对直接负责的主管人员和其他直接责任人员处一万元以上十万元以下罚款。

第六十七条 违反本法第四十六条规定，设立用于实施违法犯罪活动的网站、通讯群组，或者利用网络发布涉及实施违法犯罪活动的信息，尚不构成犯罪的，由公安机关处五日以下拘留，可以并处一万元以上十万元以下罚款；情节较重的，处五日以上十五日以下拘留，可以并处五万元以上五十万元以下罚款。关闭用于实施违法犯罪活动的网站、通讯群组。

单位有前款行为的，由公安机关处十万元以上五十万元以下罚款，并对直接负责的主管人员和其他直接责任人员依照前款规定处罚。

第六十八条 网络运营者违反本法第四十七条规定，对法律、行政法规禁止发布或者传输的信息未停止传输、采取消除等处置措施、保存有关记录的，由有关主管部门责令改正，给予警告，没收违法所得；拒不改正或者情节严重的，处十万元以上五十万元以下罚款，并可以责令暂停相关业务、停业整顿、关闭网站、吊销相关业务许可证或者吊销营业执照，对直接负责的主管人员和其他直接责任人员处一万元以上十万元以下罚款。

电子信息发送服务提供者、应用软件下载服务提供者，不履行本法第四十八条第二款规定的安全管理义务的，依照前款规定处罚。

第六十九条 网络运营者违反本法规定，有下列行为之一的，由有关主管部门责令改正；拒不改正或者情节严重的，处五万元以上五十万元以下罚款，对直接负责的主管人员和其他直接责任人员，处一万元以上十万元以下罚款：

（一）不按照有关部门的要求对法律、行政法规禁止发布或者传输的信息，采取停止传输、消除等处置措施的；

（二）拒绝、阻碍有关部门依法实施的监督检查的；

（三）拒不向公安机关、国家安全机关提供技术支持和协助的。

第七十条 发布或者传输本法第十二条第二款和其他法律、行政法规禁止发布或者传输的信息的，依照有关法律、行政法规的规定处罚。

第七十一条 有本法规定的违法行为的，依照有关法律、行政法规的规定记入信用档案，并予以公示。

第七十二条 国家机关政务网络的运营者不履行本法规定的网络安全保护义务的，由其上级机关或者有关机关责令改正；对直接负责的主管人员和其他直接责任人员依法给予处分。

第七十三条 网信部门和有关部门违反本法第三十条规定，将在履行网络安全保护职责中获取的信息用于其他用途的，对直接负责的主管人员和其他直接责任人员依法给予处分。

网信部门和有关部门的工作人员玩忽职守、滥用职权、徇私舞弊，尚不构成犯罪的，依法给予处分。

第七十四条 违反本法规定，给他人造成损害的，依法承担民事责任。

违反本法规定，构成违反治安管理行为的，依法给予治安管理处罚；构成犯罪的，依法追究刑事责任。

第七十五条 境外的机构、组织、个人从事攻击、侵入、干扰、破坏等危害中华人民共和国的关键信息基础设施的活动，造成严重后果的，依法追究法律责任；国务院公安部门和有关部门并可以决定对该机构、组织、个人采取冻结财产或者其他必要的制裁措施。

第七章 附则

第七十六条 本法下列用语的含义:

(一)网络,是指由计算机或者其他信息终端及相关设备组成的按照一定的规则和程序对信息进行收集、存储、传输、交换、处理的系统。

(二)网络安全,是指通过采取必要措施,防范对网络的攻击、侵入、干扰、破坏和非法使用以及意外事故,使网络处于稳定可靠运行的状态,以及保障网络数据的完整性、保密性、可用性的能力。

(三)网络运营者,是指网络的所有者、管理者和网络服务提供者。

(四)网络数据,是指通过网络收集、存储、传输、处理和产生的各种电子数据。

(五)个人信息,是指以电子或者其他方式记录的能够单独或者与其他信息结合识别自然人个人身份的各种信息,包括但不限于自然人的姓名、出生日期、身份证件号码、个人生物识别信息、住址、电话号码等。

第七十七条 存储、处理涉及国家秘密信息的网络的运行安全保护,除应当遵守本法外,还应当遵守保密法律、行政法规的规定。

第七十八条 军事网络的安全保护,由中央军事委员会另行规定。

第七十九条 本法自 2017 年 6 月 1 日起施行。

1.2 《中华人民共和国网络安全法》解读

《中华人民共和国网络安全法》(以下简称《网络安全法》,于 2016 年 11 月 7 日由第十二届全国人民代表大会常务委员会第二十四次会议通过),自 2017 年 6 月 1 日起施行。

《网络安全法》是我国第一部全面规范网络空间安全管理方面问题的基础性法律,是我国网络空间法治建设的重要里程碑,是依法治网、化解网络风险的法律利器,是让互联网在法治轨道上健康运行的重要保障[①]。

一、立法背景

随着全世界互联网技术与应用的快速发展,网络空间主权问题显得日益重要。网络空间主权是国家主权在网络空间中的自然延伸和具体表现。在当代国际关系中,网络空间的主权能否有效遵循主权平等原则,面临着巨大考验。

---

① 北京邮电大学互联网治理与法律研究中心谢永江:《<中华人民共和国网络安全法>解读》,网址 https://jgswj.zj.gov.cn/art/2023/8/3/art_1229561472_2485438.html[2024-6-19]

在多年的网络安全实践中，我国积累了一些具有决定性意义的实践经验，一些方式方法比较成熟，能够以制度的形式确定下来。为顺应网络空间安全化、法制化的发展趋势，同时有效应对国际社会所面临的网络安全威胁，全国人大专门出台了《网络安全法》，以加强我国网络空间的安全管理，提升国家网络安全防护能力，助力我国在建设网络强国的道路上稳步前行。

二、主要内容

第一，明确了本法出台的目的、适用范围、基本原则等。提出了坚持网络安全与信息化发展并重的原则，明确要采取措施，监测、防御、处置来源于中华人民共和国境内外的网络安全风险和威胁，保护关键信息基础设施免受攻击、非法侵入、干扰和破坏。倡导诚实守信、健康文明的网络行为，积极开展网络空间治理、网络技术研发和标准制定、打击网络违法犯罪等方面的国际交流与合作，推动构建和平、安全、开放、合作的网络空间，建立多边、民主、透明的网络治理体系，并对国家网信部门、网络运营者、网络相关行业组织提出权力责任要求。

第二，网络安全支持与促进。主要包括建立和完善网络安全标准体系，扶持重点网络安全技术产业和项目，支持网络安全技术的研究开发和应用，推广安全可信的网络产品和服务，保护网络技术知识产权。推进网络安全社会化服务体系建设，鼓励开发网络数据安全保护和利用技术，促进公共数据资源开放，推动技术创新和经济社会发展。开展经常性的网络安全宣传教育。

第三，网络运行安全。一般要求包括：实行网络安全等级保护制度，明确网络产品、服务应当符合相关国家标准的强制性要求，网络关键设备和网络安全专用产品应当按照相关国家标准的强制性要求，由具备资格的机构安全认证合格或者安全检测符合要求后，方可销售或者提供。网络运营者应当制定网络安全事件应急预案，开展网络安全认证、检测、风险评估等活动。要求任何个人和组织不得从事非法侵入他人网络、干扰他人网络正常功能、窃取网络数据等危害网络安全的活动，网络运营者应当为公安机关、国家安全机关依法维护国家安全和侦查犯罪的活动提供技术支持和协助。

关键信息基础设施的运行安全包括：对重要行业和领域，以及其他一旦遭到破坏、丧失功能或者数据泄露，可能严重危害国家安全、国计民生、公共利益的关键信息基础设施，实行重点保护，并对关键信息基础设施的运营者的采购行为提出专门要求。

第四，网络信息安全。明确网络运营者应当对其收集的用户信息严格保密；收集、使用个人信息，应当遵循合法、正当、必要的原则，不得泄露、篡改、毁损其收集的个人信息；未经被收集者同意，不得向他人提供个人信息。对个人、安全管理员、网络运营者、国家网信部门和有关部门的职责和权利提出明确要求。

第五，监测预警与应急处置。国家建立网络安全监测预警和信息通报制度，负责关键信息基础设施安全保护工作的部门，应建立健全本行业、领域的网络安全监测预警和信息通报制度；国家网信部门协调有关部门建立健全网络安全风险评估和应急工作机制，提出网络安全事件发生的风险增大时，省级以上人民政府有关部门应当按照规定的权限和程序，并根据网络安全风险的特点和可能造成的危害采取相应的措施。

第六，法律责任。对违反上述法律规定的行为进行了明确，并提出了处罚标准。

三、影响及成效

《网络安全法》是在总结我国网络安全实践经验的基础上，结合我国国家发展战略、实际发展情况及其他相关法律法规而出台的，其出台带来了以下影响和成效。

一是为保障网络安全提供了制度基础。《网络安全法》使得在我国境内进行网络建设、运营、维护和使用，开展网络安全的监督管理都有了基本的法律遵循。

二是维护网络空间主权和国家安全。《网络安全法》为我国自主选择网络发展道路、网络管理模式、互联网公共政策和平等参与国际网络空间治理的权利提供了法律保障。

三是维护社会公共利益。比如，《网络安全法》规定不得使用网络宣扬恐怖主义、极端主义，宣扬民族仇恨、民族歧视，编造、传播虚假信息扰乱经济秩序和社会秩序，依法惩治利用网络从事危害未成年人身心健康的活动，为未成年人提供安全、健康的网络环境。

四是保护公民、法人和其他组织的合法权益。《网络安全法》对违法侵犯公民、法人、其他组织的行为进行了明确，并提出了明确的惩罚措施，对于保护其合法权益、避免遭受侵犯及损失具有重大意义。

五是促进经济社会信息化健康发展。《网络安全法》在明确相关法律规定的同时，还对促进经济社会信息化发展提出了很明确的要求。提出坚持网络安全与信息化发展并重，推进网络基础设施建设和互联互通，鼓励网络技术创新和应用，支持培养网络安全人才，这对经济社会信息化发展具有很强的促进作用。

1.3　《中华人民共和国数据安全法》

中华人民共和国主席令

（第八十四号）

《中华人民共和国数据安全法》已由中华人民共和国第十三届全国人民代表大会常务委员会第二十九次会议于 2021 年 6 月 10 日通过，现予公布，自 2021 年 9 月 1 日起施行。

中华人民共和国主席　习近平

2021 年 6 月 10 日

中华人民共和国数据安全法

（2021 年 6 月 10 日第十三届全国人民代表大会常务委员会第二十九次会议通过）

目　　录

第一章　总　　则
第二章　数据安全与发展
第三章　数据安全制度
第四章　数据安全保护义务
第五章　政务数据安全与开放
第六章　法律责任
第七章　附　　则

第一章　总则

第一条　为了规范数据处理活动，保障数据安全，促进数据开发利用，保护个人、组织的合法权益，维护国家主权、安全和发展利益，制定本法。

第二条　在中华人民共和国境内开展数据处理活动及其安全监管，适用本法。

在中华人民共和国境外开展数据处理活动，损害中华人民共和国国家安全、公共利益或者公民、组织合法权益的，依法追究法律责任。

第三条　本法所称数据，是指任何以电子或者其他方式对信息的记录。

数据处理，包括数据的收集、存储、使用、加工、传输、提供、公开等。

数据安全，是指通过采取必要措施，确保数据处于有效保护和合法利用的状态，以及具备保障持续安全状态的能力。

第四条 维护数据安全，应当坚持总体国家安全观，建立健全数据安全治理体系，提高数据安全保障能力。

第五条 中央国家安全领导机构负责国家数据安全工作的决策和议事协调，研究制定、指导实施国家数据安全战略和有关重大方针政策，统筹协调国家数据安全的重大事项和重要工作，建立国家数据安全工作协调机制。

第六条 各地区、各部门对本地区、本部门工作中收集和产生的数据及数据安全负责。

工业、电信、交通、金融、自然资源、卫生健康、教育、科技等主管部门承担本行业、本领域数据安全监管职责。

公安机关、国家安全机关等依照本法和有关法律、行政法规的规定，在各自职责范围内承担数据安全监管职责。

国家网信部门依照本法和有关法律、行政法规的规定，负责统筹协调网络数据安全和相关监管工作。

第七条 国家保护个人、组织与数据有关的权益，鼓励数据依法合理有效利用，保障数据依法有序自由流动，促进以数据为关键要素的数字经济发展。

第八条 开展数据处理活动，应当遵守法律、法规，尊重社会公德和伦理，遵守商业道德和职业道德，诚实守信，履行数据安全保护义务，承担社会责任，不得危害国家安全、公共利益，不得损害个人、组织的合法权益。

第九条 国家支持开展数据安全知识宣传普及，提高全社会的数据安全保护意识和水平，推动有关部门、行业组织、科研机构、企业、个人等共同参与数据安全保护工作，形成全社会共同维护数据安全和促进发展的良好环境。

第十条 相关行业组织按照章程，依法制定数据安全行为规范和团体标准，加强行业自律，指导会员加强数据安全保护，提高数据安全保护水平，促进行业健康发展。

第十一条 国家积极开展数据安全治理、数据开发利用等领域的国际交流与合作，参与数据安全相关国际规则和标准的制定，促进数据跨境安全、自由流动。

第十二条 任何个人、组织都有权对违反本法规定的行为向有关主管部门投诉、举报。收到投诉、举报的部门应当及时依法处理。

有关主管部门应当对投诉、举报人的相关信息予以保密，保护投诉、举报人的合法权益。

第二章　数据安全与发展

第十三条　国家统筹发展和安全，坚持以数据开发利用和产业发展促进数据安全，以数据安全保障数据开发利用和产业发展。

第十四条　国家实施大数据战略，推进数据基础设施建设，鼓励和支持数据在各行业、各领域的创新应用。

省级以上人民政府应当将数字经济发展纳入本级国民经济和社会发展规划，并根据需要制定数字经济发展规划。

第十五条　国家支持开发利用数据提升公共服务的智能化水平。提供智能化公共服务，应当充分考虑老年人、残疾人的需求，避免对老年人、残疾人的日常生活造成障碍。

第十六条　国家支持数据开发利用和数据安全技术研究，鼓励数据开发利用和数据安全等领域的技术推广和商业创新，培育、发展数据开发利用和数据安全产品、产业体系。

第十七条　国家推进数据开发利用技术和数据安全标准体系建设。国务院标准化行政主管部门和国务院有关部门根据各自的职责，组织制定并适时修订有关数据开发利用技术、产品和数据安全相关标准。国家支持企业、社会团体和教育、科研机构等参与标准制定。

第十八条　国家促进数据安全检测评估、认证等服务的发展，支持数据安全检测评估、认证等专业机构依法开展服务活动。

国家支持有关部门、行业组织、企业、教育和科研机构、有关专业机构等在数据安全风险评估、防范、处置等方面开展协作。

第十九条　国家建立健全数据交易管理制度，规范数据交易行为，培育数据交易市场。

第二十条　国家支持教育、科研机构和企业等开展数据开发利用技术和数据安全相关教育和培训，采取多种方式培养数据开发利用技术和数据安全专业人才，促进人才交流。

第三章　数据安全制度

第二十一条　国家建立数据分类分级保护制度，根据数据在经济社会发展中的重要程度，以及一旦遭到篡改、破坏、泄露或者非法获取、非法利用，对国家安全、公共利益或者个人、组织合法权益造成的危害程度，对数据实行分类分级保护。国家数据安全工作协调机制统筹协调有关部门制定重要数据目录，加强对重要数据的保护。

关系国家安全、国民经济命脉、重要民生、重大公共利益等数据属于国家核心数据，实行更加严格的管理制度。

各地区、各部门应当按照数据分类分级保护制度，确定本地区、本部门以及相关行业、领域的重要数据具体目录，对列入目录的数据进行重点保护。

第二十二条 国家建立集中统一、高效权威的数据安全风险评估、报告、信息共享、监测预警机制。国家数据安全工作协调机制统筹协调有关部门加强数据安全风险信息的获取、分析、研判、预警工作。

第二十三条 国家建立数据安全应急处置机制。发生数据安全事件，有关主管部门应当依法启动应急预案，采取相应的应急处置措施，防止危害扩大，消除安全隐患，并及时向社会发布与公众有关的警示信息。

第二十四条 国家建立数据安全审查制度，对影响或者可能影响国家安全的数据处理活动进行国家安全审查。

依法作出的安全审查决定为最终决定。

第二十五条 国家对与维护国家安全和利益、履行国际义务相关的属于管制物项的数据依法实施出口管制。

第二十六条 任何国家或者地区在与数据和数据开发利用技术等有关的投资、贸易等方面对中华人民共和国采取歧视性的禁止、限制或者其他类似措施的，中华人民共和国可以根据实际情况对该国家或者地区对等采取措施。

第四章 数据安全保护义务

第二十七条 开展数据处理活动应当依照法律、法规的规定，建立健全全流程数据安全管理制度，组织开展数据安全教育培训，采取相应的技术措施和其他必要措施，保障数据安全。利用互联网等信息网络开展数据处理活动，应当在网络安全等级保护制度的基础上，履行上述数据安全保护义务。

重要数据的处理者应当明确数据安全负责人和管理机构，落实数据安全保护责任。

第二十八条 开展数据处理活动以及研究开发数据新技术，应当有利于促进经济社会发展，增进人民福祉，符合社会公德和伦理。

第二十九条 开展数据处理活动应当加强风险监测，发现数据安全缺陷、漏洞等风险时，应当立即采取补救措施；发生数据安全事件时，应当立即采取处置措施，按照规定及时告知用户并向有关主管部门报告。

第三十条 重要数据的处理者应当按照规定对其数据处理活动定期开展风险评估，并向有关主管部门报送风险评估报告。

风险评估报告应当包括处理的重要数据的种类、数量，开展数据处理活动的情况，面临的数据安全风险及其应对措施等。

第三十一条 关键信息基础设施的运营者在中华人民共和国境内运营中收集和产生的重要数据的出境安全管理，适用《中华人民共和国网络安全法》的规定；其他数据处理者在中华人民共和国境内运营中收集和产生的重要数据的出境安全管理办法，由国家网信部门会同国务院有关部门制定。

第三十二条 任何组织、个人收集数据，应当采取合法、正当的方式，不得窃取或者以其他非法方式获取数据。

法律、行政法规对收集、使用数据的目的、范围有规定的，应当在法律、行政法规规定的目的和范围内收集、使用数据。

第三十三条 从事数据交易中介服务的机构提供服务，应当要求数据提供方说明数据来源，审核交易双方的身份，并留存审核、交易记录。

第三十四条 法律、行政法规规定提供数据处理相关服务应当取得行政许可的，服务提供者应当依法取得许可。

第三十五条 公安机关、国家安全机关因依法维护国家安全或者侦查犯罪的需要调取数据，应当按照国家有关规定，经过严格的批准手续，依法进行，有关组织、个人应当予以配合。

第三十六条 中华人民共和国主管机关根据有关法律和中华人民共和国缔结或者参加的国际条约、协定，或者按照平等互惠原则，处理外国司法或者执法机构关于提供数据的请求。非经中华人民共和国主管机关批准，境内的组织、个人不得向外国司法或者执法机构提供存储于中华人民共和国境内的数据。

第五章 政务数据安全与开放

第三十七条 国家大力推进电子政务建设，提高政务数据的科学性、准确性、时效性，提升运用数据服务经济社会发展的能力。

第三十八条 国家机关为履行法定职责的需要收集、使用数据，应当在其履行法定职责的范围内依照法律、行政法规规定的条件和程序进行；对在履行职责中知悉的个人隐私、个人信息、商业秘密、保密商务信息等数据应当依法予以保密，不得泄露或者非法向他人提供。

第三十九条 国家机关应当依照法律、行政法规的规定，建立健全数据安全管理制度，落实数据安全保护责任，保障政务数据安全。

第四十条 国家机关委托他人建设、维护电子政务系统，存储、加工政务数据，应当经过严格的批准程序，并应当监督受托方履行相应的数据安全保护义务。受托方应当依照法律、法规的规定和合同约定履行数据安全保护义务，不得擅自留存、使用、泄露或者向他人提供政务数据。

第四十一条 国家机关应当遵循公正、公平、便民的原则，按照规定及时、准确地公开政务数据。依法不予公开的除外。

第四十二条 国家制定政务数据开放目录，构建统一规范、互联互通、安全可控的政务数据开放平台，推动政务数据开放利用。

第四十三条 法律、法规授权的具有管理公共事务职能的组织为履行法定职责开展数据处理活动，适用本章规定。

第六章 法律责任

第四十四条 有关主管部门在履行数据安全监管职责中，发现数据处理活动存在较大安全风险的，可以按照规定的权限和程序对有关组织、个人进行约谈，并要求有关组织、个人采取措施进行整改，消除隐患。

第四十五条 开展数据处理活动的组织、个人不履行本法第二十七条、第二十九条、第三十条规定的数据安全保护义务的，由有关主管部门责令改正，给予警告，可以并处五万元以上五十万元以下罚款，对直接负责的主管人员和其他直接责任人员可以处一万元以上十万元以下罚款；拒不改正或者造成大量数据泄露等严重后果的，处五十万元以上二百万元以下罚款，并可以责令暂停相关业务、停业整顿、吊销相关业务许可证或者吊销营业执照，对直接负责的主管人员和其他直接责任人员处五万元以上二十万元以下罚款。

违反国家核心数据管理制度，危害国家主权、安全和发展利益的，由有关主管部门处二百万元以上一千万元以下罚款，并根据情况责令暂停相关业务、停业整顿、吊销相关业务许可证或者吊销营业执照；构成犯罪的，依法追究刑事责任。

第四十六条 违反本法第三十一条规定，向境外提供重要数据的，由有关主管部门责令改正，给予警告，可以并处十万元以上一百万元以下罚款，对直接负责的主管人员和其他直接责任人员可以处一万元以上十万元以下罚款；情节严重的，处一百万元以上一千万元以下罚款，并可以责令暂停相关业务、停业整顿、吊销相关业务许可证或者吊销营业执照，对直接负责的主管人员和其他直接责任人员处十万元以上一百万元以下罚款。

第四十七条 从事数据交易中介服务的机构未履行本法第三十三条规定的义务，由有关主管部门责令改正，没收违法所得，处违法所得一倍以上十倍以下罚款，没有违法所得或者违法所得不足十万元的，处十万元以上一百万元以下罚款，并可以责令暂停相关业务、停业整顿、吊销相关业务许可证或者吊销营业执照；对直接负责的主管人员和其他直接责任人员处一万元以上十万元以下罚款。

第四十八条 违反本法第三十五条规定，拒不配合数据调取的，由有关主管部门责令改正，给予警告，并处五万元以上五十万元以下罚款，对直接负责的主管人员和其他直接责任人员处一万元以上十万元以下罚款。

违反本法第三十六条规定，未经主管机关批准向外国司法或者执法机构提供数据的，由有关主管部门给予警告，可以并处十万元以上一百万元以下罚款，对直接负责的主管人员和其他直接责任人员可以处一万元以上十万元以下罚款；造成严重后果的，处一百万元以上五百万元以下罚款，并可以责令暂停相关业务、停业整顿、吊销相关业务许可证或者吊销营业执照，对直接负责的主管人员和其他直接责任人员处五万元以上五十万元以下罚款。

第四十九条　国家机关不履行本法规定的数据安全保护义务的，对直接负责的主管人员和其他直接责任人员依法给予处分。

第五十条　履行数据安全监管职责的国家工作人员玩忽职守、滥用职权、徇私舞弊的，依法给予处分。

第五十一条　窃取或者以其他非法方式获取数据，开展数据处理活动排除、限制竞争，或者损害个人、组织合法权益的，依照有关法律、行政法规的规定处罚。

第五十二条　违反本法规定，给他人造成损害的，依法承担民事责任。

违反本法规定，构成违反治安管理行为的，依法给予治安管理处罚；构成犯罪的，依法追究刑事责任。

第七章　附则

第五十三条　开展涉及国家秘密的数据处理活动，适用《中华人民共和国保守国家秘密法》等法律、行政法规的规定。

在统计、档案工作中开展数据处理活动，开展涉及个人信息的数据处理活动，还应当遵守有关法律、行政法规的规定。

第五十四条　军事数据安全保护的办法，由中央军事委员会依据本法另行制定。

第五十五条　本法自 2021 年 9 月 1 日起施行。

1.4 《中华人民共和国数据安全法》解读

2021 年 6 月 10 日，第十三届全国人大常委会第二十九次会议通过了《中华人民共和国数据安全法》（以下简称《数据安全法》）。这部法律是数据领域的基础性法律，也是国家安全领域的一部重要法律。《数据安全法》自 2021 年 9 月 1 日起施行。

一、立法背景

随着我国数字化建设的不断推进，数字化发展成为推动我国经济发展的重要因素，数据成为土地、劳动、资本、技术四大生产要素之外的第五大生产要素。数据不仅在国内大规模、大范围进行高速流转，还进行跨境流转。

数据在流转及使用过程中，面临泄露的风险。多年来，数据泄露事件层出不穷，逐年快速递增，给企业、个人造成巨大损失，给政府、企业造成极大困扰，也威胁到国家安全。有效掌控、利用、保护数据，是一个国家核心竞争力的重要体现之一。

从国际视角来看，2018 年 3 月美国出台了《澄清域外合法使用数据法》，同年 5 月欧盟实施《一般数据保护条例》，全球已有近 100 个国家和地区制定了有关数据安全保护的法律，对数据安全保护方面进行专项立法已成为国际惯例。

在此背景下，我国出台了《数据安全法》，对于保障数据安全、促进数据资源开发、保护与数据有关的权益、维护国家主权和安全意义重大。

二、主要内容

第一，立法总体原则。包括立法的目的、适用范围、概念范畴。指出维护数据安全，应当坚持总体国家安全观。由中央国家安全领导机构负责国家数据安全工作的决策和议事协调，各地区、各部门对本地区、本部门工作中收集和产生的数据及数据安全负责，并对各部委、各主管部门的责任做出了明确。保护与数据有关的权益，鼓励数据依法合理有效利用，保障数据依法有序自由流动，促进以数据为关键要素的数字经济发展。支持开展数据安全知识宣传普及，提高全社会的数据安全保护意识和水平。鼓励开展数据安全治理、数据开发利用等领域的国际交流与合作。

第二，数据安全与发展。提出国家统筹发展和安全，坚持以数据开发利用和产业发展促进数据安全，以数据安全保障数据开发利用和产业发展。实施大数据战略，推进数据基础设施建设，支持开发利用数据提升公共服务的智能化水平，支持数据开发利用和数据安全技术研究，推进数据开发利用技术和数据安全标准体系建设。国家促进数据安全检测评估、认证等服务的发展，建立健全数据交易管理制度，支持教育、科研机构和企业等开展数据开发利用技术和数据安全的相关教育和培训，促进人才交流。

第三，数据安全制度。强调国家建立数据分类分级保护制度。建立集中统一、高效权威的数据安全风险评估、报告、信息共享、监测预警机制。建立数据安全应急处置机制、数据安全审查制度。对与维护国家安全和利益、履行国际义务相关的属于管制物项的数据依法实施出口管制。对于他国对我国采取的涉及与数据和数据开发利用技术等有关的投资、贸易等方面的歧视性的禁止、限制或者其他类似措施，可以采取对等措施进行应对。

第四，数据安全保护义务。明确要求开展数据处理活动应保障数据安全。开展数据处理活动，应当有利于促进经济社会发展，增进人民福祉，符合社会公德和伦理。要加强风险监测，对数据处理活动定期开展风险评估。组织、个人收集数据，应当采取合法、正当的方式，不得窃取或者以其他非法方式获取数据。从事数据交易中介服务的机构提供服务，应当要求数据提供方说明数据来源。国际数据交流要按照国际条约、协定，或者按照平等互惠原则，处理外国司法或者执法机构关于提供数据的请求。

第五，政务数据安全与开放。明确提出国家大力推进电子政务建设。国家机关需要收集、使用数据，应当在其履行法定职责的范围内依照法律、行政法规规定的条件和程序进行。对在履行职责中知悉的个人隐私、个人信息、商业秘密、保密商务信息等数据应当依法予以保密，不得泄露或者非法向他人提供。国家机关要建立健全数据安全管理制度，遵循公正、公平、便民的原则，按照规定及时、准确地公开政务数据。

第六，法律责任。对主管部门的权力、处置方式，以及违反上述规定的行为应当承担的责任做出了具体规定。

三、影响及成效

《数据安全法》作为数据安全管理领域的基本法，为我们提供了基本的法律遵循和法律保障。其实施带来了以下影响及成效。

一是数据处理活动更加规范。《数据安全法》对数据处理活动进行了规范，下一步将推进数据开发利用技术和数据安全标准体系建设。数据安全检测评估、认证等服务将迎来较快发展，数据交易管理制度的健全完善必将规范数据交易行为，有利于培育数据交易市场。

二是数据安全更有保障。《数据安全法》明确数据分类分级保护制度，有利于国家根据数据在经济社会发展中的重要程度、泄露造成的危害程度，对数据实行分类分级保护。关系到国家安全、国民经济命脉、重要民生、重大公共利益等数据属于国家核心数据，需要实行更加严格的管理。建立数据安全应急处置机制之后，各部门的应急反应会更加迅速，更容易防止危害扩大。

三是数据开发利用更加顺畅。《数据安全法》明确国家统筹发展和安全，要坚持以数据开发利用和产业发展促进数据安全，以数据安全保障数据开发利用和产业发展。大数据战略的实施，有利于推进数据基础设施建设和数据在各行业、各领域的创新应用。

四是个人、组织的合法权益得到有效保护。《数据安全法》明确国家机关在为履行法定职责而需要收集、使用数据时，应当在其履行法定职责的范围内依照法律、行政法规规定的条件和程序进行；对在履行职责中知悉的个人隐私、个人信息、商业秘密、保密商务信息等数据应当依法予以保密，不得泄露或者非法向他人提供。这些都是对个人、组织合法权益的强有力保护。

五是国家主权、安全和发展利益得到维护。《数据安全法》明确在我国境内外开展数据处理活动时，对损害我国国家安全、公共利益或者公民、组织合法权益的个人与组织，依法追究法律责任。这不仅是对内，也是在国际交往中对我国涉及国家主权、安全和发展利益的数据安全的有力保障。

1.5　《中华人民共和国个人信息保护法》

中华人民共和国主席令

（第九十一号）

《中华人民共和国个人信息保护法》已由中华人民共和国第十三届全国人民代表大会常务委员会第三十次会议于 2021 年 8 月 20 日通过，现予公布，自 2021 年 11 月 1 日起施行。

中华人民共和国主席　习近平

2021 年 8 月 20 日

中华人民共和国个人信息保护法

（2021 年 8 月 20 日第十三届全国人民代表大会常务委员会第三十次会议通过）

目　　录

第一章　总则

第一条　为了保护个人信息权益，规范个人信息处理活动，促进个人信息合理利用，根据宪法，制定本法。

第二条　自然人的个人信息受法律保护，任何组织、个人不得侵害自然人的个人信息权益。

第三条　在中华人民共和国境内处理自然人个人信息的活动，适用本法。

在中华人民共和国境外处理中华人民共和国境内自然人个人信息的活动，有下列情形之一的，也适用本法：

（一）以向境内自然人提供产品或者服务为目的；

（二）分析、评估境内自然人的行为；

（三）法律、行政法规规定的其他情形。

第四条 个人信息是以电子或者其他方式记录的与已识别或者可识别的自然人有关的各种信息，不包括匿名化处理后的信息。

个人信息的处理包括个人信息的收集、存储、使用、加工、传输、提供、公开、删除等。

第五条 处理个人信息应当遵循合法、正当、必要和诚信原则，不得通过误导、欺诈、胁迫等方式处理个人信息。

第六条 处理个人信息应当具有明确、合理的目的，并应当与处理目的直接相关，采取对个人权益影响最小的方式。

收集个人信息，应当限于实现处理目的的最小范围，不得过度收集个人信息。

第七条 处理个人信息应当遵循公开、透明原则，公开个人信息处理规则，明示处理的目的、方式和范围。

第八条 处理个人信息应当保证个人信息的质量，避免因个人信息不准确、不完整对个人权益造成不利影响。

第九条 个人信息处理者应当对其个人信息处理活动负责，并采取必要措施保障所处理的个人信息的安全。

第十条 任何组织、个人不得非法收集、使用、加工、传输他人个人信息，不得非法买卖、提供或者公开他人个人信息；不得从事危害国家安全、公共利益的个人信息处理活动。

第十一条 国家建立健全个人信息保护制度，预防和惩治侵害个人信息权益的行为，加强个人信息保护宣传教育，推动形成政府、企业、相关社会组织、公众共同参与个人信息保护的良好环境。

第十二条 国家积极参与个人信息保护国际规则的制定，促进个人信息保护方面的国际交流与合作，推动与其他国家、地区、国际组织之间的个人信息保护规则、标准等互认。

第二章　个人信息处理规则

第一节　一般规定

第十三条 符合下列情形之一的，个人信息处理者方可处理个人信息：

（一）取得个人的同意；

（二）为订立、履行个人作为一方当事人的合同所必需，或者按照依法制定的劳动规章制度和依法签订的集体合同实施人力资源管理所必需；

（三）为履行法定职责或者法定义务所必需；

（四）为应对突发公共卫生事件，或者紧急情况下为保护自然人的生命健康和财产安全所必需；

（五）为公共利益实施新闻报道、舆论监督等行为，在合理的范围内处理个人信息；

（六）依照本法规定在合理的范围内处理个人自行公开或者其他已经合法公开的个人信息；

（七）法律、行政法规规定的其他情形。

依照本法其他有关规定，处理个人信息应当取得个人同意，但是有前款第二项至第七项规定情形的，不需取得个人同意。

第十四条　基于个人同意处理个人信息的，该同意应当由个人在充分知情的前提下自愿、明确作出。法律、行政法规规定处理个人信息应当取得个人单独同意或者书面同意的，从其规定。

个人信息的处理目的、处理方式和处理的个人信息种类发生变更的，应当重新取得个人同意。

第十五条　基于个人同意处理个人信息的，个人有权撤回其同意。个人信息处理者应当提供便捷的撤回同意的方式。

个人撤回同意，不影响撤回前基于个人同意已进行的个人信息处理活动的效力。

第十六条　个人信息处理者不得以个人不同意处理其个人信息或者撤回同意为由，拒绝提供产品或者服务；处理个人信息属于提供产品或者服务所必需的除外。

第十七条　个人信息处理者在处理个人信息前，应当以显著方式、清晰易懂的语言真实、准确、完整地向个人告知下列事项：

（一）个人信息处理者的名称或者姓名和联系方式；

（二）个人信息的处理目的、处理方式，处理的个人信息种类、保存期限；

（三）个人行使本法规定权利的方式和程序；

（四）法律、行政法规规定应当告知的其他事项。

前款规定事项发生变更的，应当将变更部分告知个人。

个人信息处理者通过制定个人信息处理规则的方式告知第一款规定事项的，处理规则应当公开，并且便于查阅和保存。

第十八条　个人信息处理者处理个人信息，有法律、行政法规规定应当保密或者不需要告知的情形的，可以不向个人告知前条第一款规定的事项。

紧急情况下为保护自然人的生命健康和财产安全无法及时向个人告知的，个人信息处理者应当在紧急情况消除后及时告知。

第十九条 除法律、行政法规另有规定外，个人信息的保存期限应当为实现处理目的所必要的最短时间。

第二十条 两个以上的个人信息处理者共同决定个人信息的处理目的和处理方式的，应当约定各自的权利和义务。但是，该约定不影响个人向其中任何一个个人信息处理者要求行使本法规定的权利。

个人信息处理者共同处理个人信息，侵害个人信息权益造成损害的，应当依法承担连带责任。

第二十一条 个人信息处理者委托处理个人信息的，应当与受托人约定委托处理的目的、期限、处理方式、个人信息的种类、保护措施以及双方的权利和义务等，并对受托人的个人信息处理活动进行监督。

受托人应当按照约定处理个人信息，不得超出约定的处理目的、处理方式等处理个人信息；委托合同不生效、无效、被撤销或者终止的，受托人应当将个人信息返还个人信息处理者或者予以删除，不得保留。

未经个人信息处理者同意，受托人不得转委托他人处理个人信息。

第二十二条 个人信息处理者因合并、分立、解散、被宣告破产等原因需要转移个人信息的，应当向个人告知接收方的名称或者姓名和联系方式。接收方应当继续履行个人信息处理者的义务。接收方变更原先的处理目的、处理方式的，应当依照本法规定重新取得个人同意。

第二十三条 个人信息处理者向其他个人信息处理者提供其处理的个人信息的，应当向个人告知接收方的名称或者姓名、联系方式、处理目的、处理方式和个人信息的种类，并取得个人的单独同意。接收方应当在上述处理目的、处理方式和个人信息的种类等范围内处理个人信息。接收方变更原先的处理目的、处理方式的，应当依照本法规定重新取得个人同意。

第二十四条 个人信息处理者利用个人信息进行自动化决策，应当保证决策的透明度和结果公平、公正，不得对个人在交易价格等交易条件上实行不合理的差别待遇。

通过自动化决策方式向个人进行信息推送、商业营销，应当同时提供不针对其个人特征的选项，或者向个人提供便捷的拒绝方式。

通过自动化决策方式作出对个人权益有重大影响的决定，个人有权要求个人信息处理者予以说明，并有权拒绝个人信息处理者仅通过自动化决策的方式作出决定。

第二十五条 个人信息处理者不得公开其处理的个人信息，取得个人单独同意的除外。

第二十六条 在公共场所安装图像采集、个人身份识别设备，应当为维护公共安全所必需，遵守国家有关规定，并设置显著的提示标识。所收集的个人图像、身份识别信息只能用于维护公共安全的目的，不得用于其他目的；取得个人单独同意的除外。

第二十七条 个人信息处理者可以在合理的范围内处理个人自行公开或者其他已经合法公开的个人信息；个人明确拒绝的除外。个人信息处理者处理已公开的个人信息，对个人权益有重大影响的，应当依照本法规定取得个人同意。

第二节 敏感个人信息的处理规则

第二十八条 敏感个人信息是一旦泄露或者非法使用，容易导致自然人的人格尊严受到侵害或者人身、财产安全受到危害的个人信息，包括生物识别、宗教信仰、特定身份、医疗健康、金融账户、行踪轨迹等信息，以及不满十四周岁未成年人的个人信息。

只有在具有特定的目的和充分的必要性，并采取严格保护措施的情形下，个人信息处理者方可处理敏感个人信息。

第二十九条 处理敏感个人信息应当取得个人的单独同意；法律、行政法规规定处理敏感个人信息应当取得书面同意的，从其规定。

第三十条 个人信息处理者处理敏感个人信息的，除本法第十七条第一款规定的事项外，还应当向个人告知处理敏感个人信息的必要性以及对个人权益的影响；依照本法规定可以不向个人告知的除外。

第三十一条 个人信息处理者处理不满十四周岁未成年人个人信息的，应当取得未成年人的父母或者其他监护人的同意。

个人信息处理者处理不满十四周岁未成年人个人信息的，应当制定专门的个人信息处理规则。

第三十二条 法律、行政法规对处理敏感个人信息规定应当取得相关行政许可或者作出其他限制的，从其规定。

第三节 国家机关处理个人信息的特别规定

第三十三条 国家机关处理个人信息的活动，适用本法；本节有特别规定的，适用本节规定。

第三十四条 国家机关为履行法定职责处理个人信息，应当依照法律、行政法规规定的权限、程序进行，不得超出履行法定职责所必需的范围和限度。

第三十五条 国家机关为履行法定职责处理个人信息，应当依照本法规定履行告知义务；有本法第十八条第一款规定的情形，或者告知将妨碍国家机关履行法定职责的除外。

第三十六条 国家机关处理的个人信息应当在中华人民共和国境内存储；确需向境外提供的，应当进行安全评估。安全评估可以要求有关部门提供支持与协助。

第三十七条 法律、法规授权的具有管理公共事务职能的组织为履行法定职责处理个人信息，适用本法关于国家机关处理个人信息的规定。

第三章　个人信息跨境提供的规则

第三十八条 个人信息处理者因业务等需要，确需向中华人民共和国境外提供个人信息的，应当具备下列条件之一：

（一）依照本法第四十条的规定通过国家网信部门组织的安全评估；

（二）按照国家网信部门的规定经专业机构进行个人信息保护认证；

（三）按照国家网信部门制定的标准合同与境外接收方订立合同，约定双方的权利和义务；

（四）法律、行政法规或者国家网信部门规定的其他条件。

中华人民共和国缔结或者参加的国际条约、协定对向中华人民共和国境外提供个人信息的条件等有规定的，可以按照其规定执行。

个人信息处理者应当采取必要措施，保障境外接收方处理个人信息的活动达到本法规定的个人信息保护标准。

第三十九条 个人信息处理者向中华人民共和国境外提供个人信息的，应当向个人告知境外接收方的名称或者姓名、联系方式、处理目的、处理方式、个人信息的种类以及个人向境外接收方行使本法规定权利的方式和程序等事项，并取得个人的单独同意。

第四十条 关键信息基础设施运营者和处理个人信息达到国家网信部门规定数量的个人信息处理者，应当将在中华人民共和国境内收集和产生的个人信息存储在境内。确需向境外提供的，应当通过国家网信部门组织的安全评估；法律、行政法规和国家网信部门规定可以不进行安全评估的，从其规定。

第四十一条 中华人民共和国主管机关根据有关法律和中华人民共和国缔结或者参加的国际条约、协定，或者按照平等互惠原则，处理外国司法或者执法机构关于提供存储于境内个人信息的请求。非经中华人民共和国主管机关批准，个人信息处理者不得向外国司法或者执法机构提供存储于中华人民共和国境内的个人信息。

第四十二条 境外的组织、个人从事侵害中华人民共和国公民的个人信息权益，或者危害中华人民共和国国家安全、公共利益的个人信息处理活动的，国家网信部门可以将其列入限制或者禁止个人信息提供清单，予以公告，并采取限制或者禁止向其提供个人信息等措施。

第四十三条 任何国家或者地区在个人信息保护方面对中华人民共和国

采取歧视性的禁止、限制或者其他类似措施的，中华人民共和国可以根据实际情况对该国家或者地区对等采取措施。

第四章　个人在个人信息处理活动中的权利

第四十四条　个人对其个人信息的处理享有知情权、决定权，有权限制或者拒绝他人对其个人信息进行处理；法律、行政法规另有规定的除外。

第四十五条　个人有权向个人信息处理者查阅、复制其个人信息；有本法第十八条第一款、第三十五条规定情形的除外。

个人请求查阅、复制其个人信息的，个人信息处理者应当及时提供。

个人请求将个人信息转移至其指定的个人信息处理者，符合国家网信部门规定条件的，个人信息处理者应当提供转移的途径。

第四十六条　个人发现其个人信息不准确或者不完整的，有权请求个人信息处理者更正、补充。

个人请求更正、补充其个人信息的，个人信息处理者应当对其个人信息予以核实，并及时更正、补充。

第四十七条　有下列情形之一的，个人信息处理者应当主动删除个人信息；个人信息处理者未删除的，个人有权请求删除：

（一）处理目的已实现、无法实现或者为实现处理目的不再必要；

（二）个人信息处理者停止提供产品或者服务，或者保存期限已届满；

（三）个人撤回同意；

（四）个人信息处理者违反法律、行政法规或者违反约定处理个人信息；

（五）法律、行政法规规定的其他情形。

法律、行政法规规定的保存期限未届满，或者删除个人信息从技术上难以实现的，个人信息处理者应当停止除存储和采取必要的安全保护措施之外的处理。

第四十八条　个人有权要求个人信息处理者对其个人信息处理规则进行解释说明。

第四十九条　自然人死亡的，其近亲属为了自身的合法、正当利益，可以对死者的相关个人信息行使本章规定的查阅、复制、更正、删除等权利；死者生前另有安排的除外。

第五十条　个人信息处理者应当建立便捷的个人行使权利的申请受理和处理机制。拒绝个人行使权利的请求的，应当说明理由。

个人信息处理者拒绝个人行使权利的请求的，个人可以依法向人民法院提起诉讼。

第五章　个人信息处理者的义务

第五十一条　个人信息处理者应当根据个人信息的处理目的、处理方式、个人信息的种类以及对个人权益的影响、可能存在的安全风险等，采取下列措施确保个人信息处理活动符合法律、行政法规的规定，并防止未经授权的访问以及个人信息泄露、篡改、丢失：

（一）制定内部管理制度和操作规程；

（二）对个人信息实行分类管理；

（三）采取相应的加密、去标识化等安全技术措施；

（四）合理确定个人信息处理的操作权限，并定期对从业人员进行安全教育和培训；

（五）制定并组织实施个人信息安全事件应急预案；

（六）法律、行政法规规定的其他措施。

第五十二条　处理个人信息达到国家网信部门规定数量的个人信息处理者应当指定个人信息保护负责人，负责对个人信息处理活动以及采取的保护措施等进行监督。

个人信息处理者应当公开个人信息保护负责人的联系方式，并将个人信息保护负责人的姓名、联系方式等报送履行个人信息保护职责的部门。

第五十三条　本法第三条第二款规定的中华人民共和国境外的个人信息处理者，应当在中华人民共和国境内设立专门机构或者指定代表，负责处理个人信息保护相关事务，并将有关机构的名称或者代表的姓名、联系方式等报送履行个人信息保护职责的部门。

第五十四条　个人信息处理者应当定期对其处理个人信息遵守法律、行政法规的情况进行合规审计。

第五十五条　有下列情形之一的，个人信息处理者应当事前进行个人信息保护影响评估，并对处理情况进行记录：

（一）处理敏感个人信息；

（二）利用个人信息进行自动化决策；

（三）委托处理个人信息、向其他个人信息处理者提供个人信息、公开个人信息；

（四）向境外提供个人信息；

（五）其他对个人权益有重大影响的个人信息处理活动。

第五十六条　个人信息保护影响评估应当包括下列内容：

（一）个人信息的处理目的、处理方式等是否合法、正当、必要；

（二）对个人权益的影响及安全风险；

（三）所采取的保护措施是否合法、有效并与风险程度相适应。

个人信息保护影响评估报告和处理情况记录应当至少保存三年。

第五十七条 发生或者可能发生个人信息泄露、篡改、丢失的，个人信息处理者应当立即采取补救措施，并通知履行个人信息保护职责的部门和个人。通知应当包括下列事项：

（一）发生或者可能发生个人信息泄露、篡改、丢失的信息种类、原因和可能造成的危害；

（二）个人信息处理者采取的补救措施和个人可以采取的减轻危害的措施；

（三）个人信息处理者的联系方式。

个人信息处理者采取措施能够有效避免信息泄露、篡改、丢失造成危害的，个人信息处理者可以不通知个人；履行个人信息保护职责的部门认为可能造成危害的，有权要求个人信息处理者通知个人。

第五十八条 提供重要互联网平台服务、用户数量巨大、业务类型复杂的个人信息处理者，应当履行下列义务：

（一）按照国家规定建立健全个人信息保护合规制度体系，成立主要由外部成员组成的独立机构对个人信息保护情况进行监督；

（二）遵循公开、公平、公正的原则，制定平台规则，明确平台内产品或者服务提供者处理个人信息的规范和保护个人信息的义务；

（三）对严重违反法律、行政法规处理个人信息的平台内的产品或者服务提供者，停止提供服务；

（四）定期发布个人信息保护社会责任报告，接受社会监督。

第五十九条 接受委托处理个人信息的受托人，应当依照本法和有关法律、行政法规的规定，采取必要措施保障所处理的个人信息的安全，并协助个人信息处理者履行本法规定的义务。

第六章　履行个人信息保护职责的部门

第六十条 国家网信部门负责统筹协调个人信息保护工作和相关监督管理工作。国务院有关部门依照本法和有关法律、行政法规的规定，在各自职责范围内负责个人信息保护和监督管理工作。

县级以上地方人民政府有关部门的个人信息保护和监督管理职责，按照国家有关规定确定。

前两款规定的部门统称为履行个人信息保护职责的部门。

第六十一条 履行个人信息保护职责的部门履行下列个人信息保护职责：

（一）开展个人信息保护宣传教育，指导、监督个人信息处理者开展个人信息保护工作；

（二）接受、处理与个人信息保护有关的投诉、举报；

（三）组织对应用程序等个人信息保护情况进行测评，并公布测评结果；

（四）调查、处理违法个人信息处理活动；

（五）法律、行政法规规定的其他职责。

第六十二条　国家网信部门统筹协调有关部门依据本法推进下列个人信息保护工作：

（一）制定个人信息保护具体规则、标准；

（二）针对小型个人信息处理者、处理敏感个人信息以及人脸识别、人工智能等新技术、新应用，制定专门的个人信息保护规则、标准；

（三）支持研究开发和推广应用安全、方便的电子身份认证技术，推进网络身份认证公共服务建设；

（四）推进个人信息保护社会化服务体系建设，支持有关机构开展个人信息保护评估、认证服务；

（五）完善个人信息保护投诉、举报工作机制。

第六十三条　履行个人信息保护职责的部门履行个人信息保护职责，可以采取下列措施：

（一）询问有关当事人，调查与个人信息处理活动有关的情况；

（二）查阅、复制当事人与个人信息处理活动有关的合同、记录、账簿以及其他有关资料；

（三）实施现场检查，对涉嫌违法的个人信息处理活动进行调查；

（四）检查与个人信息处理活动有关的设备、物品；对有证据证明是用于违法个人信息处理活动的设备、物品，向本部门主要负责人书面报告并经批准，可以查封或者扣押。履行个人信息保护职责的部门依法履行职责，当事人应当予以协助、配合，不得拒绝、阻挠。

第六十四条　履行个人信息保护职责的部门在履行职责中，发现个人信息处理活动存在较大风险或者发生个人信息安全事件的，可以按照规定的权限和程序对该个人信息处理者的法定代表人或者主要负责人进行约谈，或者要求个人信息处理者委托专业机构对其个人信息处理活动进行合规审计。个人信息处理者应当按照要求采取措施，进行整改，消除隐患。

履行个人信息保护职责的部门在履行职责中，发现违法处理个人信息涉嫌犯罪的，应当及时移送公安机关依法处理。

第六十五条　任何组织、个人有权对违法个人信息处理活动向履行个人信息保护职责的部门进行投诉、举报。收到投诉、举报的部门应当依法及时处理，并将处理结果告知投诉、举报人。

履行个人信息保护职责的部门应当公布接受投诉、举报的联系方式。

第七章 法律责任

第六十六条 违反本法规定处理个人信息，或者处理个人信息未履行本法规定的个人信息保护义务的，由履行个人信息保护职责的部门责令改正，给予警告，没收违法所得，对违法处理个人信息的应用程序，责令暂停或者终止提供服务；拒不改正的，并处一百万元以下罚款；对直接负责的主管人员和其他直接责任人员处一万元以上十万元以下罚款。

有前款规定的违法行为，情节严重的，由省级以上履行个人信息保护职责的部门责令改正，没收违法所得，并处五千万元以下或者上一年度营业额百分之五以下罚款，并可以责令暂停相关业务或者停业整顿、通报有关主管部门吊销相关业务许可或者吊销营业执照；对直接负责的主管人员和其他直接责任人员处十万元以上一百万元以下罚款，并可以决定禁止其在一定期限内担任相关企业的董事、监事、高级管理人员和个人信息保护负责人。

第六十七条 有本法规定的违法行为的，依照有关法律、行政法规的规定记入信用档案，并予以公示。

第六十八条 国家机关不履行本法规定的个人信息保护义务的，由其上级机关或者履行个人信息保护职责的部门责令改正；对直接负责的主管人员和其他直接责任人员依法给予处分。

履行个人信息保护职责的部门的工作人员玩忽职守、滥用职权、徇私舞弊，尚不构成犯罪的，依法给予处分。

第六十九条 处理个人信息侵害个人信息权益造成损害，个人信息处理者不能证明自己没有过错的，应当承担损害赔偿等侵权责任。

前款规定的损害赔偿责任按照个人因此受到的损失或者个人信息处理者因此获得的利益确定；个人因此受到的损失和个人信息处理者因此获得的利益难以确定的，根据实际情况确定赔偿数额。

第七十条 个人信息处理者违反本法规定处理个人信息，侵害众多个人的权益的，人民检察院、法律规定的消费者组织和由国家网信部门确定的组织可以依法向人民法院提起诉讼。

第七十一条 违反本法规定，构成违反治安管理行为的，依法给予治安管理处罚；构成犯罪的，依法追究刑事责任。

第八章 附则

第七十二条 自然人因个人或者家庭事务处理个人信息的，不适用本法。

法律对各级人民政府及其有关部门组织实施的统计、档案管理活动中的个人信息处理有规定的，适用其规定。

第七十三条 本法下列用语的含义:

(一)个人信息处理者,是指在个人信息处理活动中自主决定处理目的、处理方式的组织、个人。

(二)自动化决策,是指通过计算机程序自动分析、评估个人的行为习惯、兴趣爱好或者经济、健康、信用状况等,并进行决策的活动。

(三)去标识化,是指个人信息经过处理,使其在不借助额外信息的情况下无法识别特定自然人的过程。

(四)匿名化,是指个人信息经过处理无法识别特定自然人且不能复原的过程。

第七十四条 本法自 2021 年 11 月 1 日起施行。

1.6 《中华人民共和国个人信息保护法》解读

2021 年 8 月 20 日,第十三届全国人大常委会第三十次会议通过了《中华人民共和国个人信息保护法》(以下简称《个人信息保护法》)。这为我国个人信息保护提供了基本的法律遵循,是我国个人信息保护领域的重大里程碑。《个人信息保护法》自 2021 年 11 月 1 日起施行。

一、立法背景

从国内看,我国全面数字化转型如火如荼,新技术新应用层出不穷,互联网应用积累了海量个人信息。这些信息的积累和应用给生产生活带来了诸多便利,为社会进步和产业升级发挥了促进作用。但与此同时,信息安全也出现了不少问题。例如,一些个人隐私数据被篡改、泄露甚至非法利用,给人民群众带来了巨大困扰。小到无穷无尽的电话推销,大到频繁发生的网络诈骗,无不是个人隐私数据泄露带来的恶果。人民群众热切祈盼着对个人信息保护的专项立法,来保护个人隐私数据。

从国际视角来看,发达国家非常重视个人隐私数据的保护。例如,在美国和欧盟,很多个人隐私数据因为法律保护不能被轻易采集。许多发达国家都出台了对个人信息保护的专项立法。例如,1974 年美国实施的《隐私法案》(Privacy Act)是美国最重要的一部保护个人信息方面的法律。1995 年,欧盟正式颁布《关于个人信息处理保护及个人信息自由传输的指令》(Directive 95/46/EC),旨在推动个人信息受到保护的基本权利在各成员国得到贯彻落实,保障各项信息在成员国间依法自由传输。日本于 2003 年颁布了《个人信息保护法》（APPI），是亚洲最早的个人信息保护法律之一。世界上其他国家对个人隐私的保护对我们具有重要启发，个人信息的法律保护也是衡量一个国家法治文明和法治水平的重要指标。

二、主要内容

第一，立法目的、适用范围及基本原则。立法目的是保护个人信息权益，规范个人信息处理活动，促进个人信息合理利用。适用范围包括在我国境内处理自然人个人信息的活动。处理个人信息应当遵循的原则是：合法、正当、必要和诚信，不得通过误导、欺诈、胁迫等方式处理个人信息。《个人信息保护法》提出处理个人信息应当具有明确、合理的目的，应当遵循公开、透明原则，即公开个人信息处理规则，明示处理的目的、方式和范围。

第二，个人信息处理规则。主要包括：①一般规定内容。符合法律规定的个人信息处理者方可处理个人信息。个人同意处理个人信息应当由个人在充分知情的前提下自愿、明确作出，个人有权撤回其同意。个人信息处理者在处理个人信息前，应真实、准确、完整地向个人告知必要事项。②敏感个人信息的处理规则。只有在具有特定的目的和充分的必要性，并采取严格保护措施的情形下，个人信息处理者方可处理敏感个人信息。处理敏感个人信息应当取得个人的单独同意。③国家机关处理个人信息的特别规定。国家机关为履行法定职责处理个人信息，应当依照法律、行政法规规定的权限、程序进行，不得超出履行法定职责所必需的范围和限度，应当履行告知义务。

第三，个人信息跨境提供的规则。个人信息处理者因业务等需要，确需向中华人民共和国境外提供个人信息的，应当具备相应条件。应当向个人告知境外接收方的详细情况。关键信息基础设施运营者和处理个人信息达到国家网信部门规定数量的个人信息处理者，应当将在中华人民共和国境内收集和产生的个人信息存储在境内。

第四，个人在个人信息处理活动中的权利。明确了个人对其个人信息的处理享有知情权、决定权，有权限制或者拒绝他人对其个人信息进行处理。个人有权向个人信息处理者查阅、复制其个人信息。发现其个人信息不准确或者不完整的，有权请求个人信息处理者更正、补充。个人有权要求个人信息处理者对其个人信息处理规则进行解释说明。

第五，个人信息处理者的义务。明确了个人信息处理者要采取措施确保个人信息处理活动符合法律、行政法规的规定，并防止未经授权的访问以及个人信息泄露、篡改、丢失。在规定的情形下，个人信息处理者应当事前进行个人信息保护影响评估。发生或者可能发生个人信息泄露、篡改、丢失的，个人信息处理者应当立即采取补救措施。提供重要互联网平台服务、用户数量巨大、业务类型复杂的个人信息处理者，应当履行相应义务。

第六，履行个人信息保护职责的部门。明确了国家网信部门负责统筹协调个人信息保护工作和相关监督管理工作。履行个人信息保护职责的部门履行五项个人信息保护职责。国家网信部门统筹协调有关部门依据本法推进制定规则、标准等五项个人信息保护工作。明确了部门履行个人信息保护职责可以采取的措施。

第七，法律责任。明确了违反本法规定处理个人信息的具体法律责任。

三、影响及成效

《个人信息保护法》的颁布标志着我国在个人信息保护立法方面迈出了重要一步，这为保护我国公民的个人信息权益提供了坚实保障，也在国际上体现了我国个人信息保护软实力的提升。其实施带来了以下影响及成效。

一是有效保护个人信息权益。例如，《个人信息保护法》第四章明确了个人在个人信息处理活动中的权利，包括知情权、决定权，有权限制或者拒绝他人对其个人信息进行处理。明确在一些情形下，个人信息处理者应当主动删除个人信息，包括处理目的已实现、无法实现或者为实现处理目的不再必要；个人信息处理者停止提供产品或者服务，或者保存期限已届满；个人撤回同意等。这些具体的规定对于保护个人信息权益意义重大。

二是规范个人信息处理活动。例如，本法规在第二章分三种情形明确了个人信息处理规则，包括一般规定、敏感个人信息的处理规则、国家机关处理个人信息的特别规定。这三种情形不仅对一般个人信息处理者的处理活动进行了明确要求，同时也明确了敏感个人信息的处理规则，还特意规定了国家机关处理个人信息的原则，切实体现了以法律为准绳，将权力关进制度的笼子里。

三是促进个人信息合理利用。立法的目的除了保护个人信息，也要在保护的前提下对其进行合理开发，促进服务便利化和经济社会发展。所以在法律对个人数据保护的同时，也对依法应用、依法经营等提出了操作规范，并且提出了境外数据合作的基本规则。这些规则有利于促进个人数据有效、合理、安全地进行跨境交流，为经济发展及国际交往提供积极的推动作用。

第 2 篇

中共中央、国务院及国家部委相关政策

2.1　《中共中央办公厅、国务院办公厅关于加强信息资源开发利用工作的若干意见》

（中办发〔2004〕34 号）

为贯彻党的十六大和十六届三中、四中全会精神，树立和落实科学发展观，坚持走新型工业化道路，以信息化带动工业化、以工业化促进信息化，充分发挥信息资源开发利用在信息化建设中的重要作用，推进经济结构调整和经济增长方式转变，实现经济社会全面协调可持续发展，经党中央、国务院同意，现就加强信息资源开发利用工作提出如下意见。

一、充分认识信息资源开发利用工作的重要性和紧迫性

（一）高度重视信息资源开发利用对促进经济社会发展的重要作用。信息资源作为生产要素、无形资产和社会财富，与能源、材料资源同等重要，在经济社会资源结构中具有不可替代的地位，已成为经济全球化背景下国际竞争的一个重点。加强信息资源开发利用、提高开发利用水平，是落实科学发展观、推动经济社会全面发展的重要途径，是增强我国综合国力和国际竞争力的必然选择。加强信息资源开发利用，有利于促进经济增长方式根本转变，建设资源节约型社会；有利于推动政府转变职能，更好地履行经济调节、市场监督、社会管理和公共服务职责；有利于体现以人为本，满足人民群众日益增长的物质文化需求；有利于发展信息资源产业，推动传统产业改造，优化经济结构。

（二）进一步增强推进信息资源开发利用工作的紧迫感。近年来，我国信息化建设取得了重要进展，信息资源总量不断增加，质量逐步提高，在现代化建设中日益发挥重要作用。但必须看到，当前信息资源开发利用工作仍存在诸多问题，主要是：信息资源开发不足、利用不够、效益不高，相对滞后于信息基础设施建设；政府信息公开制度尚不完善，政务信息资源共享困难、采集重复；公益性信息服务机制尚未理顺；信息资源开发利用市场化、产业化程度低，产业规模较小，缺乏国际竞争力；信息安全保障体系不够健全，对不良信息的综合治理亟待加强；相关法律法规及标准化体系需要完善。各级党委和政府必须担负起加强信息资源开发利用工作的重要责任，采取有效

措施，抓紧解决工作中存在的问题，不断提高信息资源开发利用水平。

二、加强信息资源开发利用工作的指导思想、主要原则和总体任务

（三）加强信息资源开发利用工作的指导思想是：坚持以邓小平理论和"三个代表"重要思想为指导，牢固树立和落实科学发展观，以体制创新和机制创新为动力，以政务信息资源开发利用为先导，充分发挥公益性信息服务的作用，提高信息资源产业的社会效益和经济效益，完善信息资源开发利用的保障环境，推动信息资源的优化配置，促进社会主义物质文明、政治文明和精神文明协调发展。

（四）加强信息资源开发利用工作的主要原则是：（1）统筹协调。正确处理加快发展与保障安全、公开信息与保守秘密、开发利用与规范管理、重点突破与全面推进的关系，综合运用不同机制和措施，因地制宜，分类指导，分步推进，促进不同领域、不同区域的信息资源开发利用工作协调发展。（2）需求导向。紧密结合国民经济和社会发展需求，结合人民群众日益增长的物质文化需求，重视解决实际问题，以利用促开发，实现社会效益和经济效益的统一。（3）创新开放。坚持观念创新、制度创新、管理创新和技术创新，充分利用国际国内两个市场、两种资源，鼓励竞争，扩大交流与合作。（4）确保安全。增强全民信息安全意识，建立健全信息安全保障体系，加强领导，落实责任，综合运用法律、行政、经济和技术手段，强化信息安全管理，依法打击违法犯罪活动，维护国家安全和社会稳定。

（五）加强信息资源开发利用工作的总体任务是：强化全社会的信息意识，培育市场，扩大需求，发展壮大信息资源产业；着力开发和有效利用生产、经营活动中的信息资源，推进政府信息公开和政务信息共享，增强公益性信息服务能力，拓宽服务范围；完善法律法规和标准化体系，推动我国信息资源总量增加、质量提高、结构优化，提升全社会信息资源开发利用水平，提高信息化建设的综合效益。

三、加强政务信息资源的开发利用

（六）建立健全政府信息公开制度。加快推进政府信息公开，制定政府信息公开条例，编制政府信息公开目录。充分利用政府门户网站、重点新闻网站、报刊、广播、电视等媒体以及档案馆、图书馆、文化馆等场所，为公众获取政府信息提供便利。

（七）加强政务信息共享。根据法律规定和履行职责的需要，明确相关部

门和地区信息共享的内容、方式和责任，制定标准规范，完善信息共享制度。当前，要结合重点政务工作，推动需求迫切、效益明显的跨部门、跨地区信息共享。继续开展人口、企业、地理空间等基础信息共享试点工作，探索有效机制，总结经验，逐步推广。依托统一的电子政务网络平台和信息安全基础设施，建设政务信息资源目录体系和交换体系，支持信息共享和业务协同。规划和实施电子政务项目，必须考虑信息资源的共享与整合，避免重复建设。

（八）规范政务信息资源社会化增值开发利用工作。对具有经济和社会价值、允许加工利用的政务信息资源，应鼓励社会力量进行增值开发利用。有关部门要按照公平、公正、公开的原则，制定政策措施和管理办法，授权申请者使用相关政务信息资源，规范政务信息资源使用行为和社会化增值开发利用工作。

（九）提高宏观调控和市场监管能力。加强对经济信息的采集、整合、分析，为完善宏观调控提供信息支持。深化金融、海关、税务、工商行政管理等部门的信息资源开发利用工作，提高监管能力和服务水平。推动信用信息资源建设，健全社会信用体系。重视基础信息资源建设，强化对土地、矿产等自然资源的管理。

（十）合理规划政务信息的采集工作。明确信息采集工作的分工，加强协作，避免重复，降低成本，减轻社会负担。各地区各部门要严格履行信息采集职责，遵循标准和流程要求，确保所采集信息的真实、准确、完整和及时。要统筹协调基础信息数据库的信息采集分工、持续更新和共享服务工作，增强地理空间等基础信息资源的自主保障能力。加快以传统载体保存的公文、档案、资料等信息资源的数字化进程。

（十一）加强政务信息资源管理。制定政务信息资源分级分类管理办法，建立健全采集、登记、备案、保管、共享、发布、安全、保密等方面的规章制度，推进政务信息资源的资产管理工作。

四、加强信息资源的公益性开发利用和服务

（十二）支持和鼓励信息资源的公益性开发利用。政务部门要结合工作特点和社会需求，主动为企业和公众提供公益性信息服务，积极向公益性机构提供必要的信息资源。建立投入保障机制，支持重点领域信息资源的公益性开发利用项目。制定政策，引导和鼓励企业、公众和其他组织开发信息资源，开展公益性信息服务，或按有关规定投资设立公益性信息服务机构。重视发挥中介机构的作用，支持著作权拥有人许可公益性信息机构利用其相关信息

资源开展公益性服务。

（十三）增强信息资源的公益性服务能力。加强农业、科技、教育、文化、卫生、社会保障和宣传等领域的信息资源开发利用。加大向农村、欠发达地区和社会困难群体提供公益性信息服务的力度。推广人民群众需要的公益性信息服务典型经验。

（十四）促进信息资源公益性开发利用的有序发展。明晰公益性与商业性信息服务界限，确定公益性信息机构认定标准并规范其服务行为，形成合理的定价机制。妥善处理发展公益性信息服务和保护知识产权的关系。

五、促进信息资源市场繁荣和产业发展

（十五）加快信息资源开发利用市场化进程。积极发展信息资源市场，发挥市场对信息资源配置的基础性作用。打破行业垄断、行政壁垒和地方保护，营造公平的市场竞争环境，促进信息商品流通，鼓励信息消费，扩大有效需求。政务部门要积极采用外包、政府采购等方式从市场获取高质量、低成本的信息商品和服务。

（十六）促进信息资源产业健康快速发展。研究制定促进信息资源产业发展的政策和规划。鼓励文化、出版、广播影视等行业发展数字化产品，提供网络化服务。促进信息咨询、市场调查等行业发展，繁荣和规范互联网信息服务业。开展信息资源产业统计分析工作，完善信息资产评估制度。鼓励信息资源企业参与国际竞争。

（十七）加强企业和行业的信息资源开发利用工作。推进企业信息化，发展电子商务，鼓励企业建立并逐步完善信息系统，在生产、经营、管理等环节深度开发并充分利用信息资源，提高竞争能力和经济效益。建立行业和大型企业数据库，健全行业信息发布制度，引导企业提高管理和决策水平。注重推动高物耗、高能耗和高污染产业的改造，着力提高电力、交通、水利等重要基础设施的使用效能。

（十八）依法保护信息资源产品的知识产权。加大保护知识产权执法力度，严厉打击盗版侵权等违法行为。健全著作权管理制度，建立著作权集体管理组织。完善网络环境下著作权保护和数据库保护等方面的法律法规。

（十九）建立和完善信息资源市场监管体系。适应数字化和网络化发展形势，建立健全协调一致、职责明确、运转有效的监管体制，完善法律法规和技术手段，强化信息资源市场监管工作。加强市场准入管理，提高信息资源产品审批效率，完善登记备案和事后监督制度。保护信息资源生产者、经营者和消费者的合法权益。

六、完善信息资源开发利用工作的保障环境

（二十）加强组织协调和统筹规划。各级党委和政府要加强领导，理顺信息资源管理体制，强化对信息资源开发利用工作的组织协调、统筹规划和监督管理。要制定信息资源开发利用专项规划，并纳入国民经济和社会发展规划。

（二十一）增加资金投入并提高其使用效益。保障政务信息资源的建设管理、采集更新、运行维护、长期保存和有效利用，相应经费要纳入预算管理。鼓励企业和公众投资信息资源开发利用领域。多渠道筹集资金，支持政策研究、标准制定、科技研发、试点示范以及重点信息资源开发。加强资金使用管理，提高效益，降低风险。

（二十二）加强相关法律法规体系建设。积极开展调查研究，确定立法重点，制定相应的立法计划，加快立法进程，及时颁布需求迫切的法律法规，为信息资源开发利用工作提供有力的法律保障。

（二十三）加强标准化工作。建立信息资源开发利用标准化工作的统一协调机制，制定信息资源标准、信息服务标准和相关技术标准。突出重点，抓紧制定信息资源分类和基础编码等急需的国家标准，并强化对国家标准的宣传贯彻。推进公民身份号码和组织机构代码的广泛应用。

（二十四）推进关键技术研发和成果转化。支持有广泛需求、可拥有自主知识产权的技术研发，促进信息资源开发利用技术成果的商品化、产业化和推广应用。国家重点支持核心技术攻关，力求在关键领域取得突破。

（二十五）营造公众利用信息资源的良好环境。采取有效措施，逐步形成以多种渠道、多种方式和多种终端方便公众获取信息资源的环境。鼓励、扶持在街道社区和乡镇建设适用的信息服务设施。提高互联网普及率，丰富网上中文信息资源，加强公众使用互联网的技能培训，支持上网营业场所向连锁经营方向发展。发挥广播电视普及、便捷的优势，推动广播电视数字化进程和产业发展。充分利用电信网、广电网、互联网开发利用信息资源。

（二十六）加强信息安全保障工作。贯彻落实国家关于加强信息安全保障工作的方针政策，提高信息安全保障能力。健全信息安全监管机制，倡导网络道德规范，创建文明健康的信息和网络环境。遏止影响国家安全和社会稳定的各种违法、有害信息的制作和传播，依法打击窃取、盗用、破坏、篡改信息等行为。实行信息安全等级保护制度。加强信息安全技术开发应用，重视引进信息技术及产品的安全管理。建立和完善信息公开审查制度，增强对涉密系统的检查测评能力。加快修订《中华人民共和国保守国家秘密法》，推进信息安全、个人信息保护、未成年人在线行为保护等法律问题的研究工作。

（二十七）加大宣传教育和人才培养力度。加强宣传教育工作，提高全民信息意识。重视业务能力培养和信息安全、法律法规教育。加强高等院校信息资源开发利用相关学科和专业建设，将信息资源管理等课程纳入教学计划。发挥各类教育培训体系作用，积极开展信息资源开发利用相关人员的知识与技能培训。

军队信息资源开发利用工作，由解放军信息化领导小组作出规定。

2.2 《中共中央办公厅、国务院办公厅关于加强信息资源开发利用工作的若干意见》解读

2024 年是《中共中央办公厅、国务院办公厅关于加强信息资源开发利用工作的若干意见》（本节以下简称《意见》）发布 20 周年，通过在本书中引用并解读这条政策，可以追溯信息资源开发利用的历史，为新时代大力发展新质生产力提供借鉴和参考。

一、政策背景

党的十六大和十六届三中、四中全会精神中强调要坚持走新型工业化道路，以信息化带动工业化、以工业化促进信息化，充分发挥信息资源开发利用在信息化建设中的重要作用，推进经济结构调整和经济增长方式转变。

在经济发展过程中，政府、企业和个人都已经意识到，信息资源作为生产要素、无形资产和社会财富，与能源、材料资源同等重要，在经济社会资源结构中具有不可替代的地位，已成为经济全球化背景下国际竞争的一个重点。《意见》出台时的重点任务是促进经济增长方式发生根本转变，建设资源节约型社会，推动传统产业改造，优化经济结构，那么信息资源开发利用无疑是重要一环。

然而，当时的信息资源开发利用存在很多困难，《意见》中提出的困难主要是信息资源开发不足、利用不够、效益不高，相对滞后于信息基础设施建设；政府信息公开制度不完善，政务信息资源共享困难、采集重复；公益性信息服务机制没有理顺；信息资源开发利用市场化、产业化程度低，产业规模较小，缺乏国际竞争力；信息安全保障体系不够健全，对不良信息的综合治理亟待加强；相关法律法规及标准化体系需要完善，等等。为此，《意见》的出台至关重要，有利于大幅提高对信息资源的开发和利用水平。

二、主要内容

第一，提高认知。充分认识信息资源开发利用工作的重要性和紧迫性，首先强调要高度重视信息资源开发利用对促进经济社会发展的重要作用，进一步增强推进信息资源开发利用工作的紧迫感；而后论证了信息资源开发的极端重要性，列举了当前工作中存在的诸多问题及工作难点。

第二，指导思想，主要原则和总体任务。指导思想强调以政务信息资源开发利用为先导，充分发挥公益性信息服务的作用，提高信息资源产业的社会效益和经济效益，完善信息资源开发利用的保障环境，推动信息资源的优化配置。加强信息资源开发利用工作的主要原则是：①统筹协调。②需求导向。③创新开放。④确保安全。总体任务是：①强化全社会的信息意识，培育市场，扩大需求，发展壮大信息资源产业。②着力开发和有效利用生产、经营活动中的信息资源，推进政府信息公开和政务信息共享。③完善法律法规和标准化体系，推动我国信息资源总量增加、质量提高、结构优化。

第三，具体任务。包括三、四、五三个章节。一是加强政务信息资源的开发利用，具体包括建立健全政府信息公开制度，加强政务信息共享，规范政务信息资源社会化增值开发利用工作，提高宏观调控和市场监管能力，合理规划政务信息的采集工作，加强政务信息资源管理。二是加强信息资源的公益性开发利用和服务，具体包括支持和鼓励信息资源的公益性开发利用，增强信息资源的公益性服务能力，促进信息资源公益性开发利用的有序发展。三是促进信息资源市场繁荣和产业发展，具体包括加快信息资源开发利用市场化进程，促进信息资源产业健康快速发展，加强企业和行业的信息资源开发利用工作，依法保护信息资源产品的知识产权，建立和完善信息资源市场监管体系。

第四，保障环境。包括加强组织协调和统筹规划，增加资金投入并提高其使用效益，加强相关法律法规体系建设，加强标准化工作，推进关键技术研发和成果转化，营造公众利用信息资源的良好环境，加强信息安全保障工作，加大宣传教育和人才培养力度。这些措施，既对"条条"（各级职能部门）提出要求，也对"块块"（各地方，包括省市县级政府）提出要求，令发文对象有章可依、有令可行。

三、文件的新提法

文件的很多内容在之前或者之后的文件中都有所提及甚至反复提及，但有些内容是由文件首次提出的，且对以后发展意义重大。其中之一就是文件提出了信息资源是生产要素，提出信息资源作为生产要素、无形资产和社会财富，与能源、材料资源同等重要，在经济社会资源结构中具有不可替代的地位，这表明当时政府部门对信息资源的认识已经非常深刻了。把信息资源作为生产要素这一决策为数据要素发挥重要作用奠定了基础。目前，我们把数据要素作为第五生产要素，与土地、劳动、资本、技术要素并列，实际上是《意见》认识的提高与升华。

四、影响及成效

一是政务信息资源的开发利用更加高效。在当时大部分信息资源主要掌握在政府部门手中，这些信息作用相对更大，所以政策文件也大多围绕政务信息资源展开。随着信息技术的进步及信息产业的发展，政务信息、企业部门掌握的信息及个人信息数量越来越多，政府信息公开、政务信息共享自那个年代逐步开启，目前已经常态化，成为政府与民众沟通的重要渠道。目前，政务信息采集工作更加简便，成本更低。政务信息资源管理形成了若干有效制度，更加规范、高效。

二是信息资源市场繁荣和产业发展。文件中诸如积极发展信息资源市场，发挥市场对信息资源配置的基础性作用；鼓励政务部门积极采用外包、政府采购等方式从市场获取高质量、低成本的信息商品和服务，这些类似的建议表述目前已经比较少见。此外，鼓励发展数字化产品、促进互联网信息服务业的繁荣和规范，完善信息资产评估制度，鼓励信息资源企业参与国际竞争，这些思想都极具前瞻性，为以后更好地利用信息资源发挥了较强的促进作用。

纵观整个文件，虽然背景已经发生了变化，很多提法也已经发生了变化，但文件中提出的很多问题如今依旧被沿用到其它文件中，只是换了表达形式。很多政策措施也在之后的文件中被反复引用，所以研究历史文件有利于我们理解如今的文件，这既是对历史的回顾，也有利于我们更好地把握当前的政策。

2.3 《国务院关于印发促进大数据发展
行动纲要的通知》

（国发〔2015〕50 号）

各省、自治区、直辖市人民政府，国务院各部委、各直属机构：

现将《促进大数据发展行动纲要》印发给你们，请认真贯彻落实。

国务院

2015 年 8 月 31 日

促进大数据发展行动纲要

大数据是以容量大、类型多、存取速度快、应用价值高为主要特征的数据集合，正快速发展为对数量巨大、来源分散、格式多样的数据进行采集、存储和关联分析，从中发现新知识、创造新价值、提升新能力的新一代信息技术和服务业态。

信息技术与经济社会的交汇融合引发了数据迅猛增长，数据已成为国家基础性战略资源，大数据正日益对全球生产、流通、分配、消费活动以及经济运行机制、社会生活方式和国家治理能力产生重要影响。目前，我国在大数据发展和应用方面已具备一定基础，拥有市场优势和发展潜力，但也存在政府数据开放共享不足、产业基础薄弱、缺乏顶层设计和统筹规划、法律法规建设滞后、创新应用领域不广等问题，亟待解决。为贯彻落实党中央、国务院决策部署，全面推进我国大数据发展和应用，加快建设数据强国，特制定本行动纲要。

一、发展形势和重要意义

全球范围内，运用大数据推动经济发展、完善社会治理、提升政府服务和监管能力正成为趋势，有关发达国家相继制定实施大数据战略性文件，大力推动大数据发展和应用。目前，我国互联网、移动互联网用户规模居全球第一，拥有丰富的数据资源和应用市场优势，大数据部分关键技术研发取得突破，涌现出一批互联网创新企业和创新应用，一些地方政府已启动大数据相关工作。坚持创新驱动发展，加快大数据部署，深化大数据应用，已成为稳增长、促改革、调结构、惠民生和推动政府治理能力现代化的内在需要和必然选择。

（一）大数据成为推动经济转型发展的新动力。以数据流引领技术流、物质流、资金流、人才流，将深刻影响社会分工协作的组织模式，促进生产组织方式的集约和创新。大数据推动社会生产要素的网络化共享、集约化整合、协作化开发和高效化利用，改变了传统的生产方式和经济运行机制，可显著提升经济运行水平和效率。大数据持续激发商业模式创新，不断催生新业态，已成为互联网等新兴领域促进业务创新增值、提升企业核心价值的重要驱动力。大数据产业正在成为新的经济增长点，将对未来信息产业格局产生重要影响。

（二）大数据成为重塑国家竞争优势的新机遇。在全球信息化快速发展的大背景下，大数据已成为国家重要的基础性战略资源，正引领新一轮科技创新。充分利用我国的数据规模优势，实现数据规模、质量和应用水平同步提升，发掘和释放数据资源的潜在价值，有利于更好发挥数据资源的战略作用，增强网络空间数据主权保护能力，维护国家安全，有效提升国家竞争力。

（三）大数据成为提升政府治理能力的新途径。大数据应用能够揭示传统技术方式难以展现的关联关系，推动政府数据开放共享，促进社会事业数据融合和资源整合，将极大提升政府整体数据分析能力，为有效处理复杂社会问题提供新的手段。建立"用数据说话、用数据决策、用数据管理、用数据创新"的管理机制，实现基于数据的科学决策，将推动政府管理理念和社会治理模式进步，加快建设与社会主义市场经济体制和中国特色社会主义事业发展相适应的法治政府、创新政府、廉洁政府和服务型政府，逐步实现政府治理能力现代化。

二、指导思想和总体目标

（一）指导思想。深入贯彻党的十八大和十八届二中、三中、四中全会精神，按照党中央、国务院决策部署，发挥市场在资源配置中的决定性作用，加强顶层设计和统筹协调，大力推动政府信息系统和公共数据互联开放共享，加快政府信息平台整合，消除信息孤岛，推进数据资源向社会开放，增强政府公信力，引导社会发展，服务公众企业；以企业为主体，营造宽松公平环境，加大大数据关键技术研发、产业发展和人才培养力度，着力推进数据汇集和发掘，深化大数据在各行业创新应用，促进大数据产业健康发展；完善法规制度和标准体系，科学规范利用大数据，切实保障数据安全。通过促进大数据发展，加快建设数据强国，释放技术红利、制度红利和创新红利，提升政府治理能力，推动经济转型升级。

（二）总体目标。立足我国国情和现实需要，推动大数据发展和应用在未来 5—10 年逐步实现以下目标：

打造精准治理、多方协作的社会治理新模式。将大数据作为提升政府治理能力的重要手段，通过高效采集、有效整合、深化应用政府数据和社会数据，提升政府决策和风险防范水平，提高社会治理的精准性和有效性，增强乡村社会治理能力；助力简政放权，支持从事前审批向事中事后监管转变，推动商事制度改革；促进政府监管和社会监督有机结合，有效调动社会力量参与社会治理的积极性。2017 年底前形成跨部门数据资源共享共用格局。

建立运行平稳、安全高效的经济运行新机制。充分运用大数据，不断提升信用、财政、金融、税收、农业、统计、进出口、资源环境、产品质量、企业登记监管等领域数据资源的获取和利用能力，丰富经济统计数据来源，实现对经济运行更为准确的监测、分析、预测、预警，提高决策的针对性、科学性和时效性，提升宏观调控以及产业发展、信用体系、市场监管等方面管理效能，保障供需平衡，促进经济平稳运行。

构建以人为本、惠及全民的民生服务新体系。围绕服务型政府建设，在公用事业、市政管理、城乡环境、农村生活、健康医疗、减灾救灾、社会救助、养老服务、劳动就业、社会保障、文化教育、交通旅游、质量安全、消费维权、社区服务等领域全面推广大数据应用，利用大数据洞察民生需求，优化资源配置，丰富服务内容，拓展服务渠道，扩大服务范围，提高服务质量，提升城市辐射能力，推动公共服务向基层延伸，缩小城乡、区域差距，促进形成公平普惠、便捷高效的民生服务体系，不断满足人民群众日益增长的个性化、多样化需求。

开启大众创业、万众创新的创新驱动新格局。形成公共数据资源合理适度开放共享的法规制度和政策体系，2018 年底前建成国家政府数据统一开放平台，率先在信用、交通、医疗、卫生、就业、社保、地理、文化、教育、科技、资源、农业、环境、安监、金融、质量、统计、气象、海洋、企业登记监管等重要领域实现公共数据资源合理适度向社会开放，带动社会公众开展大数据增值性、公益性开发和创新应用，充分释放数据红利，激发大众创业、万众创新活力。

培育高端智能、新兴繁荣的产业发展新生态。推动大数据与云计算、物联网、移动互联网等新一代信息技术融合发展，探索大数据与传统产业协同发展的新业态、新模式，促进传统产业转型升级和新兴产业发展，培育新的经济增长点。形成一批满足大数据重大应用需求的产品、系统和解决方案，建立安全可信的大数据技术体系，大数据产品和服务达到国际先进水平，国内市场占有率显著提高。培育一批面向全球的骨干企业和特色鲜明的创新型中小企业。构建形成政产学研用多方联动、协调发展的大数据产业生态体系。

三、主要任务

（一）加快政府数据开放共享，推动资源整合，提升治理能力。

1. 大力推动政府部门数据共享。加强顶层设计和统筹规划，明确各部门数据共享的范围边界和使用方式，厘清各部门数据管理及共享的义务和权利，依托政府数据统一共享交换平台，大力推进国家人口基础信息库、法人单位信息资源库、自然资源和空间地理基础信息库等国家基础数据资源，以及金税、金关、金财、金审、金盾、金宏、金保、金土、金农、金水、金质等信息系统跨部门、跨区域共享。加快各地区、各部门、各有关企事业单位及社会组织信用信息系统的互联互通和信息共享，丰富面向公众的信用信息服务，提高政府服务和监管水平。结合信息惠民工程实施和智慧城市建设，推动中央部门与地方政府条块结合、联合试点，实现公共服务的多方数据共享、制度对接和协同配合。

2. 稳步推动公共数据资源开放。在依法加强安全保障和隐私保护的前提下，稳步推动公共数据资源开放。推动建立政府部门和事业单位等公共机构数据资源清单，按照"增量先行"的方式，加强对政府部门数据的国家统筹管理，加快建设国家政府数据统一开放平台。制定公共机构数据开放计划，落实数据开放和维护责任，推进公共机构数据资源统一汇聚和集中向社会开放，提升政府数据开放共享标准化程度，优先推动信用、交通、医疗、卫生、就业、社保、地理、文化、教育、科技、资源、农业、环境、安监、金融、质量、统计、气象、海洋、企业登记监管等民生保障服务相关领域的政府数据集向社会开放。建立政府和社会互动的大数据采集形成机制，制定政府数据共享开放目录。通过政务数据公开共享，引导企业、行业协会、科研机构、社会组织等主动采集并开放数据。

专栏 1　政府数据资源共享开放工程

推动政府数据资源共享。制定政府数据资源共享管理办法，整合政府部门公共数据资源，促进互联互通，提高共享能力，提升政府数据的一致性和准确性。2017 年底前，明确各部门数据共享的范围边界和使用方式，跨部门数据资源共享共用格局基本形成。

形成政府数据统一共享交换平台。充分利用统一的国家电子政务网络，构建跨部门的政府数据统一共享交换平台，到 2018 年，中央政府层面实现数据统一共享交换平台的全覆盖，实现金税、金关、金财、金审、金盾、金宏、金保、金土、金农、金水、金质等信息系统通过统一平台进行数据共享

和交换。

形成国家政府数据统一开放平台。建立政府部门和事业单位等公共机构数据资源清单，制定实施政府数据开放共享标准，制定数据开放计划。2018年底前，建成国家政府数据统一开放平台。2020 年底前，逐步实现信用、交通、医疗、卫生、就业、社保、地理、文化、教育、科技、资源、农业、环境、安监、金融、质量、统计、气象、海洋、企业登记监管等民生保障服务相关领域的政府数据集向社会开放。

3. 统筹规划大数据基础设施建设。结合国家政务信息化工程建设规划，统筹政务数据资源和社会数据资源，布局国家大数据平台、数据中心等基础设施。加快完善国家人口基础信息库、法人单位信息资源库、自然资源和空间地理基础信息库等基础信息资源和健康、就业、社保、能源、信用、统计、质量、国土、农业、城乡建设、企业登记监管等重要领域信息资源，加强与社会大数据的汇聚整合和关联分析。推动国民经济动员大数据应用。加强军民信息资源共享。充分利用现有企业、政府等数据资源和平台设施，注重对现有数据中心及服务器资源的改造和利用，建设绿色环保、低成本、高效率、基于云计算的大数据基础设施和区域性、行业性数据汇聚平台，避免盲目建设和重复投资。加强对互联网重要数据资源的备份及保护。

专栏 2　国家大数据资源统筹发展工程

整合各类政府信息平台和信息系统。严格控制新建平台，依托现有平台资源，在地市级以上（含地市级）政府集中构建统一的互联网政务数据服务平台和信息惠民服务平台，在基层街道、社区统一应用，并逐步向农村特别是农村社区延伸。除国务院另有规定外，原则上不再审批有关部门、地市级以下（不含地市级）政府新建孤立的信息平台和信息系统。到 2018 年，中央层面构建形成统一的互联网政务数据服务平台；国家信息惠民试点城市实现基础信息集中采集、多方利用，实现公共服务和社会信息服务的全人群覆盖、全天候受理和"一站式"办理。

整合分散的数据中心资源。充分利用现有政府和社会数据中心资源，运用云计算技术，整合规模小、效率低、能耗高的分散数据中心，构建形成布局合理、规模适度、保障有力、绿色集约的政务数据中心体系。统筹发挥各部门已建数据中心的作用，严格控制部门新建数据中心。开展区域试点，推进贵州等大数据综合试验区建设，促进区域性大数据基础设施的整合和数据资源的汇聚应用。

加快完善国家基础信息资源体系。加快建设完善国家人口基础信息库、法人单位信息资源库、自然资源和空间地理基础信息库等基础信息资源。依托现有相关信息系统，逐步完善健康、社保、就业、能源、信用、统计、质量、国土、农业、城乡建设、企业登记监管等重要领域信息资源。到 2018 年，跨部门共享校核的国家人口基础信息库、法人单位信息资源库、自然资源和空间地理基础信息库等国家基础信息资源体系基本建成，实现与各领域信息资源的汇聚整合和关联应用。

加强互联网信息采集利用。加强顶层设计，树立国际视野，充分利用已有资源，加强互联网信息采集、保存和分析能力建设，制定完善互联网信息保存相关法律法规，构建互联网信息保存和信息服务体系。

4. 支持宏观调控科学化。建立国家宏观调控数据体系，及时发布有关统计指标和数据，强化互联网数据资源利用和信息服务，加强与政务数据资源的关联分析和融合利用，为政府开展金融、税收、审计、统计、农业、规划、消费、投资、进出口、城乡建设、劳动就业、收入分配、电力及产业运行、质量安全、节能减排等领域运行动态监测、产业安全预测预警以及转变发展方式分析决策提供信息支持，提高宏观调控的科学性、预见性和有效性。

5. 推动政府治理精准化。在企业监管、质量安全、节能降耗、环境保护、食品安全、安全生产、信用体系建设、旅游服务等领域，推动有关政府部门和企事业单位将市场监管、检验检测、违法失信、企业生产经营、销售物流、投诉举报、消费维权等数据进行汇聚整合和关联分析，统一公示企业信用信息，预警企业不正当行为，提升政府决策和风险防范能力，支持加强事中事后监管和服务，提高监管和服务的针对性、有效性。推动改进政府管理和公共治理方式，借助大数据实现政府负面清单、权力清单和责任清单的透明化管理，完善大数据监督和技术反腐体系，促进政府简政放权、依法行政。

6. 推进商事服务便捷化。加快建立公民、法人和其他组织统一社会信用代码制度，依托全国统一的信用信息共享交换平台，建设企业信用信息公示系统和"信用中国"网站，共享整合各地区、各领域信用信息，为社会公众提供查询注册登记、行政许可、行政处罚等各类信用信息的一站式服务。在全面实行工商营业执照、组织机构代码证和税务登记证"三证合一"、"一照一码"登记制度改革中，积极运用大数据手段，简化办理程序。建立项目并联审批平台，形成网上审批大数据资源库，实现跨部门、跨层级项目审批、核准、备案的统一受理、同步审查、信息共享、透明公开。鼓励政府部门高效采集、有效整合并充分运用政府数据和社会数据，掌握企业需求，推动行政管理流程优化再造，在注册登记、市场准入等商事服务中提供更加便捷有效、更有针对性的服务。利用大数据等手段，密切跟踪中小微企业特别是新设小微企业运行情况，为完善相关政策提供支持。

7. 促进安全保障高效化。加强有关执法部门间的数据流通，在法律许可和确保安全的前提下，加强对社会治理相关领域数据的归集、发掘及关联分析，强化对妥善应对和处理重大突发公共事件的数据支持，提高公共安全保障能力，推动构建智能防控、综合治理的公共安全体系，维护国家安全和社会安定。

专栏 3　政府治理大数据工程

推动宏观调控决策支持、风险预警和执行监督大数据应用。统筹利用政府和社会数据资源，探索建立国家宏观调控决策支持、风险预警和执行监督大数据应用体系。到 2018 年，开展政府和社会合作开发利用大数据试点，完善金融、税收、审计、统计、农业、规划、消费、投资、进出口、城乡建设、劳动就业、收入分配、电力及产业运行、质量安全、节能减排等领域国民经济相关数据的采集和利用机制，推进各级政府按照统一体系开展数据采集和综合利用，加强对宏观调控决策的支撑。

推动信用信息共享机制和信用信息系统建设。加快建立统一社会信用代码制度，建立信用信息共享交换机制。充分利用社会各方面信息资源，推动公共信用数据与互联网、移动互联网、电子商务等数据的汇聚整合，鼓励互联网企业运用大数据技术建立市场化的第三方信用信息共享平台，使政府主导征信体系的权威性和互联网大数据征信平台的规模效应得到充分发挥，依托全国统一的信用信息共享交换平台，建设企业信用信息公示系统，实现覆盖各级政府、各类别信用主体的基础信用信息共享，初步建成社会信用体系，为经济高效运行提供全面准确的基础信用信息服务。

建设社会治理大数据应用体系。到 2018 年，围绕实施区域协调发展、新型城镇化等重大战略和主体功能区规划，在企业监管、质量安全、质量诚信、节能降耗、环境保护、食品安全、安全生产、信用体系建设、旅游服务等领域探索开展一批应用试点，打通政府部门、企事业单位之间的数据壁垒，实现合作开发和综合利用。实时采集并汇总分析政府部门和企事业单位的市场监管、检验检测、违法失信、企业生产经营、销售物流、投诉举报、消费维权等数据，有效促进各级政府社会治理能力提升。

---

8. 加快民生服务普惠化。结合新型城镇化发展、信息惠民工程实施和智慧城市建设，以优化提升民生服务、激发社会活力、促进大数据应用市场化服务为重点，引导鼓励企业和社会机构开展创新应用研究，深入发掘公共服务数据，在城乡建设、人居环境、健康医疗、社会救助、养老服务、劳动就

业、社会保障、质量安全、文化教育、交通旅游、消费维权、城乡服务等领域开展大数据应用示范，推动传统公共服务数据与互联网、移动互联网、可穿戴设备等数据的汇聚整合，开发各类便民应用，优化公共资源配置，提升公共服务水平。

专栏 4　公共服务大数据工程

医疗健康服务大数据。构建电子健康档案、电子病历数据库，建设覆盖公共卫生、医疗服务、医疗保障、药品供应、计划生育和综合管理业务的医疗健康管理和服务大数据应用体系。探索预约挂号、分级诊疗、远程医疗、检查检验结果共享、防治结合、医养结合、健康咨询等服务，优化形成规范、共享、互信的诊疗流程。鼓励和规范有关企事业单位开展医疗健康大数据创新应用研究，构建综合健康服务应用。

社会保障服务大数据。建设由城市延伸到农村的统一社会救助、社会福利、社会保障大数据平台，加强与相关部门的数据对接和信息共享，支撑大数据在劳动用工和社保基金监管、医疗保险对医疗服务行为监控、劳动保障监察、内控稽核以及人力资源社会保障相关政策制定和执行效果跟踪评价等方面的应用。利用大数据创新服务模式，为社会公众提供更为个性化、更具针对性的服务。

教育文化大数据。完善教育管理公共服务平台，推动教育基础数据的伴随式收集和全国互通共享。建立各阶段适龄入学人口基础数据库、学生基础数据库和终身电子学籍档案，实现学生学籍档案在不同教育阶段的纵向贯通。推动形成覆盖全国、协同服务、全网互通的教育资源云服务体系。探索发挥大数据对变革教育方式、促进教育公平、提升教育质量的支撑作用。加强数字图书馆、档案馆、博物馆、美术馆和文化馆等公益设施建设，构建文化传播大数据综合服务平台，传播中国文化，为社会提供文化服务。

交通旅游服务大数据。探索开展交通、公安、气象、安监、地震、测绘等跨部门、跨地域数据融合和协同创新。建立综合交通服务大数据平台，共同利用大数据提升协同管理和公共服务能力，积极吸引社会优质资源，利用交通大数据开展出行信息服务、交通诱导等增值服务。建立旅游投诉及评价全媒体交互中心，实现对旅游城市、重点景区游客流量的监控、预警和及时分流疏导，为规范市场秩序、方便游客出行、提升旅游服务水平、促进旅游消费和旅游产业转型升级提供有力支撑。

（二）推动产业创新发展，培育新兴业态，助力经济转型。

1. 发展工业大数据。推动大数据在工业研发设计、生产制造、经营管理、市场营销、售后服务等产品全生命周期、产业链全流程各环节的应用，分析感知用户需求，提升产品附加价值，打造智能工厂。建立面向不同行业、不同环节的工业大数据资源聚合和分析应用平台。抓住互联网跨界融合机遇，促进大数据、物联网、云计算和三维（3D）打印技术、个性化定制等在制造业全产业链集成运用，推动制造模式变革和工业转型升级。

2. 发展新兴产业大数据。大力培育互联网金融、数据服务、数据探矿、数据化学、数据材料、数据制药等新业态，提升相关产业大数据资源的采集获取和分析利用能力，充分发掘数据资源支撑创新的潜力，带动技术研发体系创新、管理方式变革、商业模式创新和产业价值链体系重构，推动跨领域、跨行业的数据融合和协同创新，促进战略性新兴产业发展、服务业创新发展和信息消费扩大，探索形成协同发展的新业态、新模式，培育新的经济增长点。

专栏 5　工业和新兴产业大数据工程

工业大数据应用。利用大数据推动信息化和工业化深度融合，研究推动大数据在研发设计、生产制造、经营管理、市场营销、售后服务等产业链各环节的应用，研发面向不同行业、不同环节的大数据分析应用平台，选择典型企业、重点行业、重点地区开展工业企业大数据应用项目试点，积极推动制造业网络化和智能化。

服务业大数据应用。利用大数据支持品牌建立、产品定位、精准营销、认证认可、质量诚信提升和定制服务等，研发面向服务业的大数据解决方案，扩大服务范围，增强服务能力，提升服务质量，鼓励创新商业模式、服务内容和服务形式。

培育数据应用新业态。积极推动不同行业大数据的聚合、大数据与其他行业的融合，大力培育互联网金融、数据服务、数据处理分析、数据影视、数据探矿、数据化学、数据材料、数据制药等新业态。

电子商务大数据应用。推动大数据在电子商务中的应用，充分利用电子商务中形成的大数据资源为政府实施市场监管和调控服务，电子商务企业应依法向政府部门报送数据。

---

3. 发展农业农村大数据。构建面向农业农村的综合信息服务体系，为农民生产生活提供综合、高效、便捷的信息服务，缩小城乡数字鸿沟，促进城乡发展一体化。加强农业农村经济大数据建设，完善村、县相关数据采集、传输、共享基础设施，建立农业农村数据采集、运算、应用、服务体系，强化农村生态环境治理，增强乡村社会治理能力。统筹国内国际农业数据资源，强化农业资源要素数据的集聚利用，提升预测预警能力。整合构建国家涉农

大数据中心，推进各地区、各行业、各领域涉农数据资源的共享开放，加强数据资源发掘运用。加快农业大数据关键技术研发，加大示范力度，提升生产智能化、经营网络化、管理高效化、服务便捷化能力和水平。

专栏6　现代农业大数据工程

农业农村信息综合服务。充分利用现有数据资源，完善相关数据采集共享功能，完善信息进村入户村级站的数据采集和信息发布功能，建设农产品全球生产、消费、库存、进出口、价格、成本等数据调查分析系统工程，构建面向农业农村的综合信息服务平台，涵盖农业生产、经营、管理、服务和农村环境整治等环节，集合公益服务、便民服务、电子商务和网络服务，为农业农村农民生产生活提供综合、高效、便捷的信息服务，加强全球农业调查分析，引导国内农产品生产和消费，完善农产品价格形成机制，缩小城乡数字鸿沟，促进城乡发展一体化。

农业资源要素数据共享。利用物联网、云计算、卫星遥感等技术，建立我国农业耕地、草原、林地、水利设施、水资源、农业设施设备、新型经营主体、农业劳动力、金融资本等资源要素数据监测体系，促进农业环境、气象、生态等信息共享，构建农业资源要素数据共享平台，为各级政府、企业、农户提供农业资源数据查询服务，鼓励各类市场主体充分发掘平台数据，开发测土配方施肥、统防统治、农业保险等服务。

农产品质量安全信息服务。建立农产品生产的生态环境、生产资料、生产过程、市场流通、加工储藏、检验检测等数据共享机制，推进数据实现自动化采集、网络化传输、标准化处理和可视化运用，提高数据的真实性、准确性、及时性和关联性，与农产品电子商务等交易平台互联共享，实现各环节信息可查询、来源可追溯、去向可跟踪、责任可追究，推进实现种子、农药、化肥等重要生产资料信息可追溯，为生产者、消费者、监管者提供农产品质量安全信息服务，促进农产品消费安全。

---

4. 发展万众创新大数据。适应国家创新驱动发展战略，实施大数据创新行动计划，鼓励企业和公众发掘利用开放数据资源，激发创新创业活力，促进创新链和产业链深度融合，推动大数据发展与科研创新有机结合，形成大数据驱动型的科研创新模式，打通科技创新和经济社会发展之间的通道，推动万众创新、开放创新和联动创新。

专栏7　万众创新大数据工程

大数据创新应用。通过应用创新开发竞赛、服务外包、社会众包、助推计划、补助奖励、应用培训等方式，鼓励企业和公众发掘利用开放数据资源，激发创新创业活力。

大数据创新服务。面向经济社会发展需求，研发一批大数据公共服务产品，实现不同行业、领域大数据的融合，扩大服务范围、提高服务能力。

发展科学大数据。积极推动由国家公共财政支持的公益性科研活动获取和产生的科学数据逐步开放共享，构建科学大数据国家重大基础设施，实现对国家重要科技数据的权威汇集、长期保存、集成管理和全面共享。面向经济社会发展需求，发展科学大数据应用服务中心，支持解决经济社会发展和国家安全重大问题。

知识服务大数据应用。利用大数据、云计算等技术，对各领域知识进行大规模整合，搭建层次清晰、覆盖全面、内容准确的知识资源库群，建立国家知识服务平台与知识资源服务中心，形成以国家平台为枢纽、行业平台为支撑，覆盖国民经济主要领域，分布合理、互联互通的国家知识服务体系，为生产生活提供精准、高水平的知识服务。提高我国知识资源的生产与供给能力。

5. 推进基础研究和核心技术攻关。围绕数据科学理论体系、大数据计算系统与分析理论、大数据驱动的颠覆性应用模型探索等重大基础研究进行前瞻布局，开展数据科学研究，引导和鼓励在大数据理论、方法及关键应用技术等方面展开探索。采取政产学研用相结合的协同创新模式和基于开源社区的开放创新模式，加强海量数据存储、数据清洗、数据分析发掘、数据可视化、信息安全与隐私保护等领域关键技术攻关，形成安全可靠的大数据技术体系。支持自然语言理解、机器学习、深度学习等人工智能技术创新，提升数据分析处理能力、知识发现能力和辅助决策能力。

6. 形成大数据产品体系。围绕数据采集、整理、分析、发掘、展现、应用等环节，支持大型通用海量数据存储与管理软件、大数据分析发掘软件、数据可视化软件等软件产品和海量数据存储设备、大数据一体机等硬件产品发展，带动芯片、操作系统等信息技术核心基础产品发展，打造较为健全的大数据产品体系。大力发展与重点行业领域业务流程及数据应用需求深度融合的大数据解决方案。

专栏 8　大数据关键技术及产品研发与产业化工程

通过优化整合后的国家科技计划（专项、基金等），支持符合条件的大数据关键技术研发。

加强大数据基础研究。融合数理科学、计算机科学、社会科学及其他应用学科，以研究相关性和复杂网络为主，探讨建立数据科学的学科体系；研究面向大数据计算的新体系和大数据分析理论，突破大数据认知与处理的技术瓶颈；面向网络、安全、金融、生物组学、健康医疗等重点需求，探索建立数据科学驱动行业应用的模型。

大数据技术产品研发。加大投入力度，加强数据存储、整理、分析处理、可视化、信息安全与隐私保护等领域技术产品的研发，突破关键环节技术瓶颈。到 2020 年，形成一批具有国际竞争力的大数据处理、分析、可视化软件和硬件支撑平台等产品。

提升大数据技术服务能力。促进大数据与各行业应用的深度融合，形成一批代表性应用案例，以应用带动大数据技术和产品研发，形成面向各行业的成熟的大数据解决方案。

7. 完善大数据产业链。支持企业开展基于大数据的第三方数据分析发掘服务、技术外包服务和知识流程外包服务。鼓励企业根据数据资源基础和业务特色，积极发展互联网金融和移动金融等新业态。推动大数据与移动互联网、物联网、云计算的深度融合，深化大数据在各行业的创新应用，积极探索创新协作共赢的应用模式和商业模式。加强大数据应用创新能力建设，建立政产学研用联动、大中小企业协调发展的大数据产业体系。建立和完善大数据产业公共服务支撑体系，组建大数据开源社区和产业联盟，促进协同创新，加快计量、标准化、检验检测和认证认可等大数据产业质量技术基础建设，加速大数据应用普及。

专栏 9　大数据产业支撑能力提升工程

培育骨干企业。完善政策体系，着力营造服务环境优、要素成本低的良好氛围，加速培育大数据龙头骨干企业。充分发挥骨干企业的带动作用，形成大中小企业相互支撑、协同合作的大数据产业生态体系。到 2020 年，培育 10 家国际领先的大数据核心龙头企业，500 家大数据应用、服务和产品制造企业。

大数据产业公共服务。整合优质公共服务资源，汇聚海量数据资源，形成面向大数据相关领域的公共服务平台，为企业和用户提供研发设计、技术产业化、人力资源、市场推广、评估评价、认证认可、检验检测、宣传展示、应用推广、行业咨询、投融资、教育培训等公共服务。

中小微企业公共服务大数据。整合现有中小微企业公共服务系统与数据资源，链接各省（区、市）建成的中小微企业公共服务线上管理系统，形成全国统一的中小微企业公共服务大数据平台，为中小微企业提供科技服务、综合服务、商贸服务等各类公共服务。

（三）强化安全保障，提高管理水平，促进健康发展。

1. 健全大数据安全保障体系。加强大数据环境下的网络安全问题研究和基于大数据的网络安全技术研究，落实信息安全等级保护、风险评估等网络安全制度，建立健全大数据安全保障体系。建立大数据安全评估体系。切实加强关键信息基础设施安全防护，做好大数据平台及服务商的可靠性及安全性评测、应用安全评测、监测预警和风险评估。明确数据采集、传输、存储、使用、开放等各环节保障网络安全的范围边界、责任主体和具体要求，切实加强对涉及国家利益、公共安全、商业秘密、个人隐私、军工科研生产等信息的保护。妥善处理发展创新与保障安全的关系，审慎监管，保护创新，探索完善安全保密管理规范措施，切实保障数据安全。

2. 强化安全支撑。采用安全可信产品和服务，提升基础设施关键设备安全可靠水平。建设国家网络安全信息汇聚共享和关联分析平台，促进网络安全相关数据融合和资源合理分配，提升重大网络安全事件应急处理能力；深化网络安全防护体系和态势感知能力建设，增强网络空间安全防护和安全事件识别能力。开展安全监测和预警通报工作，加强大数据环境下防攻击、防泄露、防窃取的监测、预警、控制和应急处置能力建设。

专栏 10　网络和大数据安全保障工程

网络和大数据安全支撑体系建设。在涉及国家安全稳定的领域采用安全可靠的产品和服务，到 2020 年，实现关键部门的关键设备安全可靠。完善网络安全保密防护体系。

大数据安全保障体系建设。明确数据采集、传输、存储、使用、开放等各环节保障网络安全的范围边界、责任主体和具体要求，建设完善金融、能源、交通、电信、统计、广电、公共安全、公共事业等重要数据资源和信息系统的安全保密防护体系。

网络安全信息共享和重大风险识别大数据支撑体系建设。通过对网络安全威胁特征、方法、模式的追踪、分析，实现对网络安全威胁新技术、新方法的及时识别与有效防护。强化资源整合与信息共享，建立网络安全信息共享机制，推动政府、行业、企业间的网络风险信息共享，通过大数据分析，对网络安全重大事件进行预警、研判和应对指挥。

四、政策机制

（一）完善组织实施机制。建立国家大数据发展和应用统筹协调机制，推动形成职责明晰、协同推进的工作格局。加强大数据重大问题研究，加快制定出台配套政策，强化国家数据资源统筹管理。加强大数据与物联网、智慧城市、云计算等相关政策、规划的协同。加强中央与地方协调，引导地方各级政府结合自身条件合理定位、科学谋划，将大数据发展纳入本地区经济社会和城镇化发展规划，制定出台促进大数据产业发展的政策措施，突出区域特色和分工，抓好措施落实，实现科学有序发展。设立大数据专家咨询委员会，为大数据发展应用及相关工程实施提供决策咨询。各有关部门要进一步统一思想，认真落实本行动纲要提出的各项任务，共同推动形成公共信息资源共享共用和大数据产业健康安全发展的良好格局。

（二）加快法规制度建设。修订政府信息公开条例。积极研究数据开放、保护等方面制度，实现对数据资源采集、传输、存储、利用、开放的规范管理，促进政府数据在风险可控原则下最大程度开放，明确政府统筹利用市场主体大数据的权限及范围。制定政府信息资源管理办法，建立政府部门数据资源统筹管理和共享复用制度。研究推动网上个人信息保护立法工作，界定个人信息采集应用的范围和方式，明确相关主体的权利、责任和义务，加强对数据滥用、侵犯个人隐私等行为的管理和惩戒。推动出台相关法律法规，加强对基础信息网络和关键行业领域重要信息系统的安全保护，保障网络数据安全。研究推动数据资源权益相关立法工作。

（三）健全市场发展机制。建立市场化的数据应用机制，在保障公平竞争的前提下，支持社会资本参与公共服务建设。鼓励政府与企业、社会机构开展合作，通过政府采购、服务外包、社会众包等多种方式，依托专业企业开展政府大数据应用，降低社会管理成本。引导培育大数据交易市场，开展面向应用的数据交易市场试点，探索开展大数据衍生产品交易，鼓励产业链各环节市场主体进行数据交换和交易，促进数据资源流通，建立健全数据资源交易机制和定价机制，规范交易行为。

（四）建立标准规范体系。推进大数据产业标准体系建设，加快建立政府部门、事业单位等公共机构的数据标准和统计标准体系，推进数据采集、政府数据开放、指标口径、分类目录、交换接口、访问接口、数据质量、数据交易、技术产品、安全保密等关键共性标准的制定和实施。加快建立大数据市场交易标准体系。开展标准验证和应用试点示范，建立标准符合性评估体系，充分发挥标准在培育服务市场、提升服务能力、支撑行业管理等方面的作用。积极参与相关国际标准制定工作。

（五）加大财政金融支持。强化中央财政资金引导，集中力量支持大数据核心关键技术攻关、产业链构建、重大应用示范和公共服务平台建设等。利用现有资金渠道，推动建设一批国际领先的重大示范工程。完善政府采购大数据服务的配套政策，加大对政府部门和企业合作开发大数据的支持力度。

鼓励金融机构加强和改进金融服务，加大对大数据企业的支持力度。鼓励大数据企业进入资本市场融资，努力为企业重组并购创造更加宽松的金融政策环境。引导创业投资基金投向大数据产业，鼓励设立一批投资于大数据产业领域的创业投资基金。

（六）加强专业人才培养。创新人才培养模式，建立健全多层次、多类型的大数据人才培养体系。鼓励高校设立数据科学和数据工程相关专业，重点培养专业化数据工程师等大数据专业人才。鼓励采取跨校联合培养等方式开展跨学科大数据综合型人才培养，大力培养具有统计分析、计算机技术、经济管理等多学科知识的跨界复合型人才。鼓励高等院校、职业院校和企业合作，加强职业技能人才实践培养，积极培育大数据技术和应用创新型人才。依托社会化教育资源，开展大数据知识普及和教育培训，提高社会整体认知和应用水平。

（七）促进国际交流合作。坚持平等合作、互利共赢的原则，建立完善国际合作机制，积极推进大数据技术交流与合作，充分利用国际创新资源，促进大数据相关技术发展。结合大数据应用创新需要，积极引进大数据高层次人才和领军人才，完善配套措施，鼓励海外高端人才回国就业创业。引导国内企业与国际优势企业加强大数据关键技术、产品的研发合作，支持国内企业参与全球市场竞争，积极开拓国际市场，形成若干具有国际竞争力的大数据企业和产品。

2.4　《促进大数据发展行动纲要》解读

国务院于 2015 年 8 月 31 日印发了《促进大数据发展行动纲要》（本节以下简称《纲要》），系统部署大数据发展工作。

一、政策背景

随着信息技术与经济社会的快速发展，大数据的概念逐步清晰起来，人们越来越清晰地认识到，大数据能够通过数据采集、存储以及关联分析，从数据中发现新知识、创造新价值、提升新能力，它已经成为新一代信息技术和服务业态的重要组成部分。

从国家战略看，数据已成为国家基础性战略资源，大数据正日益对全球生产、流通、分配、消费活动以及经济运行机制、社会生活方式和国家治理能力产生重要影响。从发展基础看，我国互联网用户规模居全球第一，拥有丰富的数据资源和庞大的应用市场优势，大数据部分关键技术研发取得突破，涌现出一批互联网创新企业和创新应用，一些地方政府已启动大数据相关工作。从发展趋势看，大数据成为推动经济转型发展的新动力，以数据流引领技术流、物质流、资金流、人才流，正深刻影响着社会分工协作的组织模式，并显著提升经济运行水平和效率。大数据持续激发商业模式创新，不断催生新业态，已成为互联网等新兴领域促进业务创新增值、提升企业核心价值的重要驱动力。从国际形势看，运用大数据推动经济发展、完善社会治理、提升政府服务和监管能力正在成为趋势，有关发达国家相继制定实施大数据的战略性文件，大力推动大数据发展和应用。

然而，与本章第一篇政策《中共中央办公厅、国务院办公厅关于加强信息资源开发利用工作的若干意见》中提到的面临的问题相似，大数据业态发展面临着相同的问题，即开放共享不足、产业基础薄弱、缺乏顶层设计和统筹规划、法律法规建设滞后、创新应用领域不广等。

二、主要内容

第一，指导思想及总体目标。促进大数据发展的指导思想，在执行层面是大力推动政府信息系统和公共数据互联开放共享；以企业为主体，营造宽松公平环境，加大大数据关键技术研发、产业发展和人才培养力度；完善法规制度和标准体系，科学规范利用大数据。立足我国国情和现实需要，推动大数据发展和应用在未来 5—10 年逐步实现以下目标：①打造精准治理、多方协作的社会治理新模式；②建立运行平稳、安全高效的经济运行新机制；③构建以人为本、惠及全民的民生服务新体系；④开启大众创业、万众创新的创新驱动新格局；⑤培育高端智能、新兴繁荣的产业发展新生态。

第二，主要任务。主要任务共分为三个部分，17 条：一是加快政府数据开放共享，推动资源整合，提升治理能力。主要包括大力推动政府部门数据共享，稳步推动公共数据资源开放，统筹规划大数据基础设施建设，支持宏观调控科学化，推动政府治理精准化，推进商事服务便捷化，促进安全保障高效化，加快民生服务普惠化 8 条内容。二是推动产业创新发展，培育新兴业态，助力经济转型。主要包括发展工业大数据，发展新兴产业大数据，发展农业农村大数据，发展万众创新大数据，推进基础研究和核心技术攻关，形成大数据产品体系，完善大数据产业链 7 条内容。三是强化安全保障，提高管理水平，促进健康发展。主要包括健全大数据安全保障体系和强化安全支撑 2 条内容。

第三，政策机制。政策机制共 7 个方面：一是完善组织实施机制。重点强调了统筹。建立国家大数据发展和应用统筹协调机制，加快制定出台配套政策，强化国家数据资源统筹管理。二是加快法规制度建设。重点强调了规范。积极研究数据开放、保护等方面制度，制定政府信息资源管理办法，推动网上个人信息保护立法。三是健全市场发展机制。重点强调了市场化。建立市场化的数据应用机制，鼓励政府与企业、社会机构开展合作，引导培育大数据交易市场。四是建立标准规范体系。重点强调了标准。推进大数据产业标准体系建设，加快建立大数据市场交易标准体系，建立标准符合性评估体系。五是加大财政金融支持。重点强调了资金。强化中央财政资金引导，利用好现有资金渠道，完善政府采购大数据服务的配套政策。六是加强专业人才培养。重点强调了多层次多类型培养。创新人才培养模式，建立健全多层次、多类型的大数据人才培养体系。七是促进国际交流合作。重点强调了共赢。建立完善国际合作机制，积极推进大数据技术交流与合作，积极引进大数据高层次人才和领军人才。

三、影响及成效

一是社会治理水平日益提升。大数据作为提升政府治理能力的重要手段，通过高效采集、有效整合、深化应用政府数据和社会数据，必将提升政府决策和风险防范水平，提高社会治理的精准性和有效性，增强乡村社会治理能力。跨部门数据资源共享共用格局将逐步确立。

二是经济运行新机制更加平稳高效。信用、财政、金融、税收、农业、统计、进出口、资源环境、产品质量、企业登记监管等领域数据资源获取和利用能力不断提高，经济统计数据来源不断丰富，经济运行监测、分析、预测、预警更加准确，决策的针对性、科学性和时效性得到提高，宏观调控以及产业发展、信用体系、市场监管等方面管理效能得以提升。

三是民生服务体系受益于数据应用。按照文件规定，将围绕服务型政府建设大力推广大数据应用，应用范围涉及公用事业、市政管理、城乡环境、农村生活、健康医疗、减灾救灾、社会救助、养老服务等诸多领域。通过利用大数据洞察民生需求、优化资源配置、丰富服务内容、拓展服务渠道、扩大服务范围，可以不断满足人民群众日益增长的个性化、多样化需求等。

四是大数据产业生态不断完善。大数据与云计算、物联网、移动互联网等新一代信息技术不断融合发展，大数据与传统产业协同发展的新业态、新模式将不断涌现，这会促进传统产业转型升级和新兴产业发展，形成新的经济增长点；而后将形成一批满足大数据重大应用需求的产品、系统和解决方案，大数据产品和服务将逐步达到国际先进水平。

2.5 《中共中央、国务院关于构建更加完善的要素市场化配置体制机制的意见》

（2020 年 3 月 30 日）

完善要素市场化配置是建设统一开放、竞争有序市场体系的内在要求，是坚持和完善社会主义基本经济制度、加快完善社会主义市场经济体制的重要内容。为深化要素市场化配置改革，促进要素自主有序流动，提高要素配置效率，进一步激发全社会创造力和市场活力，推动经济发展质量变革、效率变革、动力变革，现就构建更加完善的要素市场化配置体制机制提出如下意见。

一、总体要求

（一）指导思想。以习近平新时代中国特色社会主义思想为指导，全面贯彻党的十九大和十九届二中、三中、四中全会精神，坚持稳中求进工作总基调，坚持以供给侧结构性改革为主线，坚持新发展理念，坚持深化市场化改革、扩大高水平开放，破除阻碍要素自由流动的体制机制障碍，扩大要素市场化配置范围，健全要素市场体系，推进要素市场制度建设，实现要素价格市场决定、流动自主有序、配置高效公平，为建设高标准市场体系、推动高质量发展、建设现代化经济体系打下坚实制度基础。

（二）基本原则。一是市场决定，有序流动。充分发挥市场配置资源的决定性作用，畅通要素流动渠道，保障不同市场主体平等获取生产要素，推动要素配置依据市场规则、市场价格、市场竞争实现效益最大化和效率最优化。二是健全制度，创新监管。更好发挥政府作用，健全要素市场运行机制，完善政府调节与监管，做到放活与管好有机结合，提升监管和服务能力，引导各类要素协同向先进生产力集聚。三是问题导向，分类施策。针对市场决定要素配置范围有限、要素流动存在体制机制障碍等问题，根据不同要素属性、市场化程度差异和经济社会发展需要，分类完善要素市场化配置体制机制。四是稳中求进，循序渐进。坚持安全可控，从实际出发，尊重客观规律，培育发展新型要素形态，逐步提高要素质量，因地制宜稳步推进要素市场化配置改革。

二、推进土地要素市场化配置

（三）建立健全城乡统一的建设用地市场。加快修改完善土地管理法实施条例，完善相关配套制度，制定出台农村集体经营性建设用地入市指导意见。全面推开农村土地征收制度改革，扩大国有土地有偿使用范围。建立公平合理的集体经营性建设用地入市增值收益分配制度。建立公共利益征地的相关制度规定。

（四）深化产业用地市场化配置改革。健全长期租赁、先租后让、弹性年期供应、作价出资（入股）等工业用地市场供应体系。在符合国土空间规划和用途管制要求前提下，调整完善产业用地政策，创新使用方式，推动不同产业用地类型合理转换，探索增加混合产业用地供给。

（五）鼓励盘活存量建设用地。充分运用市场机制盘活存量土地和低效用地，研究完善促进盘活存量建设用地的税费制度。以多种方式推进国有企业存量用地盘活利用。深化农村宅基地制度改革试点，深入推进建设用地整理，完善城乡建设用地增减挂钩政策，为乡村振兴和城乡融合发展提供土地要素保障。

（六）完善土地管理体制。完善土地利用计划管理，实施年度建设用地总量调控制度，增强土地管理灵活性，推动土地计划指标更加合理化，城乡建设用地指标使用应更多由省级政府负责。在国土空间规划编制、农村房地一体不动产登记基本完成的前提下，建立健全城乡建设用地供应三年滚动计划。探索建立全国性的建设用地、补充耕地指标跨区域交易机制。加强土地供应利用统计监测。实施城乡土地统一调查、统一规划、统一整治、统一登记。推动制定不动产登记法。

三、引导劳动力要素合理畅通有序流动

（七）深化户籍制度改革。推动超大、特大城市调整完善积分落户政策，探索推动在长三角、珠三角等城市群率先实现户籍准入年限同城化累计互认。放开放宽除个别超大城市外的城市落户限制，试行以经常居住地登记户口制度。建立城镇教育、就业创业、医疗卫生等基本公共服务与常住人口挂钩机制，推动公共资源按常住人口规模配置。

（八）畅通劳动力和人才社会性流动渠道。健全统一规范的人力资源市场体系，加快建立协调衔接的劳动力、人才流动政策体系和交流合作机制。营造公平就业环境，依法纠正身份、性别等就业歧视现象，保障城乡劳动者享有平等就业权利。进一步畅通企业、社会组织人员进入党政机关、国有企事

业单位渠道。优化国有企事业单位面向社会选人用人机制，深入推行国有企业分级分类公开招聘。加强就业援助，实施优先扶持和重点帮助。完善人事档案管理服务，加快提升人事档案信息化水平。

（九）完善技术技能评价制度。创新评价标准，以职业能力为核心制定职业标准，进一步打破户籍、地域、身份、档案、人事关系等制约，畅通非公有制经济组织、社会组织、自由职业专业技术人员职称申报渠道。加快建立劳动者终身职业技能培训制度。推进社会化职称评审。完善技术工人评价选拔制度。探索实现职业技能等级证书和学历证书互通衔接。加强公共卫生队伍建设，健全执业人员培养、准入、使用、待遇保障、考核评价和激励机制。

（十）加大人才引进力度。畅通海外科学家来华工作通道。在职业资格认定认可、子女教育、商业医疗保险以及在中国境内停留、居留等方面，为外籍高层次人才来华创新创业提供便利。

四、推进资本要素市场化配置

（十一）完善股票市场基础制度。制定出台完善股票市场基础制度的意见。坚持市场化、法治化改革方向，改革完善股票市场发行、交易、退市等制度。鼓励和引导上市公司现金分红。完善投资者保护制度，推动完善具有中国特色的证券民事诉讼制度。完善主板、科创板、中小企业板、创业板和全国中小企业股份转让系统（新三板）市场建设。

（十二）加快发展债券市场。稳步扩大债券市场规模，丰富债券市场品种，推进债券市场互联互通。统一公司信用类债券信息披露标准，完善债券违约处置机制。探索对公司信用类债券实行发行注册管理制。加强债券市场评级机构统一准入管理，规范信用评级行业发展。

（十三）增加有效金融服务供给。健全多层次资本市场体系。构建多层次、广覆盖、有差异、大中小合理分工的银行机构体系，优化金融资源配置，放宽金融服务业市场准入，推动信用信息深度开发利用，增加服务小微企业和民营企业的金融服务供给。建立县域银行业金融机构服务"三农"的激励约束机制。推进绿色金融创新。完善金融机构市场化法治化退出机制。

（十四）主动有序扩大金融业对外开放。稳步推进人民币国际化和人民币资本项目可兑换。逐步推进证券、基金行业对内对外双向开放，有序推进期货市场对外开放。逐步放宽外资金融机构准入条件，推进境内金融机构参与国际金融市场交易。

五、加快发展技术要素市场

（十五）健全职务科技成果产权制度。深化科技成果使用权、处置权和收益权改革，开展赋予科研人员职务科技成果所有权或长期使用权试点。强化知识产权保护和运用，支持重大技术装备、重点新材料等领域的自主知识产权市场化运营。

（十六）完善科技创新资源配置方式。改革科研项目立项和组织实施方式，坚持目标引领，强化成果导向，建立健全多元化支持机制。完善专业机构管理项目机制。加强科技成果转化中试基地建设。支持有条件的企业承担国家重大科技项目。建立市场化社会化的科研成果评价制度，修订技术合同认定规则及科技成果登记管理办法。建立健全科技成果常态化路演和科技创新咨询制度。

（十七）培育发展技术转移机构和技术经理人。加强国家技术转移区域中心建设。支持科技企业与高校、科研机构合作建立技术研发中心、产业研究院、中试基地等新型研发机构。积极推进科研院所分类改革，加快推进应用技术类科研院所市场化、企业化发展。支持高校、科研机构和科技企业设立技术转移部门。建立国家技术转移人才培养体系，提高技术转移专业服务能力。

（十八）促进技术要素与资本要素融合发展。积极探索通过天使投资、创业投资、知识产权证券化、科技保险等方式推动科技成果资本化。鼓励商业银行采用知识产权质押、预期收益质押等融资方式，为促进技术转移转化提供更多金融产品服务。

（十九）支持国际科技创新合作。深化基础研究国际合作，组织实施国际科技创新合作重点专项，探索国际科技创新合作新模式，扩大科技领域对外开放。加大抗病毒药物及疫苗研发国际合作力度。开展创新要素跨境便利流动试点，发展离岸创新创业，探索推动外籍科学家领衔承担政府支持科技项目。发展技术贸易，促进技术进口来源多元化，扩大技术出口。

六、加快培育数据要素市场

（二十）推进政府数据开放共享。优化经济治理基础数据库，加快推动各地区各部门间数据共享交换，制定出台新一批数据共享责任清单。研究建立促进企业登记、交通运输、气象等公共数据开放和数据资源有效流动的制度规范。

（二十一）提升社会数据资源价值。培育数字经济新产业、新业态和新模式，支持构建农业、工业、交通、教育、安防、城市管理、公共资源交易等领域规范化数据开发利用的场景。发挥行业协会商会作用，推动人工智能、可穿戴设备、车联网、物联网等领域数据采集标准化。

（二十二）加强数据资源整合和安全保护。探索建立统一规范的数据管理制度，提高数据质量和规范性，丰富数据产品。研究根据数据性质完善产权性质。制定数据隐私保护制度和安全审查制度。推动完善适用于大数据环境下的数据分类分级安全保护制度，加强对政务数据、企业商业秘密和个人数据的保护。

七、加快要素价格市场化改革

（二十三）完善主要由市场决定要素价格机制。完善城乡基准地价、标定地价的制定与发布制度，逐步形成与市场价格挂钩动态调整机制。健全最低工资标准调整、工资集体协商和企业薪酬调查制度。深化国有企业工资决定机制改革，完善事业单位岗位绩效工资制度。建立公务员和企业相当人员工资水平调查比较制度，落实并完善工资正常调整机制。稳妥推进存贷款基准利率与市场利率并轨，提高债券市场定价效率，健全反映市场供求关系的国债收益率曲线，更好发挥国债收益率曲线定价基准作用。增强人民币汇率弹性，保持人民币汇率在合理均衡水平上的基本稳定。

（二十四）加强要素价格管理和监督。引导市场主体依法合理行使要素定价自主权，推动政府定价机制由制定具体价格水平向制定定价规则转变。构建要素价格公示和动态监测预警体系，逐步建立要素价格调查和信息发布制度。完善要素市场价格异常波动调节机制。加强要素领域价格反垄断工作，维护要素市场价格秩序。

（二十五）健全生产要素由市场评价贡献、按贡献决定报酬的机制。着重保护劳动所得，增加劳动者特别是一线劳动者劳动报酬，提高劳动报酬在初次分配中的比重。全面贯彻落实以增加知识价值为导向的收入分配政策，充分尊重科研、技术、管理人才，充分体现技术、知识、管理、数据等要素的价值。

八、健全要素市场运行机制

（二十六）健全要素市场化交易平台。拓展公共资源交易平台功能。健全科技成果交易平台，完善技术成果转化公开交易与监管体系。引导培育大数据交易市场，依法合规开展数据交易。支持各类所有制企业参与要素交易平台建设，规范要素交易平台治理，健全要素交易信息披露制度。

（二十七）完善要素交易规则和服务。研究制定土地、技术市场交易管理制度。建立健全数据产权交易和行业自律机制。推进全流程电子化交易。推进实物资产证券化。鼓励要素交易平台与各类金融机构、中介机构合作，形成涵盖产权界定、价格评估、流转交易、担保、保险等业务的综合服务体系。

（二十八）提升要素交易监管水平。打破地方保护，加强反垄断和反不正当竞争执法，规范交易行为，健全投诉举报查处机制，防止发生损害国家安全及公共利益的行为。加强信用体系建设，完善失信行为认定、失信联合惩戒、信用修复等机制。健全交易风险防范处置机制。

（二十九）增强要素应急配置能力。把要素的应急管理和配置作为国家应急管理体系建设的重要内容，适应应急物资生产调配和应急管理需要，建立对相关生产要素的紧急调拨、采购等制度，提高应急状态下的要素高效协同配置能力。鼓励运用大数据、人工智能、云计算等数字技术，在应急管理、疫情防控、资源调配、社会管理等方面更好发挥作用。

九、组织保障

（三十）加强组织领导。各地区各部门要充分认识完善要素市场化配置的重要性，切实把思想和行动统一到党中央、国务院决策部署上来，明确职责分工，完善工作机制，落实工作责任，研究制定出台配套政策措施，确保本意见确定的各项重点任务落到实处。

（三十一）营造良好改革环境。深化"放管服"改革，强化竞争政策基础地位，打破行政性垄断、防止市场垄断，清理废除妨碍统一市场和公平竞争的各种规定和做法，进一步减少政府对要素的直接配置。深化国有企业和国有金融机构改革，完善法人治理结构，确保各类所有制企业平等获取要素。

（三十二）推动改革稳步实施。在维护全国统一大市场的前提下，开展要素市场化配置改革试点示范。及时总结经验，认真研究改革中出现的新情况新问题，对不符合要素市场化配置改革的相关法律法规，要按程序抓紧推动调整完善。

2.6 《中共中央、国务院关于构建更加完善的要素市场化配置体制机制的意见》解读

2020 年 3 月 20 日，《中共中央、国务院关于构建更加完善的要素市场化配置体制机制的意见》（本节以下简称《意见》）发布了。该文件对推进要素市场化配置改革作出总体部署，对于激发各类要素潜能和活力具有重要意义。《意见》的出台有助于深化要素市场化配置改革，促进要素自主有序流动，提高要素配置效率，进一步激发全社会创造力和市场活力，推动经济发展质量变革、效率变革、动力变革。

一、政策背景

文件出台是在十九大和十九届四中全会之后，正值新冠肺炎疫情暴发，全球经济发展都面临着很强的不确定性。我国经济工作的总基调是稳中求进，突出供给侧结构性改革主线。虽然商品和服务的市场化配置已经非常完善和成熟，但要素的市场化配置还不完善，存在一些阻碍要素自由流动的体制机制障碍，要素市场化配置范围仍然受限，要素市场体系不完善不健全，要素市场制度建设仍需加强。很多市场以外的因素影响着要素价格的确定。例如，地方土地虽然实行"招拍挂"，但各地招商引资过程中的"袖口"政策仍未杜绝，要素自主有序流动尚存在一些困难。再比如，劳动力户籍制度改革虽然有了很大突破，但一些超大城市的户籍制度改革仍面临阻力和客观困难。要素配置效率没有完全发挥出来，也未做到全面公平。例如，科技成果使用权、处置权和收益权三者关系难以捋顺，职务科技成果所有权或使用权权属不清，影响科研人员工作的积极性和实际效果。在这样的背景下，《意见》的出台意义重大。

二、主要内容

第一，总体要求。提出了指导思想和四条基本原则，分别是市场决定，有序流动；健全制度，创新监管；问题导向，分类施策；稳中求进，循序渐进。

第二，五大要素的市场化配置体制机制。包括第二部分至第六部分，分别围绕着土地、劳动力、资本、技术、数据五大要素展开。①针对土地要素，要求推进土地要素市场化配置。主要措施是建立健全城乡统一的建设用地市

场，深化产业用地市场化配置改革，鼓励盘活存量建设用地，完善土地管理体制。②针对劳动力要素，要求引导劳动力要素合理畅通有序流动。主要措施是畅通劳动力和人才社会性流动渠道，完善技术技能评价制度，加大人才引进力度。③针对资本要素，要求推进资本要素市场化配置。主要措施是完善股票市场基础制度，加快发展债券市场，增加有效金融服务供给，主动有序扩大金融业对外开放。④针对技术要素，要求加快发展技术要素市场。主要措施是健全职务科技成果产权制度，完善科技创新资源配置方式，培育发展技术转移机构和技术经理人，促进技术要素与资本要素融合发展，支持国际科技创新合作。⑤针对数据要素，要求加快培育数据要素市场。主要措施是推进政府数据开放共享，提升社会数据资源价值，加强数据资源整合和安全保护。

第三，包括了第七至九部分，第七部分提出要加快要素价格市场化改革，主要是完善主要由市场决定的要素价格机制，加强要素价格管理和监督，健全生产要素由市场评价贡献、按贡献决定报酬的机制。第八部分提出要健全要素市场运行机制，主要是健全要素市场化交易平台，完善要素交易规则和服务，提升要素交易监管水平，增强要素应急配置能力。第九部分提出组织保障主要是加强组织领导，营造良好改革环境，推动改革稳步实施。

由于本书汇编的政策主要是数据要素政策，那么《意见》的重点自然在于其第六部分—加快培育数据要素市场。将数据作为生产要素参与收益分配在党的十九届四中全会首次被提出，在《意见》中得到具体体现。与传统的土地、劳动力、资本等生产要素相比，数据是个全新的生产要素，虽然其作用"小荷才露尖尖角"，但发展空间巨大。

三、影响及成效

如前所述，政策的目的是破除阻碍要素自由流动的体制机制障碍，扩大要素市场化配置范围，健全要素市场体系，推进要素市场制度建设。政策实施必然针对市场决定要素配置范围有限、要素流动存在体制机制障碍等问题，根据不同要素属性、市场化程度差异和经济社会发展需要完善不同的要素市场化配置体制机制。具体的表现是，政府的作用将得到更有效的发挥，以确保要素市场运行机制逐步完善，并有效引导各类要素资源协同向先进生产力集聚。在此基础上，政府的调节与监管将逐步精细化，确保要素流动渠道变得更加畅通，从而使不同市场主体能够更平等地获取生产要素，依据市场规则、市场价格、市场竞争实现效益的最大化和效率的最优化。

此外，要素市场化交易平台将逐步建立。大数据交易市场不断发育，依法合规开展数据交易。大数据、人工智能、云计算等数字技术，在应急管理、资源调配、社会管理等方面将发挥更大作用。

2.7 国家发展改革委、中央网信办印发《关于推进"上云用数赋智"行动 培育新经济发展实施方案》的通知

（发改高技〔2020〕552号）

各省、自治区、直辖市发展改革委、网信办：

为深入贯彻落实习近平总书记关于统筹推进疫情防控和经济社会发展工作的重要指示批示精神，按照党中央、国务院决策部署，充分发挥技术创新和赋能作用抗击疫情影响、做好"六稳"工作，进一步加快产业数字化转型，培育新经济发展，助力构建现代化产业体系，实现经济高质量发展，国家发展改革委、中央网信办研究制定了《关于推进"上云用数赋智"行动 培育新经济发展实施方案》。现印发你们，请认真组织实施，推进中遇到的问题、形成的好做法请及时报国家发展改革委、中央网信办。国家数字经济创新发展试验区要积极行动，大胆探索，推进各项任务加快实施。

国家发展改革委

中央网信办

2020年4月7日

关于推进"上云用数赋智"行动培育新经济发展实施方案

为深入实施数字经济战略，加快数字产业化和产业数字化，培育新经济发展，扎实推进国家数字经济创新发展试验区建设，构建新动能主导经济发展的新格局，助力构建现代化产业体系，实现经济高质量发展，特制定本实施方案。

一、发展目标

在已有工作基础上，大力培育数字经济新业态，深入推进企业数字化转型，打造数据供应链，以数据流引领物资流、人才流、技术流、资金流，形成产业链上下游和跨行业融合的数字化生态体系，构建设备数字化-生产线数字化-车间数字化-工厂数字化-企业数字化-产业链数字化-数字化生态的典型范式。

打造数字化企业。在企业"上云"等工作基础上，促进企业研发设计、生产加工、经营管理、销售服务等业务数字化转型。支持平台企业帮助中小微企业渡过难关，提供多层次、多样化服务，减成本、降门槛、缩周期，提高转型成功率，提升企业发展活力。

构建数字化产业链。打通产业链上下游企业数据通道，促进全渠道、全链路供需调配和精准对接，以数据供应链引领物资链，促进产业链高效协同，有力支撑产业基础高级化和产业链现代化。

培育数字化生态。打破传统商业模式，通过产业与金融、物流、交易市场、社交网络等生产性服务业的跨界融合，着力推进农业、工业服务型创新，培育新业态。以数字化平台为依托，构建"生产服务+商业模式+金融服务"数字化生态，形成数字经济新实体，充分发掘新内需。

二、主要方向

（一）筑基础，夯实数字化转型技术支撑。

加快数字化转型共性技术、关键技术研发应用。支持在具备条件的行业领域和企业范围探索大数据、人工智能、云计算、数字孪生、5G、物联网和区块链等新一代数字技术应用和集成创新。加大对共性开发平台、开源社区、共性解决方案、基础软硬件支持力度，鼓励相关代码、标准、平台开源发展。

（二）搭平台，构建多层联动的产业互联网平台。

培育企业技术中心、产业创新中心和创新服务综合体。加快完善数字基础设施，推进企业级数字基础设施开放，促进产业数据中台应用，向中小微企业分享中台业务资源。推进企业核心资源开放。支持平台免费提供基础业务服务，从增值服务中按使用效果适当收取租金以补偿基础业务投入。鼓励拥有核心技术的企业开放软件源代码、硬件设计和应用服务。引导平台企业、行业龙头企业整合开放资源，鼓励以区域、行业、园区为整体，共建数字化技术及解决方案社区，构建产业互联网平台，为中小微企业数字化转型赋能。

（三）促转型，加快企业"上云用数赋智"。

深化数字化转型服务，推动云服务基础上的轻重资产分离合作。鼓励平台企业开展研发设计、经营管理、生产加工、物流售后等核心业务环节数字化转型。鼓励互联网平台企业依托自身优势，为中小微企业提供最终用户智能数据分析服务。促进中小微企业数字化转型，鼓励平台企业创新"轻量应用""微服务"，对中小微企业开展低成本、低门槛、快部署服务，加快培育一批细分领域的瞪羚企业和隐形冠军。培育重点行业应用场景，加快网络化制造、个性化定制、服务化生产发展，推进数字乡村、数字农场、智能家居、智慧物流等应用，打造"互联网+"升级版。

（四）建生态，建立跨界融合的数字化生态。

协同推进供应链要素数据化和数据要素供应链化，支持打造"研发+生产+供应链"的数字化产业链，支持产业以数字供应链打造生态圈。鼓励传统企业与互联网平台企业、行业性平台企业、金融机构等开展联合创新，共享技术、通用性资产、数据、人才、市场、渠道、设施、中台等资源，探索培育传统行业服务型经济。加快数字化转型与业务流程重塑、组织结构优化、商业模式变革有机结合，构建"生产服务+商业模式+金融服务"跨界融合的数字化生态。

（五）兴业态，拓展经济发展新空间。

大力发展共享经济、数字贸易、零工经济，支持新零售、在线消费、无接触配送、互联网医疗、线上教育、一站式出行、共享员工、远程办公、"宅经济"等新业态，疏通政策障碍和难点堵点。引导云服务拓展至生产制造领域和中小微企业。鼓励发展共享员工等灵活就业新模式，充分发挥数字经济蓄水池作用。

（六）强服务，加大数字化转型支撑保障。

鼓励各类平台、开源社区、第三方机构面向广大中小微企业提供数字化转型所需的开发工具及公共性服务。支持数字化转型服务咨询机构和区域数字化服务载体建设，丰富各类园区、特色小镇的数字化服务功能。创新订单融资、供应链金融、信用担保等金融产品和服务。拓展数字化转型多层次人才和专业型技能培训服务。以政府购买服务、专项补助等方式，鼓励平台面向中小微企业和灵活就业者提供免费或优惠服务。

三、近期工作举措

（一）服务赋能：推进数字化转型伙伴行动。

1. 发布数字化转型伙伴倡议。

搭建平台企业（转型服务供给方）与中小微企业（转型服务需求方）对接机制，引导中小微企业提出数字化转型应用需求，鼓励平台企业开发更适合中小微企业需求的数字化转型工具、产品、服务，形成数字化转型的市场能动性。

2. 开展数字化转型促进中心建设。

支持在产业集群、园区等建立公共型数字化转型促进中心，强化平台、服务商、专家、人才、金融等数字化转型公共服务。支持企业建立开放型数字化转型促进中心，面向产业链上下游企业和行业内中小微企业提供需求撮合、转型咨询、解决方案等服务。

3. 支持创建数字化转型开源社区。

支持构建数字化转型开源生态，推动基础软件、通用软件、算法开源，加强专业知识经验、数字技术产品、数字化解决方案的整合封装，推动形成公共、开放、中立的开源创新生态，提升传统行业对新技术、工具的获取能力。

（二）示范赋能：组织数字化转型示范工程。

1. 树立一批数字化转型企业标杆和典型应用场景。

结合行业领域特征，树立一批具有行业代表性的数字化转型标杆企业，组织平台企业和中小微企业用户联合打造典型应用场景，开展远程办公服务示范，引导电信运营商提供新型基础设施服务，总结提炼转型模式和经验，示范带动全行业数字化转型。

2. 推动产业链协同试点建设。

支持行业龙头企业、互联网企业建立共享平台，推动企业间订单、产能、渠道等方面共享，促进资源的有效协同。支持具有产业链带动能力的核心企业搭建网络化协同平台，带动上下游企业加快数字化转型，促进产业链向更高层级跃升。

3. 支持产业生态融合发展示范。

支持行业龙头企业、互联网企业、金融服务企业等跨行业联合，建立转型服务平台体，跨领域技术攻关、产业化合作、融资对接，打造传统产业服务化创新、市场化与专业化结合、线上与线下互动、孵化与创新衔接的新生态。

（三）业态赋能：开展数字经济新业态培育行动。

1. 组织数字经济新业态发展政策试点。

以国家数字经济创新发展试验区为载体，在卫生健康领域探索推进互联网医疗医保首诊制和预约分诊制，开展互联网医疗的医保结算、支付标准、药品网售、分级诊疗、远程会诊、多点执业、家庭医生、线上生态圈接诊等改革试点、实践探索和应用推广。在教育领域推进在线教育政策试点，将符合条件的视频授课服务、网络课程、社会化教育培训产品纳入学校课程体系与学分体系、支持学校培育在线辅导等线上线下融合的学习模式。

2. 开展新业态成长计划。

结合国家数字经济创新发展试验区建设和疫情防控中发挥积极作用的重点保障企业名单，面向数字经济新型场景应用、数据标注等新兴领域，探索建立新业态成长型企业名录制度，实行动态管理，加强了解企业面临的政策堵点和政策诉求，及时推动解决。

3. 实施灵活就业激励计划。

结合国家双创示范基地、国家数字经济创新发展试验区建设，鼓励数字化生产资料共享，降低灵活就业门槛，激发多样性红利。支持互联网企业、共享经济平台建立各类增值应用开发平台、共享用工平台、灵活就业保障平台。支持企业通过开放共享资源，为中小微企业主、创客提供企业内创业机会。广泛开辟工资外收入机会，鼓励对创造性劳动给予合理分成，促进一次分配公平，进一步激活内需。面向自由设计师、网约车司机、自由行管家、外卖骑手、线上红娘、线上健身教练、自由摄影师、内容创作者等各类灵活就业者，提供职业培训、供需对接等多样化就业服务和社保服务、商业保险等多层次劳动保障。

（四）创新赋能：突破数字化转型关键核心技术。

1. 组织关键技术揭榜挂帅。

聚焦数字化转型关键技术和产品支撑，制定揭榜任务、攻坚周期和预期目标，征集并遴选具备较强技术基础、创新能力的单位或企业集中攻关。

2. 征集优秀解决方案。

发挥市场在资源配置中的重要作用，整合行业专家、投资机构、应用企业等多方力量，从技术、需求、产业发展等角度多方评估，突破一批创新能力突出、应用效果好、市场前景广阔的数字化转型共性解决方案，夯实数字化转型技术基础。

3. 开展数字孪生创新计划。

鼓励研究机构、产业联盟举办形式多样的创新活动，围绕解决企业数字化转型所面临数字基础设施、通用软件和应用场景等难题，聚焦数字孪生体专业化分工中的难点和痛点，引导各方参与提出数字孪生的解决方案。

（五）机制赋能：强化数字化转型金融供给。

1. 推行普惠性"上云用数赋智"服务。

结合国家数字经济创新发展试验区建设，探索建立政府-金融机构-平台-中小微企业联动机制，以专项资金、金融扶持形式鼓励平台为中小微企业提供云计算、大数据、人工智能等技术，以及虚拟数字化生产资料等服务，加强数字化生产资料共享，通过平台一次性固定资产投资、中小微企业多次复用的形式，降低中小微企业运行成本。对于获得国家政策支持的试点平台、服务机构、示范项目等，原则上应面向中小微企业提供至少一年期的减免费服务。对于获得地方政策支持的，应参照提出服务减免措施。

2. 探索"云量贷"服务。

结合国家数字经济创新发展试验区建设，鼓励试验区联合金融机构，探索根据云服务使用量、智能化设备和数字化改造的投入，认定为可抵押资产和研发投入，对经营稳定、信誉良好的中小微企业提供低息或贴息贷款，鼓励探索税收减免和返还措施。

3. 鼓励发展供应链金融。

结合数字经济创新发展试验区建设，探索完善产融信息对接工作机制，丰富重点企业和项目的融资信息对接目录，鼓励产业链龙头企业联合金融机构建设产融合作平台，创新面向上下游企业的信用贷款、融资租赁、质押担保、"上云"保险等金融服务，促进产业和金融协调发展、互利共赢。

各地发展改革、网信部门要高度重视，国家数字经济创新发展试验区要积极行动，大胆探索，结合推进疫情防控和经济社会发展工作，拿出硬招、实招、新招，积极推进传统产业数字化转型，培育以数字经济为代表的新经济发展，及时总结和宣传推广一批好经验好做法。后续，国家发展改革委将进一步商相关部门，统筹组织实施试点示范、专项工程等工作。

2.8　《关于推进"上云用数赋智"行动培育新经济发展实施方案》解读

2020 年 4 月 7 日，国家发展改革委会同中央网信办印发了《关于推进"上云用数赋智"行动 培育新经济发展实施方案》（发改高技〔2020〕552 号，本节以下简称《实施方案》）。

一、政策背景

《实施方案》出台时，我国正在经历前所未有的新冠肺炎疫情考验。面对疫情的严峻威胁，全国人民一方面正群策群力推进疫情防控工作，另一方面也同时面临着抓经济、促发展的艰巨任务。

为平衡疫情防控和经济发展两者的关系，党中央提出了统筹推进新冠肺炎疫情防控和经济社会发展工作。抓好经济要做好"六稳"工作，即"稳就业、稳金融、稳外贸、稳外资、稳投资、稳预期"。信息化、数字化对于"六稳"工作最核心的促进作用就是加快产业数字化转型，培育新经济发展，助力构建现代化产业体系，实现经济高质量发展。为此，国家发展改革委、中央网信办出台了本《实施方案》。

二、主要内容

第一，发展目标。大力培育数字经济新业态，深入推进企业数字化转型，打造数据供应链，以数据流引领物资流、人才流、技术流、资金流，形成产业链上下游和跨行业融合的数字化生态体系。具体包括打造数字化企业，构建数字化产业链，培育数字化生态。

第二，主要方向。①筑基础，夯实数字化转型技术支撑。②搭平台，构建多层联动的产业互联网平台。③促转型，加快企业"上云用数赋智"。④建生态，建立跨界融合的数字化生态。⑤兴业态，拓展经济发展新空间。⑥强服务，加大数字化转型支撑保障。

第三，工作举措。一是服务赋能，推进数字化转型伙伴行动。具体包括：①发布数字化转型伙伴倡议；②开展数字化转型促进中心建设；③支持创建数字化转型开源社区。二是示范赋能，组织数字化转型示范工程。具体包括：①树立一批数字化转型企业标杆和典型应用场景；②推动产业链协同试点建设；③支持产业生态融合发展示范。三是业态赋能，开展数字经济新业态培育行动。具体包括：①组织数字经济新业态发展政策试点；②开展新业态成长计划；③实施灵活就业激励计划。四是创新赋能，突破数字化转型关键核心技术。具体包括：①组织关键技术揭榜挂帅；②征集优秀解决方案；③开展数字孪生创新计划。五是机制赋能，强化数字化转型金融供给。具体包括：①推行普惠性"上云用数赋智"服务；②探索"云量贷"服务；③鼓励发展供应链金融。

三、影响及成效

一是数字化生态体系形成。在《实施方案》的指导、推动下，数字经济新业态逐步兴起，企业数字化转型加速推进，数据供应链不断形成，数据流引领着物资流、人才流、技术流、资金流，逐步形成产业链上下游和跨行业融合的数字化生态体系。

二是数字化企业方兴未艾。企业"上云"的引导不仅将促使更多企业实现"上云"，而且将进一步推动企业在研发设计、生产加工、经营管理、销售服务等业务领域的数字化转型。通过这一转型，平台企业将能够为中小微企业提供更加多层次、多样化的服务，这不仅有助于减少成本、降低门槛、缩短转型周期，还将显著提高转型成功率，提升企业发展活力。

三是数字化产业链做大做强。产业链上下游企业数据通道将被打通，逐步实现全渠道、全链路供需调配和精准对接。由数据供应链到物资链，由物资链再到产业链，彼此高效协同耦合，为产业升级提供强有力支持。

四是数字化生态逐步形成。传统商业模式逐步被打破，数字化平台成为商业模式的重要依托，在此基础上将形成"生产服务+商业模式+金融服务"形式的数字化生态，出现更多数字经济新实体，这有利于我国不断挖掘新内需。

2.9　《国务院办公厅关于印发要素市场化配置综合改革试点总体方案的通知》

（国办发〔2021〕51 号）

各省、自治区、直辖市人民政府，国务院各部委、各直属机构：

《要素市场化配置综合改革试点总体方案》已经国务院同意，现印发给你们，请认真组织实施。

国务院办公厅

2021 年 12 月 21 日

要素市场化配置综合改革试点总体方案

为深入贯彻落实《中共中央　国务院关于构建更加完善的要素市场化配置体制机制的意见》，现就积极稳妥开展要素市场化配置综合改革试点工作制定本方案。

一、总体要求

（一）指导思想。以习近平新时代中国特色社会主义思想为指导，全面贯彻落实党的十九大和十九届历次全会精神，弘扬伟大建党精神，坚持稳中求进工作总基调，完整、准确、全面贯彻新发展理念，加快构建新发展格局，充分发挥市场在资源配置中的决定性作用，更好发挥政府作用，着力破除阻碍要素自主有序流动的体制机制障碍，全面提高要素协同配置效率，以综合改革试点为牵引，更好统筹发展和安全，为完善要素市场制度、建设高标准市场体系积极探索新路径，为推动经济社会高质量发展提供强劲动力。

（二）基本原则。

——顶层设计、基层探索。按照党中央、国务院统一部署，在维护全国统一大市场前提下，支持具备条件的地区结合实际大胆改革探索，尊重基层首创精神，注重总结经验，及时规范提升，为全国提供可复制可推广的路径模式。

——系统集成、协同高效。突出改革的系统性、整体性、协同性，推动各领域要素市场化配置改革举措相互配合、相互促进，提高不同要素资源的组合配置效率。

——问题导向、因地制宜。牢牢把握正确的改革方向，聚焦要素市场建设的重点领域、关键环节和市场主体反映最强烈的问题，鼓励地方结合自身特点开展差别化试点探索。

——稳中求进、守住底线。从实际出发，坚持以安全可控为前提，尊重客观规律，科学把握工作时序、节奏和步骤，做到放活与管好有机结合，切实防范风险，稳步有序推进试点。

（三）试点布局。围绕推动国家重大战略实施，根据不同改革任务优先考虑选择改革需求迫切、工作基础较好、发展潜力较大的城市群、都市圈或中心城市等，开展要素市场化配置综合改革试点，严控试点数量和试点范围。党中央、国务院授权实施以及有关方面组织实施的涉及要素市场化配置的改革探索任务，原则上优先在试点地区开展。试点期限为2021—2025年。

（四）工作目标。2021年，启动要素市场化配置综合改革试点工作。2022年上半年，完成试点地区布局、实施方案编制报批工作。到2023年，试点工作取得阶段性成效，力争在土地、劳动力、资本、技术等要素市场化配置关键环节上实现重要突破，在数据要素市场化配置基础制度建设探索上取得积极进展。到2025年，基本完成试点任务，要素市场化配置改革取得标志性成果，为完善全国要素市场制度作出重要示范。

二、进一步提高土地要素配置效率

（五）支持探索土地管理制度改革。合理划分土地管理事权，在严格保护耕地、节约集约用地的前提下，探索赋予试点地区更大土地配置自主权。允许符合条件的地区探索城乡建设用地增减挂钩节余指标跨省域调剂使用机制。探索建立补充耕地质量评价转换机制，在严格实行耕地占补平衡、确保占一补一的前提下，严格管控补充耕地国家统筹规模，严把补充耕地质量验收关，实现占优补优。支持开展全域土地综合整治，优化生产、生活、生态空间布局，加强耕地数量、质量、生态"三位一体"保护和建设。

（六）鼓励优化产业用地供应方式。鼓励采用长期租赁、先租后让、弹性年期供应等方式供应产业用地。优化工业用地出让年期，完善弹性出让年期制度。支持产业用地实行"标准地"出让，提高配置效率。支持不同产业用地类型合理转换，完善土地用途变更、整合、置换等政策。探索增加混合产业用地供给。支持建立工业企业产出效益评价机制，加强土地精细化管理和节约集约利用。

（七）推动以市场化方式盘活存量用地。鼓励试点地区探索通过建设用地节约集约利用状况详细评价等方式，细化完善城镇低效用地认定标准，鼓励通过依法协商收回、协议置换、费用奖惩等措施，推动城镇低效用地腾退出清。推进国有企事业单位存量用地盘活利用，鼓励市场主体通过建设用地整理等方式促进城镇低效用地再开发。规范和完善土地二级市场，完善建设用地使用权转让、出租、抵押制度，支持通过土地预告登记实现建设用地使用权转让。探索地上地下空间综合利用的创新举措。

（八）建立健全城乡统一的建设用地市场。在坚决守住土地公有制性质不改变、耕地红线不突破、农民利益不受损三条底线的前提下，支持试点地区结合新一轮农村宅基地制度改革试点，探索宅基地所有权、资格权、使用权分置实现形式。在依法自愿有偿的前提下，允许将存量集体建设用地依据规划改变用途入市交易。在企业上市合规性审核标准中，对集体经营性建设用地与国有建设用地给予同权对待。支持建立健全农村产权流转市场体系。

（九）推进合理有序用海。探索建立沿海、海域、流域协同一体的海洋生态环境综合治理体系。统筹陆海资源管理，支持完善海域和无居民海岛有偿使用制度，加强海岸线动态监测。在严格落实国土空间用途管制和海洋生态环境保护要求、严管严控围填海活动的前提下，探索推进海域一级市场开发和二级市场流转，探索海域使用权立体分层设权。

三、推动劳动力要素合理畅通有序流动

（十）进一步深化户籍制度改革。支持具备条件的试点地区在城市群或都市圈内开展户籍准入年限同城化累计互认、居住证互通互认，试行以经常居住地登记户口制度，实现基本公共服务常住地提供。支持建立以身份证为标识的人口管理服务制度，扩大身份证信息容量，丰富应用场景。建设人口发展监测分析系统，为重大政策制定、公共资源配置、城市运行管理等提供支撑。建立健全与地区常住人口规模相适应的财政转移支付、住房供应、教师医生编制等保障机制。

（十一）加快畅通劳动力和人才社会性流动渠道。指导用人单位坚持需求导向，采取符合实际的引才措施，在不以人才称号和学术头衔等人才"帽子"引才、不抢挖中西部和东北地区合同期内高层次人才的前提下，促进党政机关、国有企事业单位、社会团体管理人才合理有序流动。完善事业单位编制管理制度，统筹使用编制资源。支持事业单位通过特设岗位引进急需高层次专业化人才。支持探索灵活就业人员权益保障政策。探索建立职业资格证书、职业技能等级证书与学历证书有效衔接机制。加快发展人力资源服务业，把服务就业的规模和质量等作为衡量行业发展成效的首要标准。

（十二）激发人才创新创业活力。支持事业单位科研人员按照国家有关规定离岗创新创业。推进职称评审权下放，赋予具备条件的企事业单位和社会

组织中高级职称评审权限。加强创新型、技能型人才培养，壮大高水平工程师和高技能人才队伍。加强技术转移专业人才队伍建设，探索建立健全对科技成果转化人才、知识产权管理运营人员等的评价与激励办法，完善技术转移转化类职称评价标准。

四、推动资本要素服务实体经济发展

（十三）增加有效金融服务供给。依托全国信用信息共享平台，加大公共信用信息共享整合力度。充分发挥征信平台和征信机构作用，建立公共信用信息同金融信息共享整合机制。推广"信易贷"模式，用好供应链票据平台、动产融资统一登记公示系统、应收账款融资服务平台，鼓励金融机构开发与中小微企业需求相匹配的信用产品。探索建立中小企业坏账快速核销制度。探索银行机构与外部股权投资机构深化合作，开发多样化的科技金融产品。支持在零售交易、生活缴费、政务服务等场景试点使用数字人民币。支持完善中小银行和农村信用社治理结构，增强金融普惠性。

（十四）发展多层次股权市场。创新新三板市场股债结合型产品，丰富中小企业投融资工具。选择运行安全规范、风险管理能力较强的区域性股权市场，开展制度和业务创新试点。探索加强区域性股权市场和全国性证券市场板块间合作衔接的机制。

（十五）完善地方金融监管和风险管理体制。支持具备条件的试点地区创新金融监管方式和工具，对各类地方金融组织实施标准化的准入设立审批、事中事后监管。按照属地原则压实省级人民政府的监管职责和风险处置责任。

五、大力促进技术要素向现实生产力转化

（十六）健全职务科技成果产权制度。支持开展赋予科研人员职务科技成果所有权或长期使用权试点，探索将试点经验推广到更多高校、科研院所和科技型企业。支持相关高校和科研院所探索创新职务科技成果转化管理方式。支持将职务科技成果通过许可方式授权中小微企业使用。完善技术要素交易与监管体系，推进科技成果进场交易。完善职务科技成果转移转化容错纠错机制。

（十七）完善科技创新资源配置方式。探索对重大战略项目、重点产业链和创新链实施创新资源协同配置，构建项目、平台、人才、资金等全要素一体化配置的创新服务体系。强化企业创新主体地位，改革科技项目征集、立项、管理和评价机制，支持行业领军企业牵头组建创新联合体，探索实施首席专家负责制。支持行业领军企业通过产品定制化研发等方式，为关键核心技术提供早期应用场景和适用环境。

（十八）推进技术和资本要素融合发展。支持金融机构设立专业化科技金融分支机构，加大对科研成果转化和创新创业人才的金融支持力度。完善创业投资监管体制和发展政策。支持优质科技型企业上市或挂牌融资。完善知识产权融资机制，扩大知识产权质押融资规模。鼓励保险公司积极开展科技保险业务，依法合规开发知识产权保险、产品研发责任保险等产品。

六、探索建立数据要素流通规则

（十九）完善公共数据开放共享机制。建立健全高效的公共数据共享协调机制，支持打造公共数据基础支撑平台，推进公共数据归集整合、有序流通和共享。探索完善公共数据共享、开放、运营服务、安全保障的管理体制。优先推进企业登记监管、卫生健康、交通运输、气象等高价值数据集向社会开放。探索开展政府数据授权运营。

（二十）建立健全数据流通交易规则。探索"原始数据不出域、数据可用不可见"的交易范式，在保护个人隐私和确保数据安全的前提下，分级分类、分步有序推动部分领域数据流通应用。探索建立数据用途和用量控制制度，实现数据使用"可控可计量"。规范培育数据交易市场主体，发展数据资产评估、登记结算、交易撮合、争议仲裁等市场运营体系，稳妥探索开展数据资产化服务。

（二十一）拓展规范化数据开发利用场景。发挥领军企业和行业组织作用，推动人工智能、区块链、车联网、物联网等领域数据采集标准化。深入推进人工智能社会实验，开展区块链创新应用试点。在金融、卫生健康、电力、物流等重点领域，探索以数据为核心的产品和服务创新，支持打造统一的技术标准和开放的创新生态，促进商业数据流通、跨区域数据互联、政企数据融合应用。

（二十二）加强数据安全保护。强化网络安全等级保护要求，推动完善数据分级分类安全保护制度，运用技术手段构建数据安全风险防控体系。探索完善个人信息授权使用制度。探索建立数据安全使用承诺制度，探索制定大数据分析和交易禁止清单，强化事中事后监管。探索数据跨境流动管控方式，完善重要数据出境安全管理制度。

七、加强资源环境市场制度建设

（二十三）支持完善资源市场化交易机制。支持试点地区完善电力市场化交易机制，提高电力中长期交易签约履约质量，开展电力现货交易试点，完善电力辅助服务市场。按照股权多元化原则，加快电力交易机构股份制改造，推动电力交易机构独立规范运行，实现电力交易组织与调度规范化。深化天然气市场化改革，逐步构建储气辅助服务市场机制。完善矿业权竞争出让制度，建立健全严格的勘查区块退出机制，探索储量交易。

（二十四）支持构建绿色要素交易机制。在明确生态保护红线、环境质量底线、资源利用上线等基础上，支持试点地区进一步健全碳排放权、排污权、用能权、用水权等交易机制，探索促进绿色要素交易与能源环境目标指标更好衔接。探索建立碳排放配额、用能权指标有偿取得机制，丰富交易品种和交易方式。探索开展资源环境权益融资。探索建立绿色核算体系、生态产品价值实现机制以及政府、企业和个人绿色责任账户。

八、健全要素市场治理

（二十五）完善要素市场化交易平台。持续推进公共资源交易平台整合共享，拓展公共资源交易平台功能，逐步覆盖适合以市场化方式配置的自然资源、资产股权等公共资源。规范发展大数据交易平台。支持企业参与要素交易平台建设，规范要素交易平台运行。支持要素交易平台与金融机构、中介机构合作，形成涵盖产权界定、价格评估、流转交易、担保、保险等业务的综合服务体系。

（二十六）加强要素交易市场监管。创新要素交易规则和服务，探索加强要素价格管理和监督的有效方式。健全要素交易信息披露制度。深化"放管服"改革，加强要素市场信用体系建设，打造市场化法治化国际化营商环境。强化反垄断和反不正当竞争执法，规范交易行为，将交易主体违法违规行为纳入信用记录管理，对严重失信行为实行追责和惩戒。开展要素市场交易大数据分析，建立健全要素交易风险分析、预警防范和分类处置机制。推进破产制度改革，建立健全自然人破产制度。

九、进一步发挥要素协同配置效应

（二十七）提高全球先进要素集聚能力。支持探索制定外国高端人才认定标准，为境外人才执业出入境、停居留等提供便利。支持符合条件的境内外投资者在试点地区依法依规设立证券、期货、基金、保险等金融机构。探索国际科技创新合作新模式，支持具备条件的试点地区围绕全球性议题在世界范围内吸引具有顶尖创新能力的科学家团队"揭榜挂帅"。支持行业领军企业牵头组建国际性产业与标准组织，积极参与国际规则制定。

（二十八）完善按要素分配机制。提高劳动报酬在初次分配中的比重，强化工资收入分配的技能价值激励导向。构建充分体现知识、技术、管理等创新要素价值的收益分配机制。创新宅基地收益取得和使用方式，探索让农民长期分享土地增值收益的有效途径。合理分配集体经营性建设用地入市增值收益，兼顾国家、农村集体经济组织和农村居民权益。探索增加居民财产性收入，鼓励和引导上市公司现金分红，完善投资者权益保护制度。

十、强化组织实施

（二十九）加强党的全面领导。坚持和加强党对要素市场化配置综合改革试点的领导，增强"四个意识"、坚定"四个自信"、做到"两个维护"，充分发挥党总揽全局、协调各方的领导核心作用，把党的领导始终贯穿试点工作推进全过程。

（三十）落实地方主体责任。各试点地区要把要素市场化配置综合改革试点摆在全局重要位置，增强使命感和责任感，强化组织领导，完善推进落实机制，在风险总体可控前提下，科学把握时序、节奏和步骤，积极稳妥推进改革试点任务实施。试点过程中要加强动态跟踪分析，开展试点效果评估，重要政策和重大改革举措按程序报批。

（三十一）建立组织协调机制。建立由国家发展改革委牵头、有关部门作为成员单位的推进要素市场化配置综合改革试点部际协调机制，负责统筹推进试点工作，确定试点地区，协调解决重大问题，加强督促检查。国家发展改革委要会同有关方面指导试点地区编制实施方案及授权事项清单，按程序报批后组织实施；在地方自评估基础上，定期开展第三方评估。对取得明显成效的试点地区，要予以表扬激励，及时总结推广经验；对动力不足、执行不力、成效不明显的试点地区，要限期整改，整改不到位的按程序调整退出试点。重要情况及时向党中央、国务院报告。

（三十二）强化试点法治保障。建立健全与要素市场化配置综合改革试点相配套的法律法规与政策调整机制，统筹涉及的法律法规事项，做好与相关法律法规立改废释的衔接。试点地区拟实行的各项改革举措和授权事项，凡涉及调整现行法律或行政法规的，经全国人大及其常委会或国务院依法授权后实施；其他涉及调整部门规章和规范性文件规定的，有关方面要按照本方案要求和经批准的授权事项清单，依法依规一次性对相关试点地区给予改革授权。

2.10 《要素市场化配置综合改革试点总体方案》解读

2021年12月国务院办公厅发布《要素市场化配置综合改革试点总体方案》（国办发〔2021〕51号，本节以下简称《方案》），除了对土地要素、劳动力要素、资本要素、技术要素提出明确要求外，也对数据要素提出明确要求。

一、政策背景

随着全国范围内全面贯彻落实新发展理念，新发展格局正在逐步构建，市场在资源配置中的决定性作用得以体现，政府作用得以更好地发挥。但是，市场中还存在着一些阻碍要素自主有序流动的体制机制障碍，给经济发展也造成一定阻碍。例如，全国统一大市场的构建还没有完全落地，一些要素难以自由流通。

以劳动要素为例，户籍制度改革经历了多年推进已经取得了很大进展，但当前仍然存在户籍准入年限同城化累计互认、居住证互通互认现象，有些地方居民还难以在常住地登记户口，难以得到居住地的基本公共服务。再比如，很多地方以人才称号和学术头衔等人才"帽子"引才、抢挖中西部和东北地区合同期内高层次人才造成引才市场混乱，不利于落后地区发展。为解决要素市场化配置过程中存在的诸多问题，国务院办公厅出台了此《方案》。

二、主要内容

第一，总体要求。主要包括：①指导思想。提出着力破除阻碍要素自主有序流动的体制机制障碍，全面提高要素协同配置效率，以综合改革试点为牵引，更好统筹发展和安全，为完善要素市场制度、建设高标准市场体系积极探索新路径，为推动经济社会高质量发展提供强劲动力。②基本原则。包括顶层设计、基层探索，系统集成、协同高效，稳中求进、守住底线。③试点布局。围绕推动国家重大战略实施，根据不同改革任务优先考虑选择改革需求迫切、工作基础较好、发展潜力较大的城市群、都市圈或中心城市等，试点期限为2021—2025年。④工作目标。2021年启动要素市场化配置综合改革试点工作，2022年上半年完成试点地区布局、实施方案编制报批工作，2023年试点工作取得阶段性成效，2025年基本完成试点任务。

第二，具体要求。文件分别针对土地要素、劳动力要素、资本要素、技术要素和数据要素提出了要求。分别为：①进一步提高土地要素配置效率，支持探索土地管理制度改革，鼓励优化产业用地供应方式，推动以市场化方式盘活存量用地，建立健全城乡统一的建设用地市场，推进合理有序用海。②推动劳动力要素合理畅通有序流动，进一步深化户籍制度改革，加快畅通劳动力和人才社会性流动渠道，激发人才创新创业活力。③推动资本要素服务实体经济发展，增加有效金融服务供给，发展多层次股权市场，完善地方金融监管和风险管理体制。④大力促进技术要素向现实生产力转化，健全职务科技成果产权制度，完善科技创新资源配置方式，推进技术和资本要素融合发展。⑤探索建立数据要素流通规则，完善公共数据开放共享机制，建立健全数据流通交易规则，拓展规范化数据开发利用场景，加强数据安全保护。

　　第三，保障实施的措施。主要包括：①加强资源环境市场制度建设，主要是支持完善资源市场化交易机制，支持构建绿色要素交易机制。②健全要素市场治理，主要是完善要素市场化交易平台，加强要素交易市场监管。③进一步发挥要素协同配置效应，主要是提高全球先进要素集聚能力，完善按要素分配机制。④强化组织实施，主要是加强党的全面领导，落实地方主体责任，建立组织协调机制，强化试点法治保障。

三、影响及成效

　　一是公共数据开放共享机制逐步完善。按照《方案》要求，要建立健全高效的公共数据共享协调机制，支持打造公共数据基础支撑平台。机制的建立和平台的落地，必将推进公共数据的归集整合、有序流通和共享。公共数据共享、开放、运营服务，安全保障的管理体制将逐步完善。企业登记监管、卫生健康、交通运输、气象等高价值数据集将优先实现向社会开放，数据将为生产生活带来更大价值。

　　二是数据流通交易规则逐步健全。在保护个人隐私和确保数据安全的前提下，部分领域的数据流通应用将被逐步分级、分类、分步有序推进。数据用途和用量控制制度将逐步建立，数据使用将实现"可控可计量"。数据交易市场主体将蓬勃涌现，数据资产评估、登记结算、交易撮合、争议仲裁等市场运营体系的规模将得到爆发式增长，数据资产化将如火如荼地展开。

　　三是规范化数据开发利用场景不断拓展。人工智能、区块链、车联网、物联网等领域数据采集逐步实现标准化。人工智能社会实验将改变人们对人工智能的认知，并广泛影响到人们的生产生活。在金融、卫生健康、电力、物流等重点领域，率先形成统一的技术标准和开放的创新生态。

　　四是数据安全保护得到加强。数据分级分类安全保护制度将在实践中更加完善，更多技术手段被用于构建数据安全风险防控体系。个人信息授权使用制度不断完善，数据安全使用承诺制度也将形成，监管部门对事中、事后的监管都会被强化，重要数据出境安全管控方式更加成熟，管理制度更加完善。

2.11　《国务院关于印发"十四五"数字经济
发展规划的通知》

（国发〔2021〕29 号）

各省、自治区、直辖市人民政府，国务院各部委、各直属机构：

现将《"十四五"数字经济发展规划》印发给你们，请认真贯彻执行。

国务院
2021 年 12 月 12 日

"十四五"数字经济发展规划

数字经济是继农业经济、工业经济之后的主要经济形态，是以数据资源为关键要素，以现代信息网络为主要载体，以信息通信技术融合应用、全要素数字化转型为重要推动力，促进公平与效率更加统一的新经济形态。数字经济发展速度之快、辐射范围之广、影响程度之深前所未有，正推动生产方式、生活方式和治理方式深刻变革，成为重组全球要素资源、重塑全球经济结构、改变全球竞争格局的关键力量。"十四五"时期，我国数字经济转向深化应用、规范发展、普惠共享的新阶段。为应对新形势新挑战，把握数字化发展新机遇，拓展经济发展新空间，推动我国数字经济健康发展，依据《中华人民共和国国民经济和社会发展第十四个五年规划和 2035 年远景目标纲要》，制定本规划。

一、发展现状和形势

（一）发展现状。

"十三五"时期，我国深入实施数字经济发展战略，不断完善数字基础设施，加快培育新业态新模式，推进数字产业化和产业数字化取得积极成效。2020 年,我国数字经济核心产业增加值占国内生产总值（GDP）比重达到 7.8%，数字经济为经济社会持续健康发展提供了强大动力。

信息基础设施全球领先。建成全球规模最大的光纤和第四代移动通信（4G）网络，第五代移动通信（5G）网络建设和应用加速推进。宽带用户普及率明显提高，光纤用户占比超过 94%，移动宽带用户普及率达到 108%，互联网协议第六版（IPv6）活跃用户数达到 4.6 亿。

产业数字化转型稳步推进。农业数字化全面推进。服务业数字化水平显著提高。工业数字化转型加速，工业企业生产设备数字化水平持续提升，更多企业迈上"云端"。

新业态新模式竞相发展。数字技术与各行业加速融合，电子商务蓬勃发展，移动支付广泛普及，在线学习、远程会议、网络购物、视频直播等生产生活新方式加速推广，互联网平台日益壮大。

数字政府建设成效显著。一体化政务服务和监管效能大幅度提升，"一网通办"、"最多跑一次"、"一网统管"、"一网协同"等服务管理新模式广泛普及，数字营商环境持续优化，在线政务服务水平跃居全球领先行列。

数字经济国际合作不断深化。《二十国集团数字经济发展与合作倡议》等在全球赢得广泛共识，信息基础设施互联互通取得明显成效，"丝路电商"合作成果丰硕，我国数字经济领域平台企业加速出海，影响力和竞争力不断提升。

与此同时，我国数字经济发展也面临一些问题和挑战：关键领域创新能力不足，产业链供应链受制于人的局面尚未根本改变；不同行业、不同区域、不同群体间数字鸿沟未有效弥合，甚至有进一步扩大趋势；数据资源规模庞大，但价值潜力还没有充分释放；数字经济治理体系需进一步完善。

（二）面临形势。

当前，新一轮科技革命和产业变革深入发展，数字化转型已经成为大势所趋，受内外部多重因素影响，我国数字经济发展面临的形势正在发生深刻变化。

发展数字经济是把握新一轮科技革命和产业变革新机遇的战略选择。数字经济是数字时代国家综合实力的重要体现，是构建现代化经济体系的重要引擎。世界主要国家均高度重视发展数字经济，纷纷出台战略规划，采取各种举措打造竞争新优势，重塑数字时代的国际新格局。

数据要素是数字经济深化发展的核心引擎。数据对提高生产效率的乘数作用不断凸显，成为最具时代特征的生产要素。数据的爆发增长、海量集聚蕴藏了巨大的价值，为智能化发展带来了新的机遇。协同推进技术、模式、业态和制度创新，切实用好数据要素，将为经济社会数字化发展带来强劲动力。

数字化服务是满足人民美好生活需要的重要途径。数字化方式正有效打破时空阻隔，提高有限资源的普惠化水平，极大地方便群众生活，满足多样化个性化需要。数字经济发展正在让广大群众享受到看得见、摸得着的实惠。

规范健康可持续是数字经济高质量发展的迫切要求。我国数字经济规模快速扩张，但发展不平衡、不充分、不规范的问题较为突出，迫切需要转变传统发展方式，加快补齐短板弱项，提高我国数字经济治理水平，走出一条高质量发展道路。

二、总体要求

（一）指导思想。

以习近平新时代中国特色社会主义思想为指导，全面贯彻党的十九大和十九届历次全会精神，立足新发展阶段，完整、准确、全面贯彻新发展理念，构建新发展格局，推动高质量发展，统筹发展和安全、统筹国内和国际，以数据为关键要素，以数字技术与实体经济深度融合为主线，加强数字基础设施建设，完善数字经济治理体系，协同推进数字产业化和产业数字化，赋能传统产业转型升级，培育新产业新业态新模式，不断做强做优做大我国数字经济，为构建数字中国提供有力支撑。

（二）基本原则。

坚持创新引领、融合发展。坚持把创新作为引领发展的第一动力，突出科技自立自强的战略支撑作用，促进数字技术向经济社会和产业发展各领域广泛深入渗透，推进数字技术、应用场景和商业模式融合创新，形成以技术发展促进全要素生产率提升、以领域应用带动技术进步的发展格局。

坚持应用牵引、数据赋能。坚持以数字化发展为导向，充分发挥我国海量数据、广阔市场空间和丰富应用场景优势，充分释放数据要素价值，激活数据要素潜能，以数据流促进生产、分配、流通、消费各个环节高效贯通，推动数据技术产品、应用范式、商业模式和体制机制协同创新。

坚持公平竞争、安全有序。突出竞争政策基础地位，坚持促进发展和监管规范并重，健全完善协同监管规则制度，强化反垄断和防止资本无序扩张，推动平台经济规范健康持续发展，建立健全适应数字经济发展的市场监管、宏观调控、政策法规体系，牢牢守住安全底线。

坚持系统推进、协同高效。充分发挥市场在资源配置中的决定性作用，构建经济社会各主体多元参与、协同联动的数字经济发展新机制。结合我国产业结构和资源禀赋，发挥比较优势，系统谋划、务实推进，更好发挥政府在数字经济发展中的作用。

（三）发展目标。

到 2025 年，数字经济迈向全面扩展期，数字经济核心产业增加值占 GDP 比重达到 10%，数字化创新引领发展能力大幅提升，智能化水平明显增强，数字技术与实体经济融合取得显著成效，数字经济治理体系更加完善，我国数字经济竞争力和影响力稳步提升。

——数据要素市场体系初步建立。数据资源体系基本建成，利用数据资源推动研发、生产、流通、服务、消费全价值链协同。数据要素市场化建设成效显现，数据确权、定价、交易有序开展，探索建立与数据要素价值和贡献相适应的收入分配机制，激发市场主体创新活力。

　　——产业数字化转型迈上新台阶。农业数字化转型快速推进，制造业数字化、网络化、智能化更加深入，生产性服务业融合发展加速普及，生活性服务业多元化拓展显著加快，产业数字化转型的支撑服务体系基本完备，在数字化转型过程中推进绿色发展。

　　——数字产业化水平显著提升。数字技术自主创新能力显著提升，数字化产品和服务供给质量大幅提高，产业核心竞争力明显增强，在部分领域形成全球领先优势。新产业新业态新模式持续涌现、广泛普及，对实体经济提质增效的带动作用显著增强。

　　——数字化公共服务更加普惠均等。数字基础设施广泛融入生产生活，对政务服务、公共服务、民生保障、社会治理的支撑作用进一步凸显。数字营商环境更加优化，电子政务服务水平进一步提升，网络化、数字化、智慧化的利企便民服务体系不断完善，数字鸿沟加速弥合。

　　——数字经济治理体系更加完善。协调统一的数字经济治理框架和规则体系基本建立，跨部门、跨地区的协同监管机制基本健全。政府数字化监管能力显著增强，行业和市场监管水平大幅提升。政府主导、多元参与、法治保障的数字经济治理格局基本形成，治理水平明显提升。与数字经济发展相适应的法律法规制度体系更加完善，数字经济安全体系进一步增强。

　　展望 2035 年，数字经济将迈向繁荣成熟期，力争形成统一公平、竞争有序、成熟完备的数字经济现代市场体系，数字经济发展基础、产业体系发展水平位居世界前列。

"十四五"数字经济发展主要指标

指标	2020 年	2025 年	属性
数字经济核心产业增加值占 GDP 比重（%）	7.8	10	预期性
IPv6 活跃用户数（亿户）	4.6	8	预期性
千兆宽带用户数（万户）	640	6000	预期性
软件和信息技术服务业规模（万亿元）	8.16	14	预期性
工业互联网平台应用普及率（%）	14.7	45	预期性
全国网上零售额（万亿元）	11.76	17	预期性
电子商务交易规模（万亿元）	37.21	46	预期性
在线政务服务实名用户规模（亿）	4	8	预期性

三、优化升级数字基础设施

（一）加快建设信息网络基础设施。建设高速泛在、天地一体、云网融合、智能敏捷、绿色低碳、安全可控的智能化综合性数字信息基础设施。有序推进骨干网扩容，协同推进千兆光纤网络和 5G 网络基础设施建设，推动 5G 商用部署和规模应用，前瞻布局第六代移动通信（6G）网络技术储备，加大 6G 技术研发支持力度，积极参与推动 6G 国际标准化工作。积极稳妥推进空间信息基础设施演进升级，加快布局卫星通信网络等，推动卫星互联网建设。提高物联网在工业制造、农业生产、公共服务、应急管理等领域的覆盖水平，增强固移融合、宽窄结合的物联接入能力。

专栏 1　信息网络基础设施优化升级工程

1. 推进光纤网络扩容提速。加快千兆光纤网络部署，持续推进新一代超大容量、超长距离、智能调度的光传输网建设，实现城市地区和重点乡镇千兆光纤网络全面覆盖。

2. 加快 5G 网络规模化部署。推动 5G 独立组网（SA）规模商用，以重大工程应用为牵引，支持在工业、电网、港口等典型领域实现 5G 网络深度覆盖，助推行业融合应用。

3. 推进 IPv6 规模部署应用。深入开展网络基础设施 IPv6 改造，增强网络互联互通能力，优化网络和应用服务性能，提升基础设施业务承载能力和终端支持能力，深化对各类网站及应用的 IPv6 改造。

4. 加速空间信息基础设施升级。提升卫星通信、卫星遥感、卫星导航定位系统的支撑能力，构建全球覆盖、高效运行的通信、遥感、导航空间基础设施体系。

（二）推进云网协同和算网融合发展。加快构建算力、算法、数据、应用资源协同的全国一体化大数据中心体系。在京津冀、长三角、粤港澳大湾区、成渝地区双城经济圈、贵州、内蒙古、甘肃、宁夏等地区布局全国一体化算力网络国家枢纽节点，建设数据中心集群，结合应用、产业等发展需求优化数据中心建设布局。加快实施"东数西算"工程，推进云网协同发展，提升数据中心跨网络、跨地域数据交互能力，加强面向特定场景的边缘计算能力，强化算力统筹和智能调度。按照绿色、低碳、集约、高效的原则，持续推进绿色数字中心建设，加快推进数据中心节能改造，持续提升数据中心可再生能源利用水平。推动智能计算中心有序发展，打造智能算力、通用算法和开发平台一体化的新型智能基础设施，面向政务服务、智慧城市、智能制造、

自动驾驶、语言智能等重点新兴领域，提供体系化的人工智能服务。

（三）有序推进基础设施智能升级。稳步构建智能高效的融合基础设施，提升基础设施网络化、智能化、服务化、协同化水平。高效布局人工智能基础设施，提升支撑"智能+"发展的行业赋能能力。推动农林牧渔业基础设施和生产装备智能化改造，推进机器视觉、机器学习等技术应用。建设可靠、灵活、安全的工业互联网基础设施，支撑制造资源的泛在连接、弹性供给和高效配置。加快推进能源、交通运输、水利、物流、环保等领域基础设施数字化改造。推动新型城市基础设施建设，提升市政公用设施和建筑智能化水平。构建先进普惠、智能协作的生活服务数字化融合设施。在基础设施智能升级过程中，充分满足老年人等群体的特殊需求，打造智慧共享、和睦共治的新型数字生活。

四、充分发挥数据要素作用

（一）强化高质量数据要素供给。支持市场主体依法合规开展数据采集，聚焦数据的标注、清洗、脱敏、脱密、聚合、分析等环节，提升数据资源处理能力，培育壮大数据服务产业。推动数据资源标准体系建设，提升数据管理水平和数据质量，探索面向业务应用的共享、交换、协作和开放。加快推动各领域通信协议兼容统一，打破技术和协议壁垒，努力实现互通互操作，形成完整贯通的数据链。推动数据分类分级管理，强化数据安全风险评估、监测预警和应急处置。深化政务数据跨层级、跨地域、跨部门有序共享。建立健全国家公共数据资源体系，统筹公共数据资源开发利用，推动基础公共数据安全有序开放，构建统一的国家公共数据开放平台和开发利用端口，提升公共数据开放水平，释放数据红利。

专栏 2　数据质量提升工程

1. 提升基础数据资源质量。建立健全国家人口、法人、自然资源和空间地理等基础信息更新机制，持续完善国家基础数据资源库建设、管理和服务，确保基础信息数据及时、准确、可靠。

2. 培育数据服务商。支持社会化数据服务机构发展，依法依规开展公共资源数据、互联网数据、企业数据的采集、整理、聚合、分析等加工业务。

3. 推动数据资源标准化工作。加快数据资源规划、数据治理、数据资产评估、数据服务、数据安全等国家标准研制，加大对数据管理、数据开放共享等重点国家标准的宣贯力度。

（二）加快数据要素市场化流通。加快构建数据要素市场规则，培育市场主体、完善治理体系，促进数据要素市场流通。鼓励市场主体探索数据资产定价机制，推动形成数据资产目录，逐步完善数据定价体系。规范数据交易管理，培育规范的数据交易平台和市场主体，建立健全数据资产评估、登记结算、交易撮合、争议仲裁等市场运营体系，提升数据交易效率。严厉打击数据黑市交易，营造安全有序的市场环境。

专栏 3　数据要素市场培育试点工程

1. 开展数据确权及定价服务试验。探索建立数据资产登记制度和数据资产定价规则，试点开展数据权属认定，规范完善数据资产评估服务。

2. 推动数字技术在数据流通中的应用。鼓励企业、研究机构等主体基于区块链等数字技术，探索数据授权使用、数据溯源等应用，提升数据交易流通效率。

3. 培育发展数据交易平台。提升数据交易平台服务质量，发展包含数据资产评估、登记结算、交易撮合、争议仲裁等的运营体系，健全数据交易平台报价、询价、竞价和定价机制，探索协议转让、挂牌等多种形式的数据交易模式。

（三）创新数据要素开发利用机制。适应不同类型数据特点，以实际应用需求为导向，探索建立多样化的数据开发利用机制。鼓励市场力量挖掘商业数据价值，推动数据价值产品化、服务化，大力发展专业化、个性化数据服务，促进数据、技术、场景深度融合，满足各领域数据需求。鼓励重点行业创新数据开发利用模式，在确保数据安全、保障用户隐私的前提下，调动行业协会、科研院所、企业等多方参与数据价值开发。对具有经济和社会价值、允许加工利用的政务数据和公共数据，通过数据开放、特许开发、授权应用等方式，鼓励更多社会力量进行增值开发利用。结合新型智慧城市建设，加快城市数据融合及产业生态培育，提升城市数据运营和开发利用水平。

五、大力推进产业数字化转型

（一）加快企业数字化转型升级。引导企业强化数字化思维，提升员工数字技能和数据管理能力，全面系统推动企业研发设计、生产加工、经营管理、销售服务等业务数字化转型。支持有条件的大型企业打造一体化数字平台，全面整合企业内部信息系统，强化全流程数据贯通，加快全价值链业务协同，形成数据驱动的智能决策能力，提升企业整体运行效率和产业链上下游协同效率。实施中小企业数字化赋能专项行动，支持中小企业从数字化转型需求迫切的环节入手，加快推进线上营销、远程协作、数字化办公、智能生产线等应用，由点及面向全业务全流程数字化转型延伸拓展。鼓励和支持互联网平台、行业龙头企业等立足自身优势，开放数字化资源和能力，帮助传统企业和中小企业实现数字化转型。推行普惠性"上云用数赋智"服务，推动企业上云、上平台，降低技术和资金壁垒，加快企业数字化转型。

（二）全面深化重点产业数字化转型。立足不同产业特点和差异化需求，推动传统产业全方位、全链条数字化转型，提高全要素生产率。大力提升农业数字化水平，推进"三农"综合信息服务，创新发展智慧农业，提升农业生产、加工、销售、物流等各环节数字化水平。纵深推进工业数字化转型，加快推动研发设计、生产制造、经营管理、市场服务等全生命周期数字化转型，加快培育一批"专精特新"中小企业和制造业单项冠军企业。深入实施智能制造工程，大力推动装备数字化，开展智能制造试点示范专项行动，完善国家智能制造标准体系。培育推广个性化定制、网络化协同等新模式。大力发展数字商务，全面加快商贸、物流、金融等服务业数字化转型，优化管理体系和服务模式，提高服务业的品质与效益。促进数字技术在全过程工程咨询领域的深度应用，引领咨询服务和工程建设模式转型升级。加快推动智慧能源建设应用，促进能源生产、运输、消费等各环节智能化升级，推动能源行业低碳转型。加快推进国土空间基础信息平台建设应用。推动产业互联网融通应用，培育供应链金融、服务型制造等融通发展模式，以数字技术促进产业融合发展。

专栏 4　重点行业数字化转型提升工程

1. 发展智慧农业和智慧水利。加快推动种植业、畜牧业、渔业等领域数字化转型，加强大数据、物联网、人工智能等技术深度应用，提升农业生产经营数字化水平。构建智慧水利体系，以流域为单元提升水情测报和智能调度能力。

2. 开展工业数字化转型应用示范。实施智能制造试点示范行动，建设智能制造示范工厂，培育智能制造先行区。针对产业痛点、堵点，分行业制定数字化转型路线图，面向原材料、消费品、装备制造、电子信息等重点行业开展数字化转型应用示范和评估，加大标杆应用推广力度。

3. 加快推动工业互联网创新发展。深入实施工业互联网创新发展战略，鼓励工业企业利用 5G、时间敏感网络（TSN）等技术改造升级企业内外网，完善标识解析体系，打造若干具有国际竞争力的工业互联网平台，提升安全保障能力，推动各行业加快数字化转型。

4. 提升商务领域数字化水平。打造大数据支撑、网络化共享、智能化协作的智慧供应链体系。健全电子商务公共服务体系，汇聚数字赋能服务资源，支持商务领域中小微企业数字化转型升级。提升贸易数字化水平。引导批发零售、住宿餐饮、租赁和商务服务等传统业态积极开展线上线下、全渠道、定制化、精准化营销创新。

5. 大力发展智慧物流。加快对传统物流设施的数字化改造升级，促进现代物流业与农业、制造业等产业融合发展。加快建设跨行业、跨区域的物流信息服务平台，实现需求、库存和物流信息的实时共享，探索推进电子提单应用。建设智能仓储体系，提升物流仓储的自动化、智能化水平。

6. 加快金融领域数字化转型。合理推动大数据、人工智能、区块链等技术在银行、证券、保险等领域的深化应用，发展智能支付、智慧网点、智能投顾、数字化融资等新模式，稳妥推进数字人民币研发，有序开展可控试点。

7. 加快能源领域数字化转型。推动能源产、运、储、销、用各环节设施的数字化升级，实施煤矿、油气田、油气管网、电厂、电网、油气储备库、终端用能等领域设备设施、工艺流程的数字化建设与改造。推进微电网等智慧能源技术试点示范应用。推动基于供需衔接、生产服务、监督管理等业务关系的数字平台建设，提升能源体系智能化水平。

（三）推动产业园区和产业集群数字化转型。引导产业园区加快数字基础设施建设，利用数字技术提升园区管理和服务能力。积极探索平台企业与产业园区联合运营模式，丰富技术、数据、平台、供应链等服务供给，提升线上线下相结合的资源共享水平，引导各类要素加快向园区集聚。围绕共性转型需求，推动共享制造平台在产业集群落地和规模化发展。探索发展跨越物理边界的"虚拟"产业园区和产业集群，加快产业资源虚拟化集聚、平台化运营和网络化协同，构建虚实结合的产业数字化新生态。依托京津冀、长三角、粤港澳大湾区、成渝地区双城经济圈等重点区域，统筹推进数字基础设施建设，探索建立各类产业集群跨区域、跨平台协同新机制，促进创新要素整合共享，构建创新协同、错位互补、供需联动的区域数字化发展生态，提升产业链供应链协同配套能力。

（四）培育转型支撑服务生态。建立市场化服务与公共服务双轮驱动，技术、资本、人才、数据等多要素支撑的数字化转型服务生态，解决企业"不会转"、"不能转"、"不敢转"的难题。面向重点行业和企业转型需求，培育推广一批数字化解决方案。聚焦转型咨询、标准制定、测试评估等方向，培育一批第三方专业化服务机构，提升数字化转型服务市场规模和活力。支持高校、龙头企业、行业协会等加强协同，建设综合测试验证环境，加强产业共性解决方案供给。建设数字化转型促进中心，衔接集聚各类资源条件，提供数字化转型公共服务，打造区域产业数字化创新综合体，带动传统产业数字化转型。

专栏 5　数字化转型支撑服务生态培育工程

1. 培育发展数字化解决方案供应商。面向中小微企业特点和需求，培育若干专业型数字化解决方案供应商，引导开发轻量化、易维护、低成本、一站式解决方案。培育若干服务能力强、集成水平高、具有国际竞争力的综合型数字化解决方案供应商。

2. 建设一批数字化转型促进中心。依托产业集群、园区、示范基地等建立公共数字化转型促进中心，开展数字化服务资源条件衔接集聚、优质解决方案展示推广、人才招聘及培养、测试试验、产业交流等公共服务。依托企业、产业联盟等建立开放型、专业化数字化转型促进中心，面向产业链上下游企业和行业内中小微企业提供供需撮合、转型咨询、定制化系统解决方案开发等市场化服务。制定完善数字化转型促进中心遴选、评估、考核等标准、程序和机制。

3. 创新转型支撑服务供给机制。鼓励各地因地制宜，探索建设数字化转型产品、服务、解决方案供给资源池，搭建转型供需对接平台，开展数字化转型服务券等创新，支持企业加快数字化转型。深入实施数字化转型伙伴行动计划，加快建立高校、龙头企业、产业联盟、行业协会等市场主体资源共享、分工协作的良性机制。

六、加快推动数字产业化

（一）增强关键技术创新能力。瞄准传感器、量子信息、网络通信、集成电路、关键软件、大数据、人工智能、区块链、新材料等战略性前瞻性领域，发挥我国社会主义制度优势、新型举国体制优势、超大规模市场优势，提高数字技术基础研发能力。以数字技术与各领域融合应用为导向，推动行业企业、平台企业和数字技术服务企业跨界创新，优化创新成果快速转化机制，加快创新技术的工程化、产业化。鼓励发展新型研发机构、企业创新联合体等新型创新主体，打造多元化参与、网络化协同、市场化运作的创新生态体系。支持具有自主核心技术的开源社区、开源平台、开源项目发展，推动创新资源共建共享，促进创新模式开放化演进。

专栏 6　数字技术创新突破工程

1. 补齐关键技术短板。优化和创新 "揭榜挂帅"等组织方式，集中突破高端芯片、操作系统、工业软件、核心算法与框架等领域关键核心技术，加强通用处理器、云计算系统和软件关键技术一体化研发。

2. 强化优势技术供给。支持建设各类产学研协同创新平台，打通贯穿基础研究、技术研发、中试熟化与产业化全过程的创新链，重点布局 5G、物联网、云计算、大数据、人工智能、区块链等领域，突破智能制造、数字孪生、城市大脑、边缘计算、脑机融合等集成技术。

3. 抢先布局前沿技术融合创新。推进前沿学科和交叉研究平台建设，重点布局下一代移动通信技术、量子信息、神经芯片、类脑智能、脱氧核糖核酸（DNA）存储、第三代半导体等新兴技术，推动信息、生物、材料、能源等领域技术融合和群体性突破。

（二）提升核心产业竞争力。着力提升基础软硬件、核心电子元器件、关键基础材料和生产装备的供给水平，强化关键产品自给保障能力。实施产业链强链补链行动，加强面向多元化应用场景的技术融合和产品创新，提升产业链关键环节竞争力，完善 5G、集成电路、新能源汽车、人工智能、工业互联网等重点产业供应链体系。深化新一代信息技术集成创新和融合应用，加快平台化、定制化、轻量化服务模式创新，打造新兴数字产业新优势。协同推进信息技术软硬件产品产业化、规模化应用，加快集成适配和迭代优化，推动软件产业做大做强，提升关键软硬件技术创新和供给能力。

（三）加快培育新业态新模式。推动平台经济健康发展，引导支持平台企业加强数据、产品、内容等资源整合共享，扩大协同办公、互联网医疗等在线服务覆盖面。深化共享经济在生活服务领域的应用，拓展创新、生产、供应链等资源共享新空间。发展基于数字技术的智能经济，加快优化智能化产品和服务运营，培育智慧销售、无人配送、智能制造、反向定制等新增长点。完善多元价值传递和贡献分配体系，有序引导多样化社交、短视频、知识分享等新型就业创业平台发展。

专栏 7　数字经济新业态培育工程

1. 持续壮大新兴在线服务。加快互联网医院发展，推广健康咨询、在线问诊、远程会诊等互联网医疗服务，规范推广基于智能康养设备的家庭健康监护、慢病管理、养老护理等新模式。推动远程协同办公产品和服务优化升级，推广电子合同、电子印章、电子签名、电子认证等应用。

2. 深入发展共享经济。鼓励共享出行等商业模式创新，培育线上高端品牌，探索错时共享、有偿共享新机制。培育发展共享制造平台，推进研发设计、制造能力、供应链管理等资源共享，发展可计量可交易的新型制造服务。

3. 鼓励发展智能经济。依托智慧街区、智慧商圈、智慧园区、智能工厂等建设，加强运营优化和商业模式创新，培育智能服务新增长点。稳步推进自动驾驶、无人配送、智能停车等应用，发展定制化、智慧化出行服务。

4. 有序引导新个体经济。支持线上多样化社交、短视频平台有序发展，鼓励微创新、微产品等创新模式。鼓励个人利用电子商务、社交软件、知识分享、音视频网站、创客等新型平台就业创业，促进灵活就业、副业创新。

（四）营造繁荣有序的产业创新生态。发挥数字经济领军企业的引领带动作用，加强资源共享和数据开放，推动线上线下相结合的创新协同、产能共享、供应链互通。鼓励开源社区、开发者平台等新型协作平台发展，培育大中小企业和社会开发者开放协作的数字产业创新生态，带动创新型企业快速壮大。以园区、行业、区域为整体推进产业创新服务平台建设，强化技术研发、标准制修订、测试评估、应用培训、创业孵化等优势资源汇聚，提升产业创新服务支撑水平。

七、持续提升公共服务数字化水平

（一）提高"互联网+政务服务"效能。全面提升全国一体化政务服务平台功能，加快推进政务服务标准化、规范化、便利化，持续提升政务服务数字化、智能化水平，实现利企便民高频服务事项"一网通办"。建立健全政务数据共享协调机制，加快数字身份统一认证和电子证照、电子签章、电子公文等互信互认，推进发票电子化改革，促进政务数据共享、流程优化和业务协同。推动政务服务线上线下整体联动、全流程在线、向基层深度拓展，提升服务便利化、共享化水平。开展政务数据与业务、服务深度融合创新，增强基于大数据的事项办理需求预测能力，打造主动式、多层次创新服务场景。聚焦公共卫生、社会安全、应急管理等领域，深化数字技术应用，实现重大突发公共事件的快速响应和联动处置。

（二）提升社会服务数字化普惠水平。加快推动文化教育、医疗健康、会展旅游、体育健身等领域公共服务资源数字化供给和网络化服务，促进优质资源共享复用。充分运用新型数字技术，强化就业、养老、儿童福利、托育、家政等民生领域供需对接，进一步优化资源配置。发展智慧广电网络，加快推进全国有线电视网络整合和升级改造。深入开展电信普遍服务试点，提升农村及偏远地区网络覆盖水平。加强面向革命老区、民族地区、边疆地区、脱贫地区的远程服务，拓展教育、医疗、社保、对口帮扶等服务内容，助力基本公共服务均等化。加强信息无障碍建设，提升面向特殊群体的数字化社会服务能力。促进社会服务和数字平台深度融合，探索多领域跨界合作，推动医养结合、文教结合、体医结合、文旅融合。

专栏 8　社会服务数字化提升工程

1. 深入推进智慧教育。推进教育新型基础设施建设，构建高质量教育支撑体系。深入推进智慧教育示范区建设，进一步完善国家数字教育资源公共服务体系，提升在线教育支撑服务能力，推动"互联网+教育"持续健康发展，充分依托互联网、广播电视网络等渠道推进优质教育资源覆盖农村及偏远地区学校。

2. 加快发展数字健康服务。加快完善电子健康档案、电子处方等数据库，推进医疗数据共建共享。推进医疗机构数字化、智能化转型，加快建设智慧医院，推广远程医疗。精准对接和满足群众多层次、多样化、个性化医疗健康服务需求，发展远程化、定制化、智能化数字健康新业态，提升"互联网+医疗健康"服务水平。

3. 以数字化推动文化和旅游融合发展。加快优秀文化和旅游资源的数字化转化和开发，推动景区、博物馆等发展线上数字化体验产品，发展线上演播、云展览、沉浸式体验等新型文旅服务，培育一批具有广泛影响力的数字文化品牌。

4. 加快推进智慧社区建设。充分依托已有资源，推动建设集约化、联网规范化、应用智能化、资源社会化，实现系统集成、数据共享和业务协同，更好提供政务、商超、家政、托育、养老、物业等社区服务资源，扩大感知智能技术应用，推动社区服务智能化，提升城乡社区服务效能。

5. 提升社会保障服务数字化水平。完善社会保障大数据应用，开展跨地区、跨部门、跨层级数据共享应用，加快实现"跨省通办"。健全风险防控分类管理，加强业务运行监测，构建制度化、常态化数据核查机制。加快推进社保经办数字化转型，为参保单位和个人搭建数字全景图，支持个性服务和精准监管。

（三）推动数字城乡融合发展。统筹推动新型智慧城市和数字乡村建设，协同优化城乡公共服务。深化新型智慧城市建设，推动城市数据整合共享和业务协同，提升城市综合管理服务能力，完善城市信息模型平台和运行管理服务平台，因地制宜构建数字孪生城市。加快城市智能设施向乡村延伸覆盖，

完善农村地区信息化服务供给，推进城乡要素双向自由流动，合理配置公共资源，形成以城带乡、共建共享的数字城乡融合发展格局。构建城乡常住人口动态统计发布机制，利用数字化手段助力提升城乡基本公共服务水平。

专栏 9　新型智慧城市和数字乡村建设工程

1. 分级分类推进新型智慧城市建设。结合新型智慧城市评价结果和实践成效，遴选有条件的地区建设一批新型智慧城市示范工程，围绕惠民服务、精准治理、产业发展、生态宜居、应急管理等领域打造高水平新型智慧城市样板，着力突破数据融合难、业务协同难、应急联动难等痛点问题。

2. 强化新型智慧城市统筹规划和建设运营。加强新型智慧城市总体规划与顶层设计，创新智慧城市建设、应用、运营等模式，建立完善智慧城市的绩效管理、发展评价、标准规范体系，推进智慧城市规划、设计、建设、运营的一体化、协同化，建立智慧城市长效发展的运营机制。

3. 提升信息惠农服务水平。构建乡村综合信息服务体系，丰富市场、科技、金融、就业培训等涉农信息服务内容，推进乡村教育信息化应用，推进农业生产、市场交易、信贷保险、农村生活等数字化应用。

4. 推进乡村治理数字化，推动基本公共服务更好向乡村延伸，推进涉农服务事项线上线下一体化办理。推动农业农村大数据应用，强化市场预警、政策评估、监管执法、资源管理、舆情分析、应急管理等领域的决策支持服务。

（四）打造智慧共享的新型数字生活。加快既有住宅和社区设施数字化改造，鼓励新建小区同步规划建设智能系统，打造智能楼宇、智能停车场、智能充电桩、智能垃圾箱等公共设施。引导智能家居产品互联互通，促进家居产品与家居环境智能互动，丰富"一键控制"、"一声响应"的数字家庭生活应用。加强超高清电视普及应用，发展互动视频、沉浸式视频、云游戏等新业态。创新发展"云生活"服务，深化人工智能、虚拟现实、8K 高清视频等技术的融合，拓展社交、购物、娱乐、展览等领域的应用，促进生活消费品质升级。鼓励建设智慧社区和智慧服务生活圈，推动公共服务资源整合，提升专业化、市场化服务水平。支持实体消费场所建设数字化消费新场景，推广智慧导览、智能导流、虚实交互体验、非接触式服务等应用，提升场景消费体验。培育一批新型消费示范城市和领先企业，打造数字产品服务展示交流和技能培训中心，培养全民数字消费意识和习惯。

八、健全完善数字经济治理体系

（一）强化协同治理和监管机制。规范数字经济发展，坚持发展和监管两手抓。探索建立与数字经济持续健康发展相适应的治理方式，制定更加灵活有效的政策措施，创新协同治理模式。明晰主管部门、监管机构职责，强化跨部门、跨层级、跨区域协同监管，明确监管范围和统一规则，加强分工合作与协调配合。深化"放管服"改革，优化营商环境，分类清理规范不适应数字经济发展需要的行政许可、资质资格等事项，进一步释放市场主体创新活力和内生动力。鼓励和督促企业诚信经营，强化以信用为基础的数字经济市场监管，建立完善信用档案，推进政企联动、行业联动的信用共享共治。加强征信建设，提升征信服务供给能力。加快建立全方位、多层次、立体化监管体系，实现事前事中事后全链条全领域监管，完善协同会商机制，有效打击数字经济领域违法犯罪行为。加强跨部门、跨区域分工协作，推动监管数据采集和共享利用，提升监管的开放、透明、法治水平。探索开展跨场景跨业务跨部门联合监管试点，创新基于新技术手段的监管模式，建立健全触发式监管机制。加强税收监管和税务稽查。

（二）增强政府数字化治理能力。加大政务信息化建设统筹力度，强化政府数字化治理和服务能力建设，有效发挥对规范市场、鼓励创新、保护消费者权益的支撑作用。建立完善基于大数据、人工智能、区块链等新技术的统计监测和决策分析体系，提升数字经济治理的精准性、协调性和有效性。推进完善风险应急响应处置流程和机制，强化重大问题研判和风险预警，提升系统性风险防范水平。探索建立适应平台经济特点的监管机制，推动线上线下监管有效衔接，强化对平台经营者及其行为的监管。

专栏 10　数字经济治理能力提升工程

1. 加强数字经济统计监测。基于数字经济及其核心产业统计分类，界定数字经济统计范围，建立数字经济统计监测制度，组织实施数字经济统计监测。定期开展数字经济核心产业核算，准确反映数字经济核心产业发展规模、速度、结构等情况。探索开展产业数字化发展状况评估。

2. 加强重大问题研判和风险预警。整合各相关部门和地方风险监测预警能力，健全完善风险发现、研判会商、协同处置等工作机制，发挥平台企业和专业研究机构等力量的作用，有效监测和防范大数据、人工智能等技术滥用可能引发的经济、社会和道德风险。

3. 构建数字服务监管体系。加强对平台治理、人工智能伦理等问题的研究，及时跟踪研判数字技术创新应用发展趋势，推动完善数字中介服务、工业 APP、云计算等数字技术和服务监管规则。探索大数据、人工智能、区块链等数字技术在监管领域的应用。强化产权和知识产权保护，严厉打击网络侵权和盗版行为，营造有利于创新的发展环境。

（三）完善多元共治新格局。建立完善政府、平台、企业、行业组织和社会公众多元参与、有效协同的数字经济治理新格局，形成治理合力，鼓励良性竞争，维护公平有效市场。加快健全市场准入制度、公平竞争审查机制，完善数字经济公平竞争监管制度，预防和制止滥用行政权力排除限制竞争。进一步明确平台企业主体责任和义务，推进行业服务标准建设和行业自律，保护平台从业人员和消费者合法权益。开展社会监督、媒体监督、公众监督，培育多元治理、协调发展新生态。鼓励建立争议在线解决机制和渠道，制定并公示争议解决规则。引导社会各界积极参与推动数字经济治理，加强和改进反垄断执法，畅通多元主体诉求表达、权益保障渠道，及时化解矛盾纠纷，维护公众利益和社会稳定。

专栏 11　多元协同治理能力提升工程

1. 强化平台治理。科学界定平台责任与义务，引导平台经营者加强内部管理和安全保障，强化平台在数据安全和隐私保护、商品质量保障、食品安全保障、劳动保护等方面的责任，研究制定相关措施，有效防范潜在的技术、经济和社会风险。

2. 引导行业自律。积极支持和引导行业协会等社会组织参与数字经济治理，鼓励出台行业标准规范、自律公约，并依法依规参与纠纷处理，规范行业企业经营行为。

3. 保护市场主体权益。保护数字经济领域各类市场主体尤其是中小微企业和平台从业人员的合法权益、发展机会和创新活力，规范网络广告、价格标示、宣传促销等行为。

4. 完善社会参与机制。拓宽消费者和群众参与渠道，完善社会举报监督机制，推动主管部门、平台经营者等及时回应社会关切，合理引导预期。

九、着力强化数字经济安全体系

（一）增强网络安全防护能力。强化落实网络安全技术措施同步规划、同步建设、同步使用的要求，确保重要系统和设施安全有序运行。加强网络安全基础设施建设，强化跨领域网络安全信息共享和工作协同，健全完善网络安全应急事件预警通报机制，提升网络安全态势感知、威胁发现、应急指挥、协同处置和攻击溯源能力。提升网络安全应急处置能力，加强电信、金融、能源、交通运输、水利等重要行业领域关键信息基础设施网络安全防护能力，支持开展常态化安全风险评估，加强网络安全等级保护和密码应用安全性评估。支持网络安全保护技术和产品研发应用，推广使用安全可靠的信息产品、服务和解决方案。强化针对新技术、新应用的安全研究管理，为新产业新业态新模式健康发展提供保障。加快发展网络安全产业体系，促进拟态防御、数据加密等网络安全技术应用。加强网络安全宣传教育和人才培养，支持发展社会化网络安全服务。

（二）提升数据安全保障水平。建立健全数据安全治理体系，研究完善行业数据安全管理政策。建立数据分类分级保护制度，研究推进数据安全标准体系建设，规范数据采集、传输、存储、处理、共享、销毁全生命周期管理，推动数据使用者落实数据安全保护责任。依法依规加强政务数据安全保护，做好政务数据开放和社会化利用的安全管理。依法依规做好网络安全审查、云计算服务安全评估等，有效防范国家安全风险。健全完善数据跨境流动安全管理相关制度规范。推动提升重要设施设备的安全可靠水平，增强重点行业数据安全保障能力。进一步强化个人信息保护，规范身份信息、隐私信息、生物特征信息的采集、传输和使用，加强对收集使用个人信息的安全监管能力。

（三）切实有效防范各类风险。强化数字经济安全风险综合研判，防范各类风险叠加可能引发的经济风险、技术风险和社会稳定问题。引导社会资本投向原创性、引领性创新领域，避免低水平重复、同质化竞争、盲目跟风炒作等，支持可持续发展的业态和模式创新。坚持金融活动全部纳入金融监管，加强动态监测，规范数字金融有序创新，严防衍生业务风险。推动关键产品多元化供给，着力提高产业链供应链韧性，增强产业体系抗冲击能力。引导企业在法律合规、数据管理、新技术应用等领域完善自律机制，防范数字技术应用风险。健全失业保险、社会救助制度，完善灵活就业的工伤保险制度。健全灵活就业人员参加社会保险制度和劳动者权益保障制度，推进灵活就业人员参加住房公积金制度试点。探索建立新业态企业劳动保障信用评价、守信激励和失信惩戒等制度。着力推动数字经济普惠共享发展，健全完善针对未成年人、老年人等各类特殊群体的网络保护机制。

十、有效拓展数字经济国际合作

（一）加快贸易数字化发展。以数字化驱动贸易主体转型和贸易方式变革，营造贸易数字化良好环境。完善数字贸易促进政策，加强制度供给和法律保障。加大服务业开放力度，探索放宽数字经济新业态准入，引进全球服务业跨国公司在华设立运营总部、研发设计中心、采购物流中心、结算中心，积极引进优质外资企业和创业团队，加强国际创新资源"引进来"。依托自由贸易试验区、数字服务出口基地和海南自由贸易港，针对跨境寄递物流、跨境支付和供应链管理等典型场景，构建安全便利的国际互联网数据专用通道和国际化数据信息专用通道。大力发展跨境电商，扎实推进跨境电商综合试验区建设，积极鼓励各业务环节探索创新，培育壮大一批跨境电商龙头企业、海外仓领军企业和优秀产业园区，打造跨境电商产业链和生态圈。

（二）推动"数字丝绸之路"深入发展。加强统筹谋划，高质量推动中国—东盟智慧城市合作、中国—中东欧数字经济合作。围绕多双边经贸合作协定，构建贸易投资开放新格局，拓展与东盟、欧盟的数字经济合作伙伴关系，与非盟和非洲国家研究开展数字经济领域合作。统筹开展境外数字基础设施合作，结合当地需求和条件，与共建"一带一路"国家开展跨境光缆建设合作，保障网络基础设施互联互通。构建基于区块链的可信服务网络和应用支撑平台，为广泛开展数字经济合作提供基础保障。推动数据存储、智能计算等新兴服务能力全球化发展。加大金融、物流、电子商务等领域的合作模式创新，支持我国数字经济企业"走出去"，积极参与国际合作。

（三）积极构建良好国际合作环境。倡导构建和平、安全、开放、合作、有序的网络空间命运共同体，积极维护网络空间主权，加强网络空间国际合作。加快研究制定符合我国国情的数字经济相关标准和治理规则。依托双边和多边合作机制，开展数字经济标准国际协调和数字经济治理合作。积极借鉴国际规则和经验，围绕数据跨境流动、市场准入、反垄断、数字人民币、数据隐私保护等重大问题探索建立治理规则。深化政府间数字经济政策交流对话，建立多边数字经济合作伙伴关系，主动参与国际组织数字经济议题谈判，拓展前沿领域合作。构建商事协调、法律顾问、知识产权等专业化中介服务机制和公共服务平台，防范各类涉外经贸法律风险，为出海企业保驾护航。

十一、保障措施

（一）加强统筹协调和组织实施。建立数字经济发展部际协调机制，加强形势研判，协调解决重大问题，务实推进规划的贯彻实施。各地方要立足本地区实际，健全工作推进协调机制，增强发展数字经济本领，推动数字经济更好服务和融入新发展格局。进一步加强对数字经济发展政策的解读与宣传，深化数字经济理论和实践研究，完善统计测度和评价体系。各部门要充分整合现有资源，加强跨部门协调沟通，有效调动各方面的积极性。

（二）加大资金支持力度。加大对数字经济薄弱环节的投入，突破制约数字经济发展的短板与瓶颈，建立推动数字经济发展的长效机制。拓展多元投融资渠道，鼓励企业开展技术创新。鼓励引导社会资本设立市场化运作的数字经济细分领域基金，支持符合条件的数字经济企业进入多层次资本市场进行融资，鼓励银行业金融机构创新产品和服务，加大对数字经济核心产业的支持力度。加强对各类资金的统筹引导，提升投资质量和效益。

（三）提升全民数字素养和技能。实施全民数字素养与技能提升计划，扩大优质数字资源供给，鼓励公共数字资源更大范围向社会开放。推进中小学信息技术课程建设，加强职业院校（含技工院校）数字技术技能类人才培养，深化数字经济领域新工科、新文科建设，支持企业与院校共建一批现代产业学院、联合实验室、实习基地等，发展订单制、现代学徒制等多元化人才培养模式。制定实施数字技能提升专项培训计划，提高老年人、残障人士等运用数字技术的能力，切实解决老年人、残障人士面临的困难。提高公民网络文明素养，强化数字社会道德规范。鼓励将数字经济领域人才纳入各类人才计划支持范围，积极探索高效灵活的人才引进、培养、评价及激励政策。

（四）实施试点示范。统筹推动数字经济试点示范，完善创新资源高效配置机制，构建引领性数字经济产业集聚高地。鼓励各地区、各部门积极探索适应数字经济发展趋势的改革举措，采取有效方式和管用措施，形成一批可复制推广的经验做法和制度性成果。支持各地区结合本地区实际情况，综合采取产业、财政、科研、人才等政策手段，不断完善与数字经济发展相适应的政策法规体系、公共服务体系、产业生态体系和技术创新体系。鼓励跨区域交流合作，适时总结推广各类示范区经验，加强标杆示范引领，形成以点带面的良好局面。

（五）强化监测评估。各地区、各部门要结合本地区、本行业实际，抓紧制定出台相关配套政策并推动落地。要加强对规划落实情况的跟踪监测和成效分析，抓好重大任务推进实施，及时总结工作进展。国家发展改革委、中央网信办、工业和信息化部要会同有关部门加强调查研究和督促指导，适时组织开展评估，推动各项任务落实到位，重大事项及时向国务院报告。

2.12　《"十四五"数字经济发展规划》解读

《中华人民共和国国民经济和社会发展第十四个五年规划和 2035 年远景目标纲要》提出，打造数字经济新优势，加快数字化发展，建设数字中国。2022 年 1 月 12 日，国务院发布了《"十四五"数字经济发展规划》（本节以下称《规划》），以应对新形势新挑战，把握数字化发展新机遇，拓展经济发展新空间，推动我国数字经济健康发展。

一、政策背景

《规划》出台前的若干年来，数字经济发展速度之快、辐射范围之广、影响程度之深前所未有，正推动生产方式、生活方式和治理方式进行深刻变革。数字经济已经成为重组全球要素资源、重塑全球经济结构、改变全球竞争格局的关键力量。

"十三五"时期，我国深入实施数字经济发展战略，不断完善数字基础设施，加快培育新业态新模式，推进数字产业化和产业数字化取得积极成效。2020 年，我国数字经济核心产业增加值占国内生产总值（GDP）的比重达到7.8%，数字经济为经济社会持续健康发展提供了强大动力。我国信息基础设施全球领先，产业数字化转型稳步推进，新业态新模式竞相发展，数字政府建设成效显著，数字经济国际合作不断深化。

与此同时，我国数字经济发展也面临一些问题和挑战，主要是关键领域创新能力不足，产业链供应链受制于人的局面尚未根本改变；不同行业、不同区域、不同群体间数字鸿沟未有效弥合，甚至有进一步扩大趋势；数据资源规模庞大，但价值潜力还没有充分释放；数字经济治理体系需进一步完善。

放眼全世界，众多发达国家均高度重视发展数字经济，纷纷出台战略规划，采取各种举措打造竞争新优势，重塑数字时代的国际新格局。为了推动我国数字经济健康发展，在与世界各国的竞争合作中占领有利位置，必须出台一个宏观发展规划。

二、主要内容

第一，总体要求。指导思想方面，具体要求以数据为关键要素，以数字技术与实体经济深度融合为主线，加强数字基础设施建设，完善数字经济治理体系，协同推进数字产业化和产业数字化，赋能传统产业转型升级，培育新产业新业态新模式，不断做强做优做大我国数字经济，为构建数字中国提供有力支撑。其基本原则包括：①坚持创新引领、融合发展；②坚持应用牵引、数据赋能；③坚持公平竞争、安全有序；④坚持系统推进、协同高效。其发展目标是到 2025 年，数字经济迈向全面扩展期，数字经济核心产业增加值占 GDP 比重达到 10%，数字化创新引领发展能力大幅提升，智能化水平明显增强，数字技术与实体经济融合取得显著成效，数字经济治理体系更加完善，我国数字经济竞争力和影响力稳步提升。

第二，重点任务。共 8 项，分别为：①优化升级数字基础设施。建设高速泛在、天地一体、云网融合、智能敏捷、绿色低碳、安全可控的智能化综合性数字信息基础设施，有序推进骨干网扩容，推进云网协同和算网融合发展，布局全国一体化算力网络国家枢纽节点，加快实施"东数西算"工程，有序推进基础设施智能升级。②充分发挥数据要素作用。强化高质量数据要素供给，加快数据要素市场化流通，鼓励市场主体探索数据资产定价机制，规范数据交易管理，创新数据要素开发利用机制，通过数据开放、特许开发、授权应用等方式，鼓励更多社会力量进行增值开发利用数据。③大力推进产业数字化转型。加快企业数字化转型升级，全面深化重点产业数字化转型，推动产业园区和产业集群数字化转型，培育转型支撑服务生态。④加快推动数字产业化。增强关键技术创新能力，提升核心产业竞争力，加快培育新业态新模式，营造繁荣有序的产业创新生态。⑤持续提升公共服务数字化水平。提高"互联网+政务服务"效能，提升社会服务数字化普惠水平，打造智慧共享的新型数字生活。⑥健全完善数字经济治理体系。强化协同治理和监管机制，增强政府数字化治理能力，完善多元共治新格局。⑦着力强化数字经济安全体系。增强网络安全防护能力，提升数据安全保障水平，切实有效防范各类风险。⑧有效拓展数字经济国际合作。加快贸易数字化发展，推动"数字丝绸之路"深入发展，积极构建良好国际合作环境。

第三，保障措施。为保障《规划》顺利实施，文件最后提出了 5 项保障措施，这些措施既是保障性的，也是发展数字经济本身的内在要求，甚至是发展数字经济的一部分，对于确保《规划》落地实施具有很强的保驾护航作用。措施主要包括：①加强统筹协调和组织实施。建立数字经济发展部际协调机制，加强解读与宣传，深化理论和实践研究，完善统计测度和评价体系。②加大资金支持力度。建立推动数字经济发展的长效机制，拓展多元投融资渠道，鼓励引导社会资本设立市场化运作的数字经济细分领域基金。③提升全民数字素养和技能。实施全民数字素养与技能提升计划，推进中小学信息技术课程建设，加强职业院校数字技术技能类人才培养。④实施试点示范。统筹推动数字经济试点示范，完善创新资源高效配置机制。⑤强化监测评估。

抓紧制定出台相关配套政策并推动落地，加强对规划落实情况的跟踪监测和成效分析，抓好重大任务推进实施。

三、影响及成效

一是形成规划组织实施的统筹协调机制。从国家部委层面上来看，落实《规划》将建立部际协调机制，各地方也将按照国家部委的模式健全工作推进协调机制，各级干部在推动数字经济发展方面的能力将持续提升。关于数字经济的统计测度和评价体系也将逐步完善。

二是形成较大的资金支持力度。国家将通过多元投融资渠道，支持企业开展技术创新。社会资本也将被引入，数字经济企业将更容易地进入多层次资本市场以获取融资。同时，银行业金融机构也将致力于创新产品和服务，加大对数字经济核心产业的支持力度。

三是形成一批试点示范。数字经济试点示范将由主管部委统筹推进，构建一批引领性数字经济产业集聚高地，形成一批可复制推广的经验做法和制度性成果，形成一系列与数字经济发展相适应的政策法规体系、公共服务体系、产业生态体系和技术创新体系。跨区域交流合作逐步增多，标杆示范引领作用得到加强。

四是产业数字化、数字产业化齐头并进。从产业数字化看，很多企业已经实现了数字化转型，《规划》实施后将有更多企业进行数字化转型，以提高效率、节约成本、改进质量；除企业外，重点产业数字化转型也将全面深化，产业园区和产业集群也都将实现数字化转型，转型支撑服务生态逐步形成。从数字产业化看，以数字技术与各领域融合应用为导向，行业企业、平台企业和数字技术服务企业跨界创新将不断涌现；新型研发机构、企业创新联合体等多元化参与、网络化协同、市场化运作的创新生态体系将逐步被构建；基础软硬件、核心电子元器件、关键基础材料和生产装备的供给水平将得到提升，关键产品自给保障能力将得到强化。

五是公共服务数字化水平不断提升。这既关系到政府的管理服务水平，也关系到企业和居民的切身感受。"互联网+政务服务"效能持续提升，政务数据共享协调机制不断健全，政务数据共享、流程优化和业务协同水平不断提升。随着社会公共服务数字化普惠水平不断提升，新型智慧城市和数字乡村建设统筹推进，城乡公共服务也在不断协同优化。城市信息模型平台和运行管理服务平台不断完善，出现一批数字孪生城市。

六是数字经济安全体系不断被强化。网络安全技术措施的同步规划、同步建设、同步使用，确保了重要系统和设施安全有序运行。网络安全基础设施建设继续加强，跨领域网络安全信息共享和工作协同机制将得到强化。网络安全应急处置能力不断提升，安全风险评估工作也在逐步实现常态化。网络安全保护技术和产品研发应用已成为重点支持的领域，特别是拟态防御、数据加密等网络安全技术应用获得国家层面的更多支持。原创性、引领性创新领域是国家支持的方向，低水平重复、同质化竞争、盲目跟风炒作等现象将被抑制。

七是数字经济国际合作不断拓展。数字化将驱动贸易主体转型和贸易方式变革，形成贸易数字化环境。国家将完善数字贸易促进政策，加大服务业开放力度，探索放宽对数字经济新业态的市场准入条件，加强国际创新资源"引进来"。国家将构建安全便利的国际互联网数据专用通道和国际化数据信息专用通道。在国际合作方面，我国将统筹开展境外数字基础设施合作，与共建"一带一路"倡议国家开展跨境光缆建设合作，保障网络基础设施互联互通，推动"数字丝绸之路"建设实现深入发展。此外，国家将构建基于区块链的可信服务网络和应用支撑平台，为广泛开展数字经济合作提供基础保障。国家也会加大金融、物流、电子商务等领域的合作模式创新力度，支持我国数字经济企业"走出去"，积极参与国际合作，以实现互利共赢。

2.13　《中共中央、国务院关于构建数据基础制度更好发挥数据要素作用的意见》

（2022 年 12 月 2 日）

数据作为新型生产要素，是数字化、网络化、智能化的基础，已快速融入生产、分配、流通、消费和社会服务管理等各环节，深刻改变着生产方式、生活方式和社会治理方式。数据基础制度建设事关国家发展和安全大局。为加快构建数据基础制度，充分发挥我国海量数据规模和丰富应用场景优势，激活数据要素潜能，做强做优做大数字经济，增强经济发展新动能，构筑国家竞争新优势，现提出如下意见。

一、总体要求

（一）指导思想。以习近平新时代中国特色社会主义思想为指导，深入贯彻党的二十大精神，完整、准确、全面贯彻新发展理念，加快构建新发展格局，坚持改革创新、系统谋划，以维护国家数据安全、保护个人信息和商业秘密为前提，以促进数据合规高效流通使用、赋能实体经济为主线，以数据产权、流通交易、收益分配、安全治理为重点，深入参与国际高标准数字规则制定，构建适应数据特征、符合数字经济发展规律、保障国家数据安全、彰显创新引领的数据基础制度，充分实现数据要素价值、促进全体人民共享数字经济发展红利，为深化创新驱动、推动高质量发展、推进国家治理体系和治理能力现代化提供有力支撑。

（二）工作原则

——遵循发展规律，创新制度安排。充分认识和把握数据产权、流通、交易、使用、分配、治理、安全等基本规律，探索有利于数据安全保护、有效利用、合规流通的产权制度和市场体系，完善数据要素市场体制机制，在实践中完善，在探索中发展，促进形成与数字生产力相适应的新型生产关系。

——坚持共享共用，释放价值红利。合理降低市场主体获取数据的门槛，增强数据要素共享性、普惠性，激励创新创业创造，强化反垄断和反不正当竞争，形成依法规范、共同参与、各取所需、共享红利的发展模式。

——强化优质供给，促进合规流通。顺应经济社会数字化转型发展趋势，推动数据要素供给调整优化，提高数据要素供给数量和质量。建立数据可信流通体系，增强数据的可用、可信、可流通、可追溯水平。实现数据流通全过程动态管理，在合规流通使用中激活数据价值。

——完善治理体系，保障安全发展。统筹发展和安全，贯彻总体国家安全观，强化数据安全保障体系建设，把安全贯穿数据供给、流通、使用全过程，划定监管底线和红线。加强数据分类分级管理，把该管的管住、该放的放开，积极有效防范和化解各种数据风险，形成政府监管与市场自律、法治与行业自治协同、国内与国际统筹的数据要素治理结构。

——深化开放合作，实现互利共赢。积极参与数据跨境流动国际规则制定，探索加入区域性国际数据跨境流动制度安排。推动数据跨境流动双边多边协商，推进建立互利互惠的规则等制度安排。鼓励探索数据跨境流动与合作的新途径新模式。

二、建立保障权益、合规使用的数据产权制度

探索建立数据产权制度，推动数据产权结构性分置和有序流通，结合数据要素特性强化高质量数据要素供给；在国家数据分类分级保护制度下，推进数据分类分级确权授权使用和市场化流通交易，健全数据要素权益保护制度，逐步形成具有中国特色的数据产权制度体系。

（三）探索数据产权结构性分置制度。建立公共数据、企业数据、个人数据的分类分级确权授权制度。根据数据来源和数据生成特征，分别界定数据生产、流通、使用过程中各参与方享有的合法权利，建立数据资源持有权、

数据加工使用权、数据产品经营权等分置的产权运行机制，推进非公共数据按市场化方式"共同使用、共享收益"的新模式，为激活数据要素价值创造和价值实现提供基础性制度保障。研究数据产权登记新方式。在保障安全前提下，推动数据处理者依法依规对原始数据进行开发利用，支持数据处理者依法依规行使数据应用相关权利，促进数据使用价值复用与充分利用，促进数据使用权交换和市场化流通。审慎对待原始数据的流转交易行为。

（四）推进实施公共数据确权授权机制。对各级党政机关、企事业单位依法履职或提供公共服务过程中产生的公共数据，加强汇聚共享和开放开发，强化统筹授权使用和管理，推进互联互通，打破"数据孤岛"。鼓励公共数据在保护个人隐私和确保公共安全的前提下，按照"原始数据不出域、数据可用不可见"的要求，以模型、核验等产品和服务等形式向社会提供，对不承载个人信息和不影响公共安全的公共数据，推动按用途加大供给使用范围。推动用于公共治理、公益事业的公共数据有条件无偿使用，探索用于产业发展、行业发展的公共数据有条件有偿使用。依法依规予以保密的公共数据不予开放，严格管控未依法依规公开的原始公共数据直接进入市场，保障公共数据供给使用的公共利益。

（五）推动建立企业数据确权授权机制。对各类市场主体在生产经营活动中采集加工的不涉及个人信息和公共利益的数据，市场主体享有依法依规持有、使用、获取收益的权益，保障其投入的劳动和其他要素贡献获得合理回报，加强数据要素供给激励。鼓励探索企业数据授权使用新模式，发挥国有企业带头作用，引导行业龙头企业、互联网平台企业发挥带动作用，促进与中小微企业双向公平授权，共同合理使用数据，赋能中小微企业数字化转型。支持第三方机构、中介服务组织加强数据采集和质量评估标准制定，推动数据产品标准化，发展数据分析、数据服务等产业。政府部门履职可依法依规获取相关企业和机构数据，但须约定并严格遵守使用限制要求。

（六）建立健全个人信息数据确权授权机制。对承载个人信息的数据，推动数据处理者按照个人授权范围依法依规采集、持有、托管和使用数据，规范对个人信息的处理活动，不得采取"一揽子授权"、强制同意等方式过度收集个人信息，促进个人信息合理利用。探索由受托者代表个人利益，监督市场主体对个人信息数据进行采集、加工、使用的机制。对涉及国家安全的特殊个人信息数据，可依法依规授权有关单位使用。加大个人信息保护力度，推动重点行业建立完善长效保护机制，强化企业主体责任，规范企业采集使用个人信息行为。创新技术手段，推动个人信息匿名化处理，保障使用个人信息数据时的信息安全和个人隐私。

（七）建立健全数据要素各参与方合法权益保护制度。充分保护数据来源者合法权益，推动基于知情同意或存在法定事由的数据流通使用模式，保障数据来源者享有获取或复制转移由其促成产生数据的权益。合理保护数据处理者对依法依规持有的数据进行自主管控的权益。在保护公共利益、数据安全、数据来源者合法权益的前提下，承认和保护依照法律规定或合同约定获取的数据加工使用权，尊重数据采集、加工等数据处理者的劳动和其他要素贡献，充分保障数据处理者使用数据和获得收益的权利。保护经加工、分析等形成数据或数据衍生产品的经营权，依法依规规范数据处理者许可他人使用数据或数据衍生产品的权利，促进数据要素流通复用。建立健全基于法律规定或合同约定流转数据相关财产性权益的机制。在数据处理者发生合并、分立、解散、被宣告破产时，推动相关权利和义务依法依规同步转移。

三、建立合规高效、场内外结合的数据要素流通和交易制度

完善和规范数据流通规则，构建促进使用和流通、场内场外相结合的交易制度体系，规范引导场外交易，培育壮大场内交易；有序发展数据跨境流通和交易，建立数据来源可确认、使用范围可界定、流通过程可追溯、安全风险可防范的数据可信流通体系。

（八）完善数据全流程合规与监管规则体系。建立数据流通准入标准规则，强化市场主体数据全流程合规治理，确保流通数据来源合法、隐私保护到位、流通和交易规范。结合数据流通范围、影响程度、潜在风险，区分使用场景和用途用量，建立数据分类分级授权使用规范，探索开展数据质量标准化体系建设，加快推进数据采集和接口标准化，促进数据整合互通和互操作。支持数据处理者依法依规在场内和场外采取开放、共享、交换、交易等方式流通数据。鼓励探索数据流通安全保障技术、标准、方案。支持探索多样化、符合数据要素特性的定价模式和价格形成机制，推动用于数字化发展的公共数据按政府指导定价有偿使用，企业与个人信息数据市场自主定价。加强企业数据合规体系建设和监管，严厉打击黑市交易，取缔数据流通非法产业。建立实施数据安全管理认证制度，引导企业通过认证提升数据安全管理水平。

（九）统筹构建规范高效的数据交易场所。加强数据交易场所体系设计，统筹优化数据交易场所的规划布局，严控交易场所数量。出台数据交易场所管理办法，建立健全数据交易规则，制定全国统一的数据交易、安全等标准体系，降低交易成本。引导多种类型的数据交易场所共同发展，突出国家级数据交易场所合规监管和基础服务功能，强化其公共属性和公益定位，推进数据交易场所与数据商功能分离，鼓励各类数据商进场交易。规范各地区各部门设立的区域性数据交易场所和行业性数据交易平台，构建多层次市场交易体系，推动区域性、行业性数据流通使用。促进区域性数据交易场所和行业性数据交易平台与国家级数据交易场所互联互通。构建集约高效的数据流通基础设施，为场内集中交易和场外分散交易提供低成本、高效率、可信赖的流通环境。

（十）培育数据要素流通和交易服务生态。围绕促进数据要素合规高效、安全有序流通和交易需要，培育一批数据商和第三方专业服务机构。通过数据商，为数据交易双方提供数据产品开发、发布、承销和数据资产的合规化、标准化、增值化服务，促进提高数据交易效率。在智能制造、节能降碳、绿色建造、新能源、智慧城市等重点领域，大力培育贴近业务需求的行业性、产业化数据商，鼓励多种所有制数据商共同发展、平等竞争。有序培育数据集成、数据经纪、合规认证、安全审计、数据公证、数据保险、数据托管、资产评估、争议仲裁、风险评估、人才培训等第三方专业服务机构，提升数据流通和交易全流程服务能力。

（十一）构建数据安全合规有序跨境流通机制。开展数据交互、业务互通、监管互认、服务共享等方面国际交流合作，推进跨境数字贸易基础设施建设，以《全球数据安全倡议》为基础，积极参与数据流动、数据安全、认证评估、数字货币等国际规则和数字技术标准制定。坚持开放发展，推动数据跨境双向有序流动，鼓励国内外企业及组织依法依规开展数据跨境流动业务合作，支持外资依法依规进入开放领域，推动形成公平竞争的国际化市场。针对跨境电商、跨境支付、供应链管理、服务外包等典型应用场景，探索安全规范的数据跨境流动方式。统筹数据开发利用和数据安全保护，探索建立跨境数据分类分级管理机制。对影响或者可能影响国家安全的数据处理、数据跨境传输、外资并购等活动依法依规进行国家安全审查。按照对等原则，对维护国家安全和利益、履行国际义务相关的属于管制物项的数据依法依规实施出口管制，保障数据用于合法用途，防范数据出境安全风险。探索构建多渠道、便利化的数据跨境流动监管机制，健全多部门协调配合的数据跨境流动监管体系。反对数据霸权和数据保护主义，有效应对数据领域"长臂管辖"。

四、建立体现效率、促进公平的数据要素收益分配制度

顺应数字产业化、产业数字化发展趋势，充分发挥市场在资源配置中的决定性作用，更好发挥政府作用。完善数据要素市场化配置机制，扩大数据要素市场化配置范围和按价值贡献参与分配渠道。完善数据要素收益的再分配调节机制，让全体人民更好共享数字经济发展成果。

（十二）健全数据要素由市场评价贡献、按贡献决定报酬机制。结合数据要素特征，优化分配结构，构建公平、高效、激励与规范相结合的数据价值

分配机制。坚持"两个毫不动摇",按照"谁投入、谁贡献、谁受益"原则,着重保护数据要素各参与方的投入产出收益,依法依规维护数据资源资产权益,探索个人、企业、公共数据分享价值收益的方式,建立健全更加合理的市场评价机制,促进劳动者贡献和劳动报酬相匹配。推动数据要素收益向数据价值和使用价值的创造者合理倾斜,确保在开发挖掘数据价值各环节的投入有相应回报,强化基于数据价值创造和价值实现的激励导向。通过分红、提成等多种收益共享方式,平衡兼顾数据内容采集、加工、流通、应用等不同环节相关主体之间的利益分配。

（十三）更好发挥政府在数据要素收益分配中的引导调节作用。逐步建立保障公平的数据要素收益分配体制机制,更加关注公共利益和相对弱势群体。加大政府引导调节力度,探索建立公共数据资源开放收益合理分享机制,允许并鼓励各类企业依法依规依托公共数据提供公益服务。推动大型数据企业积极承担社会责任,强化对弱势群体的保障帮扶,有力有效应对数字化转型过程中的各类风险挑战。不断健全数据要素市场体系和制度规则,防止和依法依规规制资本在数据领域无序扩张形成市场垄断等问题。统筹使用多渠道资金资源,开展数据知识普及和教育培训,提高社会整体数字素养,着力消除不同区域间、人群间数字鸿沟,增进社会公平、保障民生福祉、促进共同富裕。

五、建立安全可控、弹性包容的数据要素治理制度

把安全贯穿数据治理全过程,构建政府、企业、社会多方协同的治理模式,创新政府治理方式,明确各方主体责任和义务,完善行业自律机制,规范市场发展秩序,形成有效市场和有为政府相结合的数据要素治理格局。

（十四）创新政府数据治理机制。充分发挥政府有序引导和规范发展的作用,守住安全底线,明确监管红线,打造安全可信、包容创新、公平开放、监管有效的数据要素市场环境。强化分行业监管和跨行业协同监管,建立数据联管联治机制,建立健全鼓励创新、包容创新的容错纠错机制。建立数据要素生产流通使用全过程的合规公证、安全审查、算法审查、监测预警等制度,指导各方履行数据要素流通安全责任和义务。建立健全数据流通监管制度,制定数据流通和交易负面清单,明确不能交易或严格限制交易的数据项。强化反垄断和反不正当竞争,加强重点领域执法司法,依法依规加强经营者集中审查,依法依规查处垄断协议、滥用市场支配地位和违法实施经营者集中行为,营造公平竞争、规范有序的市场环境。在落实网络安全等级保护制度的基础上全面加强数据安全保护工作,健全网络和数据安全保护体系,提升纵深防护与综合防御能力。

（十五）压实企业的数据治理责任。坚持"宽进严管"原则，牢固树立企业的责任意识和自律意识。鼓励企业积极参与数据要素市场建设，围绕数据来源、数据产权、数据质量、数据使用等，推行面向数据商及第三方专业服务机构的数据流通交易声明和承诺制。严格落实相关法律规定，在数据采集汇聚、加工处理、流通交易、共享利用等各环节，推动企业依法依规承担相应责任。企业应严格遵守反垄断法等相关法律规定，不得利用数据、算法等优势和技术手段排除、限制竞争，实施不正当竞争。规范企业参与政府信息化建设中的政务数据安全管理，确保有规可循、有序发展、安全可控。建立健全数据要素登记及披露机制，增强企业社会责任，打破"数据垄断"，促进公平竞争。

（十六）充分发挥社会力量多方参与的协同治理作用。鼓励行业协会等社会力量积极参与数据要素市场建设，支持开展数据流通相关安全技术研发和服务，促进不同场景下数据要素安全可信流通。建立数据要素市场信用体系，逐步完善数据交易失信行为认定、守信激励、失信惩戒、信用修复、异议处理等机制。畅通举报投诉和争议仲裁渠道，维护数据要素市场良好秩序。加快推进数据管理能力成熟度国家标准及数据要素管理规范贯彻执行工作，推动各部门各行业完善元数据管理、数据脱敏、数据质量、价值评估等标准体系。

六、保障措施

加大统筹推进力度，强化任务落实，创新政策支持，鼓励有条件的地方和行业在制度建设、技术路径、发展模式等方面先行先试，鼓励企业创新内部数据合规管理体系，不断探索完善数据基础制度。

（十七）切实加强组织领导。加强党对构建数据基础制度工作的全面领导，在党中央集中统一领导下，充分发挥数字经济发展部际联席会议作用，加强整体工作统筹，促进跨地区跨部门跨层级协同联动，强化督促指导。各地区各部门要高度重视数据基础制度建设，统一思想认识，加大改革力度，结合各自实际，制定工作举措，细化任务分工，抓好推进落实。

（十八）加大政策支持力度。加快发展数据要素市场，做大做强数据要素型企业。提升金融服务水平，引导创业投资企业加大对数据要素型企业的投入力度，鼓励征信机构提供基于企业运营数据等多种数据要素的多样化征信服务，支持实体经济企业特别是中小微企业数字化转型赋能开展信用融资。探索数据资产入表新模式。

（十九）积极鼓励试验探索。坚持顶层设计与基层探索结合，支持浙江等地区和有条件的行业、企业先行先试，发挥好自由贸易港、自由贸易试验区等高水平开放平台作用，引导企业和科研机构推动数据要素相关技术和产业应用创新。采用"揭榜挂帅"方式，支持有条件的部门、行业加快突破数据可信流通、安全治理等关键技术，建立创新容错机制，探索完善数据要素产权、定价、流通、交易、使用、分配、治理、安全的政策标准和体制机制，更好发挥数据要素的积极作用。

（二十）稳步推进制度建设。围绕构建数据基础制度，逐步完善数据产权界定、数据流通和交易、数据要素收益分配、公共数据授权使用、数据交易场所建设、数据治理等主要领域关键环节的政策及标准。加强数据产权保护、数据要素市场制度建设、数据要素价格形成机制、数据要素收益分配、数据跨境传输、争议解决等理论研究和立法研究，推动完善相关法律制度。及时总结提炼可复制可推广的经验和做法，以点带面推动数据基础制度构建实现新突破。数字经济发展部际联席会议定期对数据基础制度建设情况进行评估，适时进行动态调整，推动数据基础制度不断丰富完善。

2.14　《中共中央、国务院关于构建数据基础制度更好发挥数据要素作用的意见》解读

2022 年 12 月 2 日，《中共中央、国务院关于构建数据基础制度更好发挥数据要素作用的意见》（本节以下简称《意见》）出台了，《意见》对如何通过构建基础制度更好地发挥数据要素作用做出了部署。

一、政策背景

随着我国数据基础设施不断完善，产业数字化、数字产业化蓬勃发展，数据作为新型生产要素，已经成为数字化、网络化、智能化的基础，正快速融入生产、分配、流通、消费和社会服务管理等各环节中，深刻改变着生产方式、生活方式和社会治理方式。

我国具有海量的数据规模，网民数量居全球首位。2022 年，我国移动端月活上网人数达到 11.7 亿，人均上网时长为 6.9 小时，每天累计在线总时长高达 80 亿小时，这些数据均位居全球首位，为海量个人行为相关数据的生成提供了丰富来源。2021 年，中国制造业领域企业数量的全球占比高达 28.6%，居全球首位，企业内部数字化转型和产业互联网的融合，使得企业行为相关的数据量不断增长，我国在这一领域的发展水平跻身全球前列。在智慧城市建设方面，2022 年，在我国的 660 个城市中，有超过 600 个进行了智慧城市

建设，产生了与城市运转相关的海量数据。在 5G 技术领域，我国 5G 基站建设数量、连接 5G 基站的网民数量和企业数量均位居全球首位，数据传输便利高效，数据市场建设具备良好基础。同时，我国有丰富的应用场景优势，各种生产生活服务的场景有待开发挖掘。要充分挖掘数据要素潜能，做强、做优、做大数字经济，激发经济发展新动能，构筑国家竞争新优势，就必须加快构建数据基础制度。

二、主要内容

第一，总体要求。文件明确了指导思想，提出了五条工作原则：①遵循发展规律，创新制度安排；②坚持共享共用，释放价值红利；③强化优质供给，促进合规流通；④完善治理体系，保障安全发展；⑤深化开放合作，实现互利共赢。

第二，建立保障权益、合规使用的数据产权制度。探索建立数据产权制度，推动数据产权结构性分置和有序流通，推进数据分类分级确权授权使用和市场化流通交易，健全数据要素权益保护制度，逐步形成具有中国特色的数据产权制度体系。具体包括探索数据产权结构性分置制度，推进实施公共数据确权授权机制，推动建立企业数据确权授权机制，建立健全个人信息数据确权授权机制，建立健全数据要素各参与方合法权益保护制度。

第三，建立合规高效、场内外结合的数据要素流通和交易制度。完善和规范数据流通规则，构建促进使用和流通、场内场外相结合的交易制度体系，规范引导场外交易，培育壮大场内交易；有序发展数据跨境流通和交易，建立数据来源可确认、使用范围可界定、流通过程可追溯、安全风险可防范的数据可信流通体系。具体包括：完善数据全流程合规与监管规则体系，统筹构建规范高效的数据交易场所，培育数据要素流通和交易服务生态，构建数据安全合规有序跨境流通机制。

第四，建立体现效率、促进公平的数据要素收益分配制度。完善数据要素市场化配置机制，扩大数据要素市场化配置范围和按价值贡献参与分配渠道；完善数据要素收益的再分配调节机制，让全体人民更好地共享数字经济发展成果。具体包括：健全数据要素由市场评价贡献、按贡献决定报酬机制，更好发挥政府在数据要素收益分配中的引导调节作用。

第五，建立安全可控、弹性包容的数据要素治理制度。把安全贯穿数据治理全过程，构建政府、企业、社会多方协同的治理模式，创新政府治理方式，明确各方主体责任和义务，完善行业自律机制，规范市场发展秩序，形成有效市场和有为政府相结合的数据要素治理格局。具体包括：创新政府数据治理机制，压实企业的数据治理责任，充分发挥社会力量多方参与的协同治理作用。

第六，保障措施。加大统筹推进力度，强化任务落实，创新政策支持，鼓励有条件的地方和行业在制度建设、技术路径、发展模式等方面先行先试，鼓励企业创新内部数据合规管理体系，不断探索完善数据基础制度。具体包括：切实加强组织领导，加大政策支持力度，积极鼓励试验探索，稳步推进制度建设。

三、影响及成效

一是一系列数据基础将逐步建立健全。按照文件要求，这些制度包括建立保障权益、合规使用的数据产权制度，合规高效、场内外结合的数据要素流通和交易制度，体现效率、促进公平的数据要素收益分配制度，安全可控、弹性包容的数据要素治理制度。这必将形成一个体系完整、覆盖全面、有效的制度体系，为更好发挥数据要素作用奠定基础。

二是数据要素的作用将得到更好地发挥。这有利于数据安全保护、有效利用、合规流通的产权制度和市场体系构建。有效的数据要素市场体制机制有助于形成与数字生产力相适应的新型生产关系。市场主体获取数据的门槛合理降低，逐步形成依法规范、共同参与、各取所需、共享红利的发展模式。数据可信流通体系逐步建立，数据的可用、可信、可流通、可追溯水平逐步提高。数据分类分级管理继续强化，逐步形成政府监管与市场自律、法治与行业自治协同、国内与国际统筹的数据要素治理结构。我国将积极参与数据跨境流动国际规则制定，探索加入区域性国际数据跨境流动制度安排，推动数据跨境流动和双边多边协商。

2.15　中共中央　国务院印发《数字中国建设整体布局规划》

（2023 年 2 月 27 日）

　　中共中央　国务院印发了《数字中国建设整体布局规划》（以下简称《规划》），并发出通知，要求各地区部门结合实际认真贯彻落实。

　　《规划》指出，建设数字中国是数字时代推进中国式现代化的重要引擎，是构筑国家竞争新优势的有力支撑。加快数字中国建设，对全面建设社会主义现代化国家、全面推进中华民族伟大复兴具有重要意义和深远影响。

　　《规划》强调，要坚持以习近平新时代中国特色社会主义思想特别是习近平总书记关于网络强国的重要思想为指导，深入贯彻党的二十大精神，坚持稳中求进工作总基调，完整、准确、全面贯彻新发展理念，加快构建新发展格局，着力推动高质量发展，统筹发展和安全，强化系统观念和底线思维，加强整体布局，按照夯实基础、赋能全局、强化能力、优化环境的战略路径，全面提升数字中国建设的整体性、系统性、协同性，促进数字经济和实体经济深度融合，以数字化驱动生产生活和治理方式变革，为以中国式现代化全面推进中华民族伟大复兴注入强大动力。

　　《规划》提出，到 2025 年，基本形成横向打通、纵向贯通、协调有力的一体化推进格局，数字中国建设取得重要进展。数字基础设施高效联通，数据资源规模和质量加快提升，数据要素价值有效释放，数字经济发展质量效益大幅增强，政务数字化智能化水平明显提升，数字文化建设跃上新台阶，数字社会精准化普惠化便捷化取得显著成效，数字生态文明建设取得积极进展，数字技术创新实现重大突破，应用创新全球领先，数字安全保障能力全面提升，数字治理体系更加完善，数字领域国际合作打开新局面。到 2035 年，数字化发展水平进入世界前列，数字中国建设取得重大成就。数字中国建设体系化布局更加科学完备，经济、政治、文化、社会、生态文明建设各领域数字化发展更加协调充分，有力支撑全面建设社会主义现代化国家。

　　《规划》明确，数字中国建设按照"2522"的整体框架进行布局，即夯实数字基础设施和数据资源体系"两大基础"，推进数字技术与经济、政治、文化、社会、生态文明建设"五位一体"深度融合，强化数字技术创新体系和数字安全屏障"两大能力"，优化数字化发展国内国际"两个环境"。

　　《规划》指出，要夯实数字中国建设基础。一是打通数字基础设施大动脉。加快 5G 网络与千兆光网协同建设，深入推进 IPv6 规模部署和应用，推进移动物联网全面发展，大力推进北斗规模应用。系统优化算力基础设施布局，促进东西部算力高效互补和协同联动，引导通用数据中心、超算中心、智能计算中心、边缘数据中心等合理梯次布局。整体提升应用基础设施水平，加强传统基础设施数字化、智能化改造。二是畅通数据资源大循环。构建国家数据管理体制机制，健全各级数据统筹管理机构。推动公共数据汇聚利用，建设公共卫生、科技、教育等重要领域国家数据资源库。释放商业数据价值潜能，加快建立数据产权制度，开展数据资产计价研究，建立数据要素按价值贡献参与分配机制。

　　《规划》指出，要全面赋能经济社会发展。一是做强做优做大数字经济。培育壮大数字经济核心产业，研究制定推动数字产业高质量发展的措施，打造具有国际竞争力的数字产业集群。推动数字技术和实体经济深度融合，在农业、工业、金融、教育、医疗、交通、能源等重点领域，加快数字技术创新应用。支持数字企业发展壮大，健全大中小企业融通创新工作机制，发挥"绿灯"投资案例引导作用，推动平台企业规范健康发展。二是发展高效协同的数字政务。加快制度规则创新，完善与数字政务建设相适应的规章制度。强化数字化能力建设，促进信息系统网络互联互通、数据按需共享、业务高效协同。提升数字化服务水平，加快推进"一件事一次办"，推进线上线下融合，加强和规范政务移动互联网应用程序管理。三是打造自信繁荣的数字文化。大力发展网络文化，加强优质网络文化产品供给，引导各类平台和广大网民创作生产积极健康、向上向善的网络文化产品。推进文化数字化发展，深入实施国家文化数字化战略，建设国家文化大数据体系，形成中华文化数据库。提升数字文化服务能力，打造若干综合性数字文化展示平台，加快发展新型文化企业、文化业态、文化消费模式。四是构建普惠便捷的数字社会。促进数字公共服务普惠化，大力实施国家教育数字化战略行动，完善国家智慧教育平台，发展数字健康，规范互联网诊疗和互联网医院发展。推进数字社会治理精准化，深入实施数字乡村发展行动，以数字化赋能乡村产业发展、乡村建设和乡村治理。普及数字生活智能化，打造智慧便民生活圈、新型数字消费业态、面向未来的智能化沉浸式服务体验。五是建设绿色智慧的数字生态文明。推动生态环境智慧治理，加快构建智慧高效的生态环境信息化体系，运用数字技术推动山水林田湖草沙一体化保护和系统治理，完善自然资源三维立体"一张图"和国土空间基础信息平台，构建以数字孪生流域为核心的智慧水利体系。加快数字化绿色化协同转型。倡导绿色智慧生活方式。

《规划》指出，要强化数字中国关键能力。一是构筑自立自强的数字技术创新体系。健全社会主义市场经济条件下关键核心技术攻关新型举国体制，加强企业主导的产学研深度融合。强化企业科技创新主体地位，发挥科技型骨干企业引领支撑作用。加强知识产权保护，健全知识产权转化收益分配机制。二是筑牢可信可控的数字安全屏障。切实维护网络安全，完善网络安全法律法规和政策体系。增强数据安全保障能力，建立数据分类分级保护基础制度，健全网络数据监测预警和应急处置工作体系。

《规划》指出，要优化数字化发展环境。一是建设公平规范的数字治理生态。完善法律法规体系，加强立法统筹协调，研究制定数字领域立法规划，及时按程序调整不适应数字化发展的法律制度。构建技术标准体系，编制数字化标准工作指南，加快制定修订各行业数字化转型、产业交叉融合发展等应用标准。提升治理水平，健全网络综合治理体系，提升全方位多维度综合治理能力，构建科学、高效、有序的管网治网格局。净化网络空间，深入开展网络生态治理工作，推进"清朗"、"净网"系列专项行动，创新推进网络文明建设。二是构建开放共赢的数字领域国际合作格局。统筹谋划数字领域国际合作，建立多层面协同、多平台支撑、多主体参与的数字领域国际交流合作体系，高质量共建"数字丝绸之路"，积极发展"丝路电商"。拓展数字领域国际合作空间，积极参与联合国、世界贸易组织、二十国集团、亚太经合组织、金砖国家、上合组织等多边框架下的数字领域合作平台，高质量搭建数字领域开放合作新平台，积极参与数据跨境流动等相关国际规则构建。

《规划》强调，要加强整体谋划、统筹推进，把各项任务落到实处。一是加强组织领导。坚持和加强党对数字中国建设的全面领导，在党中央集中统一领导下，中央网络安全和信息化委员会加强对数字中国建设的统筹协调、整体推进、督促落实。充分发挥地方党委网络安全和信息化委员会作用，健全议事协调机制，将数字化发展摆在本地区工作重要位置，切实落实责任。各有关部门按照职责分工，完善政策措施，强化资源整合和力量协同，形成工作合力。二是健全体制机制。建立健全数字中国建设统筹协调机制，及时研究解决数字化发展重大问题，推动跨部门协同和上下联动，抓好重大任务和重大工程的督促落实。开展数字中国发展监测评估。将数字中国建设工作情况作为对有关党政领导干部考核评价的参考。三是保障资金投入。创新资金扶持方式，加强对各类资金的统筹引导。发挥国家产融合作平台等作用，引导金融资源支持数字化发展。鼓励引导资本规范参与数字中国建设，构建社会资本有效参与的投融资体系。四是强化人才支撑。增强领导干部和公务员数字思维、数字认知、数字技能。统筹布局一批数字领域学科专业点，培养创新型、应用型、复合型人才。构建覆盖全民、城乡融合的数字素养与技能发展培育体系。五是营造良好氛围。推动高等学校、研究机构、企业等共同参与数字中国建设，建立一批数字中国研究基地。统筹开展数字中国建设综合试点工作，综合集成推进改革试验。办好数字中国建设峰会等重大活动，举办数字领域高规格国内国际系列赛事，推动数字化理念深入人心，营造全社会共同关注、积极参与数字中国建设的良好氛围。

注：由于未能刊布《规划》原文，仅摘录了官方公布的要点，要点阐释清晰明确，本篇不安排政策解读。

2.16　财政部关于印发《企业数据资源相关会计处理暂行规定》的通知

（财会〔2023〕11 号）

国务院有关部委、有关直属机构，各省、自治区、直辖市、计划单列市财政厅（局），新疆生产建设兵团财政局，财政部各地监管局，有关单位：

为规范企业数据资源相关会计处理，强化相关会计信息披露，根据《中华人民共和国会计法》和相关企业会计准则，我们制定了《企业数据资源相关会计处理暂行规定》，现予印发，请遵照执行。

执行中如有问题，请及时反馈我部。

附件：企业数据资源相关会计处理暂行规定

财政部

2023 年 8 月 1 日

附件

企业数据资源相关会计处理暂行规定

为规范企业数据资源相关会计处理，强化相关会计信息披露，根据《中华人民共和国会计法》和企业会计准则等相关规定，现对企业数据资源的相关会计处理规定如下：

一、关于适用范围

本规定适用于企业按照企业会计准则相关规定确认为无形资产或存货等

资产类别的数据资源，以及企业合法拥有或控制的、预期会给企业带来经济利益的、但由于不满足企业会计准则相关资产确认条件而未确认为资产的数据资源的相关会计处理。

二、关于数据资源会计处理适用的准则

企业应当按照企业会计准则相关规定，根据数据资源的持有目的、形成方式、业务模式，以及与数据资源有关的经济利益的预期消耗方式等，对数据资源相关交易和事项进行会计确认、计量和报告。

1. 企业使用的数据资源，符合《企业会计准则第 6 号——无形资产》（财会〔2006〕3 号，以下简称无形资产准则）规定的定义和确认条件的，应当确认为无形资产。

2. 企业应当按照无形资产准则、《〈企业会计准则第 6 号——无形资产〉应用指南》（财会〔2006〕18 号，以下简称无形资产准则应用指南）等规定，对确认为无形资产的数据资源进行初始计量、后续计量、处置和报废等相关会计处理。

其中，企业通过外购方式取得确认为无形资产的数据资源，其成本包括购买价款、相关税费，直接归属于使该项无形资产达到预定用途所发生的数据脱敏、清洗、标注、整合、分析、可视化等加工过程所发生的有关支出，以及数据权属鉴证、质量评估、登记结算、安全管理等费用。企业通过外购方式取得数据采集、脱敏、清洗、标注、整合、分析、可视化等服务所发生的有关支出，不符合无形资产准则规定的无形资产定义和确认条件的，应当根据用途计入当期损益。

企业内部数据资源研究开发项目的支出，应当区分研究阶段支出与开发阶段支出。研究阶段的支出，应当于发生时计入当期损益。开发阶段的支出，满足无形资产准则第九条规定的有关条件的，才能确认为无形资产。

企业在对确认为无形资产的数据资源的使用寿命进行估计时，应当考虑无形资产准则应用指南规定的因素，并重点关注数据资源相关业务模式、权利限制、更新频率和时效性、有关产品或技术迭代、同类竞品等因素。

3. 企业在持有确认为无形资产的数据资源期间，利用数据资源对客户提供服务的，应当按照无形资产准则、无形资产准则应用指南等规定，将无形资产的摊销金额计入当期损益或相关资产成本；同时，企业应当按照《企业会计准则第 14 号——收入》（财会〔2017〕22 号，以下简称收入准则）等规定确认相关收入。

除上述情形外，企业利用数据资源对客户提供服务的，应当按照收入准

则等规定确认相关收入，符合有关条件的应当确认合同履约成本。

4. 企业日常活动中持有、最终目的用于出售的数据资源，符合《企业会计准则第 1 号——存货》（财会〔2006〕3 号，以下简称存货准则）规定的定义和确认条件的，应当确认为存货。

5. 企业应当按照存货准则、《〈企业会计准则第 1 号——存货〉应用指南》（财会〔2006〕18 号）等规定，对确认为存货的数据资源进行初始计量、后续计量等相关会计处理。其中，企业通过外购方式取得确认为存货的数据资源，其采购成本包括购买价款、相关税费、保险费，以及数据权属鉴证、质量评估、登记结算、安全管理等所发生的其他可归属于存货采购成本的费用。企业通过数据加工取得确认为存货的数据资源，其成本包括采购成本，数据采集、脱敏、清洗、标注、整合、分析、可视化等加工成本和使存货达到目前场所和状态所发生的其他支出。

6. 企业出售确认为存货的数据资源，应当按照存货准则将其成本结转为当期损益；同时，企业应当按照收入准则等规定确认相关收入。

7. 企业出售未确认为资产的数据资源，应当按照收入准则等规定确认相关收入。

三、关于列示和披露要求

（一）资产负债表相关列示。

企业在编制资产负债表时，应当根据重要性原则并结合本企业的实际情况，在“存货”项目下增设“其中：数据资源”项目，反映资产负债表日确认为存货的数据资源的期末账面价值；在“无形资产”项目下增设“其中：数据资源”项目，反映资产负债表日确认为无形资产的数据资源的期末账面价值；在“开发支出”项目下增设“其中：数据资源”项目，反映资产负债表日正在进行数据资源研究开发项目满足资本化条件的支出金额。

（二）相关披露。

企业应当按照相关企业会计准则及本规定等，在会计报表附注中对数据资源相关会计信息进行披露。

1. 确认为无形资产的数据资源相关披露。

（1）企业应当按照外购无形资产、自行开发无形资产等类别，对确认为无形资产的数据资源（以下简称数据资源无形资产）相关会计信息进行披露，并可以在此基础上根据实际情况对类别进行拆分。具体披露格式如下：

项目	外购的数据资源无形资产	自行开发的数据资源无形资产	其他方式取得的数据资源无形资产	合计
一、账面原值				
1. 期初余额				
2. 本期增加金额				
其中：购入				
内部研发				
其他增加				
3. 本期减少金额				
其中：处置				
失效且终止确认				
其他减少				
4. 期末余额				
二、累计摊销				
1. 期初余额				
2. 本期增加金额				
3. 本期减少金额				
其中：处置				
失效且终止确认				
其他减少				
4. 期末余额				
三、减值准备				
1. 期初余额				
2. 本期增加金额				
3. 本期减少金额				
4. 期末余额				
四、账面价值				
1. 期末账面价值				
2. 期初账面价值				

（2）对于使用寿命有限的数据资源无形资产，企业应当披露其使用寿命的估计情况及摊销方法；对于使用寿命不确定的数据资源无形资产，企业应当披露其账面价值及使用寿命不确定的判断依据。

（3）企业应当按照《企业会计准则第28号——会计政策、会计估计变更和差错更正》（财会〔2006〕3号）的规定，披露对数据资源无形资产的摊销期、摊销方法或残值的变更内容、原因以及对当期和未来期间的影响数。

（4）企业应当单独披露对企业财务报表具有重要影响的单项数据资源无形资产的内容、账面价值和剩余摊销期限。

（5）企业应当披露所有权或使用权受到限制的数据资源无形资产，以及用于担保的数据资源无形资产的账面价值、当期摊销额等情况。

（6）企业应当披露计入当期损益和确认为无形资产的数据资源研究开发支出金额。

（7）企业应当按照《企业会计准则第 8 号——资产减值》（财会〔2006〕3 号）等规定，披露与数据资源无形资产减值有关的信息。

（8）企业应当按照《企业会计准则第 42 号——持有待售的非流动资产、处置组和终止经营》（财会〔2017〕13 号）等规定，披露划分为持有待售类别的数据资源无形资产有关信息。

2. 确认为存货的数据资源相关披露。

（1）企业应当按照外购存货、自行加工存货等类别，对确认为存货的数据资源（以下简称数据资源存货）相关会计信息进行披露，并可以在此基础上根据实际情况对类别进行拆分。具体披露格式如下：

项目	外购的数据资源存货	自行加工的数据资源存货	其他方式取得的数据资源存货	合计
一、账面原值				
1. 期初余额				
2. 本期增加金额				
其中：购入				
采集加工				
其他增加				
3. 本期减少金额				
其中：出售				
失效且终止确认				
其他减少				
4. 期末余额				
二、存货跌价准备				
1. 期初余额				
2. 本期增加金额				
3. 本期减少金额				
其中：转回				
转销				

续表

项目	外购的数据资源存货	自行加工的数据资源存货	其他方式取得的数据资源存货	合计
4. 期末余额				
三、账面价值				
1. 期末账面价值				
2. 期初账面价值				

（2）企业应当披露确定发出数据资源存货成本所采用的方法。

（3）企业应当披露数据资源存货可变现净值的确定依据、存货跌价准备的计提方法、当期计提的存货跌价准备的金额、当期转回的存货跌价准备的金额，以及计提和转回的有关情况。

（4）企业应当单独披露对企业财务报表具有重要影响的单项数据资源存货的内容、账面价值和可变现净值。

（5）企业应当披露所有权或使用权受到限制的数据资源存货，以及用于担保的数据资源存货的账面价值等情况。

3. 其他披露要求。

企业对数据资源进行评估且评估结果对企业财务报表具有重要影响的，应当披露评估依据的信息来源，评估结论成立的假设前提和限制条件，评估方法的选择，各重要参数的来源、分析、比较与测算过程等信息。

企业可以根据实际情况，自愿披露数据资源（含未作为无形资产或存货确认的数据资源）下列相关信息：

（1）数据资源的应用场景或业务模式、对企业创造价值的影响方式，与数据资源应用场景相关的宏观经济和行业领域前景等。

（2）用于形成相关数据资源的原始数据的类型、规模、来源、权属、质量等信息。

（3）企业对数据资源的加工维护和安全保护情况，以及相关人才、关键技术等的持有和投入情况。

（4）数据资源的应用情况，包括数据资源相关产品或服务等的运营应用、作价出资、流通交易、服务计费方式等情况。

（5）重大交易事项中涉及的数据资源对该交易事项的影响及风险分析，重大交易事项包括但不限于企业的经营活动、投融资活动、质押融资、关联方及关联交易、承诺事项、或有事项、债务重组、资产置换等。

（6）数据资源相关权利的失效情况及失效事由、对企业的影响及风险分析等，如数据资源已确认为资产的，还包括相关资产的账面原值及累计摊销、减值准备或跌价准备、失效部分的会计处理。

（7）数据资源转让、许可或应用所涉及的地域限制、领域限制及法律法规限制等权利限制。

（8）企业认为有必要披露的其他数据资源相关信息。

四、附则

本规定自 2024 年 1 月 1 日起施行。企业应当采用未来适用法执行本规定，本规定施行前已经费用化计入损益的数据资源相关支出不再调整。

2.17　《企业数据资源相关会计处理暂行规定》解读

2023 年，为规范企业数据资源相关会计处理，强化相关会计信息披露，财政部印发了《企业数据资源相关会计处理暂行规定》（财会〔2023〕11 号，本节以下简称《规定》）。

一、政策背景

随着党中央、国务院及各地有关数据要素政策不断出台，要素市场建设也在探索中不断前进，数据作为第五大生产要素，理论界和实践界都非常关注数据资源是否可以作为资产确认、作为哪类资产确认和计量，如何进行相关信息披露等。对于这些会计问题，很多学者给出了自己的建议，实践者也在实践中提出了相关需求，业界对相关会计问题的关注度极高，并期盼着有关部门出台相应政策，以推动和规范数据相关企业执行会计准则，准确反映数据相关业务和经济实质。在此背景下，财政部印发了《规定》，为企业数据资源会计处理确立了规范框架，提供了操作指导和基本方针。

二、主要内容

第一，适用范围。适用于企业按照企业会计准则相关规定确认为无形资产或存货等资产类别的数据资源，以及企业合法拥有或控制的、预期会给企业带来经济利益的、但由于不满足企业会计准则相关资产确认条件而未确认为资产的数据资源的相关会计处理。

第二，数据资源会计处理适用的准则。①企业使用的数据资源，符合相关规定的应当确认为无形资产。②企业应当按照无形资产准则等规定，对确认为无形资产的数据资源进行初始计量、后续计量、处置和报废等相关会计处理。③企业在持有确认为无形资产的数据资源期间，利用数据资源对客户提供服务的，应当按相关规定，将无形资产的摊销金额计入当期损益或相关资产成本；同时，企业应当按规定确认相关收入。④企业日常活动中持有、最终目的用于出售的数据资源，符合规定的定义和确认条件的，应当确认为存货。⑤企业应当按照规定，对确认为存货的数据资源进行初始计量、后续计量等相关会计处理。⑥企业出售确认为存货的数据资源，应当按照存货准则将其成本结转为当期损益；同时，企业应当按照收入准则等规定确认相关收入。⑦企业出售未确认为资产的数据资源，应当按照收入准则等规定确认相关收入。

第三，列示和披露要求。①资产负债表相关列示。企业在编制资产负债表时，应当根据重要性原则并结合本企业的实际情况，在"存货"项目下增设"其中：数据资源"项目，反映资产负债表日确认为存货的数据资源的期末账面价值；在"无形资产"项目下增设"其中：数据资源"项目，反映资产负债表日确认为无形资产的数据资源的期末账面价值；在"开发支出"项目下增设"其中：数据资源"项目，反映资产负债表日正在进行数据资源研究开发项目满足资本化条件的支出金额。②相关披露。企业应当按照相关企业会计准则及本规定等，在会计报表附注中对数据资源相关会计信息进行披露。《规定》分三种情形对披露进行了规定，即确认为无形资产的数据资源相关披露，确认为存货的数据资源相关披露，其他披露要求。

三、影响及成效

一是数据资产入表广泛兴起。《规定》印发后，数据资产入表开展得如火如荼，很多国有企业、上市公司、民营企业都在梳理自己持有的数据，考虑或实施了数据资产入表。例如，2024 年至少有 22 家 A 股上市公司在一季报的资产负债表中披露了"数据资源"类型的数据，涉及总金额达 7.61 亿元。数据资产入表有利于强化企业对数据的挖掘和分析能力，有利于数据流通与交易体系建设。

二是探索推动相关制度更加完善。在数据资产入表的探索过程中，传统的会计入账、法律合规、资产评估专业知识已经难以满足新的制度要求，因而对上市公司、会计师事务所、监管层等都提出了更高要求。例如，仅仅依靠成本法对数据资产入表进行价值评估无法全面反映数据价值，在没有进行交易的情况下，如何合理评估出其潜在价值？此外，数据资产入表之后，数据折旧如何处理？对于这些问题，实施数据资产入表的公司及会计师事务所等都在积极探索解决方案，目前尚未形成统一的评估和处理模式。这种探索将推进会计领域的创新研究和理论研究，推动数据资源会计处理趋于完善。

2.18　财政部关于印发《关于加强数据资产管理的指导意见》的通知

（财资〔2023〕141 号）

各省、自治区、直辖市、计划单列市财政厅（局），新疆生产建设兵团财政局：

为深入贯彻落实党中央关于构建数据基础制度的决策部署，规范和加强数据资产管理，更好推动数字经济发展，根据《中华人民共和国网络安全法》、《中华人民共和国数据安全法》、《中华人民共和国个人信息保护法》等，我们制定了《关于加强数据资产管理的指导意见》。现印发给你们，请遵照执行。

附件：关于加强数据资产管理的指导意见

财政部
2023 年 12 月 31 日

附件：

关于加强数据资产管理的指导意见

数据资产，作为经济社会数字化转型进程中的新兴资产类型，正日益成为推动数字中国建设和加快数字经济发展的重要战略资源。为深入贯彻落实党中央决策部署，现就加强数据资产管理提出如下意见。

一、总体要求

（一）指导思想。

以习近平新时代中国特色社会主义思想为指导，全面深入贯彻落实党的二十大精神，完整、准确、全面贯彻新发展理念，加快构建新发展格局，坚持统筹发展和安全，坚持改革创新、系统谋划，把握全球数字经济发展趋势，建立数据资产管理制度，促进数据资产合规高效流通使用，构建共治共享的数据资产管理格局，为加快经济社会数字化转型、推动高质量发展、推进国家治理体系和治理能力现代化提供有力支撑。

（二）基本原则。

——坚持确保安全与合规利用相结合。统筹发展和安全，正确处理数据资产安全、个人信息保护与数据资产开发利用的关系。以保障数据安全为前提，对需要严格保护的数据，审慎推进数据资产化；对可开发利用的数据，支持合规推进数据资产化，进一步发挥数据资产价值。

——坚持权利分置与赋能增值相结合。适应数据资产多用途属性，按照"权责匹配、保护严格、流转顺畅、利用充分"原则，明确数据资产管理各方权利义务，推动数据资产权利分置，完善数据资产权利体系，丰富权利类型，有效赋能增值，夯实开发利用基础。

——坚持分类分级与平等保护相结合。加强数据分类分级管理，建立数据资产分类分级授权使用规范。鼓励按用途增加公共数据资产供给，推动用于公共治理、公益事业的公共数据资产有条件无偿使用，平等保护各类数据资产权利主体合法权益。

——坚持有效市场与有为政府相结合。充分发挥市场配置资源的决定性作用，探索多样化有偿使用方式。支持用于产业发展、行业发展的公共数据资产有条件有偿使用。加大政府引导调节力度，探索建立公共数据资产开发利用和收益分配机制。强化政府对数据资产全过程监管，加强数据资产全过程管理。

——坚持创新方式与试点先行相结合。强化部门协同联动，完善数据资产管理体制机制。坚持顶层设计与基层探索相结合，坚持改革于法有据，既要发挥顶层设计指导作用，又要鼓励支持各方因地制宜、大胆探索。

（三）总体目标。

构建"市场主导、政府引导、多方共建"的数据资产治理模式，逐步建立完善数据资产管理制度，不断拓展应用场景，不断提升和丰富数据资产经济价值和社会价值，推进数据资产全过程管理以及合规化、标准化、增值化。通过加强和规范公共数据资产基础管理工作，探索公共数据资产应用机制，促进公共数据资产高质量供给，有效释放公共数据价值，为赋能实体经济数字化转型升级，推进数字经济高质量发展，加快推进共同富裕提供有力支撑。

二、主要任务

（四）依法合规管理数据资产。保护各类主体在依法收集、生成、存储、管理数据资产过程中的相关权益。鼓励各级党政机关、企事业单位等经依法授权具有公共事务管理和公共服务职能的组织（以下统称公共管理和服务机构）将其依法履职或提供公共服务过程中持有或控制的，预期能够产生管理服务潜力或带来经济利益流入的公共数据资源，作为公共数据资产纳入资产管理范畴。涉及处理国家安全、商业秘密和个人隐私的，应当依照法律、行政法规规定的权限、程序进行，不得超出履行法定职责所必需的范围和限度。相关部门结合国家有关数据目录工作要求，按照资产管理相关要求，组织梳理统计本系统、本行业符合数据资产范围和确认要求的公共数据资产目录清单，登记数据资产卡片，暂不具备确认登记条件的可先纳入资产备查簿。

（五）明晰数据资产权责关系。适应数据多种属性和经济社会发展要求，与数据分类分级、确权授权使用要求相衔接，落实数据资源持有权、数据加工使用权和数据产品经营权权利分置要求，加快构建分类科学的数据资产产权体系。明晰公共数据资产权责边界，促进公共数据资产流通应用安全可追溯。探索开展公共数据资产权益在特定领域和经营主体范围内入股、质押等，助力公共数据资产多元化价值流通。

（六）完善数据资产相关标准。推动技术、安全、质量、分类、价值评估、管理运营等数据资产相关标准建设。鼓励行业根据发展需要，自行或联合制定企业数据资产标准。支持企业、研究机构、高等学校、相关行业组织等参与数据资产标准制定。公共管理和服务机构应配套建立公共数据资产卡片，明确公共数据资产基本信息、权利信息、使用信息、管理信息等。在对外授予数据资产加工使用权、数据产品经营权时，在本单位资产卡片中对授权进行登记标识，在不影响本单位继续持有或控制数据资产的前提下，可不减少或不核销本单位数据资产。

（七）加强数据资产使用管理。鼓励数据资产持有主体提升数据资产数字化管理能力，结合数据采集加工周期和安全等级等实际情况及要求，对所持有或控制的数据资产定期更新维护。数据资产各权利主体建立健全全流程数据安全管理机制，提升安全保护能力。支持各类主体依法依规行使数据资产相关权利，促进数据资产价值复用和市场化流通。结合数据资产流通范围、流通模式、供求关系、应用场景、潜在风险等，不断完善数据资产全流程合规管理。在保障安全、可追溯的前提下，推动依法依规对公共数据资产进行开发利用。支持公共管理和服务机构为提升履职能力和公共服务水平，强化公共数据资产授权运营和使用管理。公共管理和服务机构要按照有关规定对授权运营的公共数据资产使用情况等重要信息进行更新维护。

（八）稳妥推动数据资产开发利用。完善数据资产开发利用规则，推进形成权责清晰、过程透明、风险可控的数据资产开发利用机制。严格按照"原始数据不出域、数据可用不可见"要求和资产管理制度规定，公共管理和服务机构可授权运营主体对其持有或控制的公共数据资产进行运营。授权运营前要充分评估授权运营可能带来的安全风险，明确安全责任。运营主体应建立公共数据资产安全可信的运营环境，在授权范围内推动可开发利用的公共数据资产向区域或国家级大数据平台和交易平台汇聚。支持运营主体对各类数据资产进行融合加工。探索建立公共数据资产政府指导定价机制或评估、拍卖竞价等市场价格发现机制。鼓励在金融、交通、医疗、能源、工业、电信等数据富集行业探索开展多种形式的数据资产开发利用模式。

（九）健全数据资产价值评估体系。推进数据资产评估标准和制度建设，规范数据资产价值评估。加强数据资产评估能力建设，培养跨专业、跨领域数据资产评估人才。全面识别数据资产价值影响因素，提高数据资产评估总体业务水平。推动数据资产价值评估业务信息化建设，利用数字技术或手段对数据资产价值进行预测和分析，构建数据资产价值评估标准库、规则库、指标库、模型库和案例库等，支撑标准化、规范化和便利化业务开展。开展公共数据资产价值评估时，要按照资产评估机构选聘有关要求，强化公平、公正、公开和诚实信用，有效维护公共数据资产权利主体权益。

（十）畅通数据资产收益分配机制。完善数据资产收益分配与再分配机制。按照"谁投入、谁贡献、谁受益"原则，依法依规维护各相关主体数据资产权益。支持合法合规对数据资产价值进行再次开发挖掘，尊重数据资产价值再创造、再分配，支持数据资产使用权利各个环节的投入有相应回报。探索建立公共数据资产治理投入和收益分配机制，通过公共数据资产运营公司对公共数据资产进行专业化运营，推动公共数据资产开发利用和价值实现。探索公共数据资产收益按授权许可约定向提供方等进行比例分成，保障公共数据资产提供方享有收益的权利。在推进有条件有偿使用过程中，不得影响用于公共治理、公益事业的公共数据有条件无偿使用，相关方要依法依规采取合理措施获取收益，避免向社会公众转嫁不合理成本。公共数据资产各权利主体依法纳税并按国家规定上缴相关收益，由国家财政依法依规纳入预算管理。

（十一）规范数据资产销毁处置。对经认定失去价值、没有保存要求的数据资产，进行安全和脱敏处理后及时有效销毁，严格记录数据资产销毁过程相关操作。委托他人代为处置数据资产的，应严格签订数据资产安全保密合同，明确双方安全保护责任。公共数据资产销毁处置要严格履行规定的内控流程和审批程序，严禁擅自处置，避免公共数据资产流失或泄露造成法律和安全风险。

（十二）强化数据资产过程监测。数据资产各权利主体均应落实数据资产安全管理责任，按照分类分级原则，在网络安全等级保护制度的基础上，落实数据安全保护制度，把安全贯彻数据资产开发、流通、使用全过程，提升数据资产安全保障能力。权利主体因合并、分立、收购等方式发生变更，新的权利主体应继续落实数据资产管理责任。数据资产各权利主体应当记录数据资产的合法来源，确保来源清晰可追溯。公共数据资产权利主体开放共享数据资产的，应当建立和完善安全管理和对外提供制度机制。鼓励开展区域性、行业性数据资产统计监测工作，提升对数据资产的宏观观测与管理能力。

（十三）加强数据资产应急管理。数据资产各权利主体应分类分级建立数据资产预警、应急和处置机制，深度分析相关领域数据资产风险环节，梳理典型应用场景，对数据资产泄露、损毁、丢失、篡改等进行与类别级别相适的预警和应急管理，制定应急处置预案。出现风险事件，及时启动应急处置措施，最大程度避免或减少资产损失。支持开展数据资产技术、服务和管理体系认证。鼓励开展数据资产安全存储与计算相关技术研发与产品创新。跟踪监测公共数据资产时，要及时识别潜在风险事件，第一时间采取应急管理措施，有效消除或控制相关风险。

（十四）完善数据资产信息披露和报告。鼓励数据资产各相关主体按有关要求及时披露、公开数据资产信息，增加数据资产供给。数据资产交易平台应对交易流通情况进行实时更新并定期进行信息披露，促进交易市场公开透明。稳步推进国有企业和行政事业单位所持有或控制的数据资产纳入本级政府国有资产报告工作，接受同级人大常委会监督。

（十五）严防数据资产价值应用风险。数据资产权利主体应建立数据资产协同管理的应用价值风险防控机制，多方联动细化操作流程及关键管控点。鼓励借助中介机构力量和专业优势，有效识别和管控数据资产化、数据资产资本化以及证券化的潜在风险。公共数据资产权利主体在相关资产交易或并购等活动中，应秉持谨慎性原则扎实开展可研论证和尽职调查，规范实施资产评估，严防虚增公共数据资产价值。加强监督检查，对涉及公共数据资产运营的重大事项开展审计，将国有企业所属数据资产纳入内部监督重点检查范围，聚焦高溢价和高减值项目，准确发现管理漏洞，动态跟踪价值变动，审慎开展价值调整，及时采取防控措施降低或消除价值应用风险。

三、实施保障

（十六）加强组织实施。切实提高政治站位，统一思想认识，把坚持和加强党的领导贯穿到数据资产管理全过程各方面，高度重视激发公共数据资产潜能，加强公共数据资产管理。加强统筹协调，建立推进数据资产管理的工作机制，促进跨地区跨部门跨层级协同联动，确保工作有序推进。强化央地联动，及时研究解决工作推进中的重大问题。探索将公共数据资产管理发展情况纳入有关考核评价指标体系。

（十七）加大政策支持。按照财政事权和支出责任相适应原则，统筹利用现有资金渠道，支持统一的数据资产标准和制度建设、数据资产相关服务、数据资产管理和运营平台等项目实施。统筹运用财政、金融、土地、科技、人才等多方面政策工具，加大对数据资产开发利用、数据资产管理运营的基础设施、试点试验区等扶持力度，鼓励产学研协作，引导金融机构和社会资本投向数据资产领域。

（十八）积极鼓励试点。坚持顶层设计与基层探索结合，形成鼓励创新、容错免责良好氛围。支持有条件的地方、行业和企业先行先试，结合已出台的文件制度，探索开展公共数据资产登记、授权运营、价值评估和流通增值等工作，因地制宜探索数据资产全过程管理有效路径。加大对优秀项目、典型案例的宣介力度，总结提炼可复制、可推广的经验和做法，以点带面推动数据资产开发利用和流通增值。鼓励地方、行业协会和相关机构促进数据资产相关标准、技术、产品和案例等的推广应用。

2.19 《关于加强数据资产管理的指导意见》解读

2023 年 12 月 31 日，财政部印发了《关于加强数据资产管理的指导意见》（财资〔2023〕141 号，本节以下简称《意见》），旨在推动建立数据资产管理制度，促进数据资产合规高效地进行流通和使用，构建共治共享的数据资产管理格局。

一、政策背景

我国是全球数字经济发展最快的国家之一，数据要素数量全球第一。而且我国数字经济规模连续多年位居世界第二，2023 年我国年数字经济核心产业增加值超过 12 万亿元。数据资产是一类新兴资产，其正日益成为推动数字中国建设和加快数字经济发展的重要战略资源。

我国在数据资产管理过程中还存在一些问题。比如，高质量数据供给不足。我国虽然产生了大量数据，但数据的内容、保存形态、完整性都不相同，能够提供给需求方的高质量数据远远不够。再比如，合规化使用路径不清晰。无论是企业还是个人，如何能够通过合规的手段取得所需的数据，既不违背相关原则，也不侵犯他人隐私，还能为自己提供高效的数据服务，这是目前存在的难题。还比如，应用赋能增值不充分。很多数据虽然数量庞大，但难以找到应用场景，难以通过场景应用实现赋能增值，价值没有被充分体现出来。

为激活数据要素潜能，做强、做优、做大数字经济，赋能实体经济数字化转型升级、增强经济发展新动能，出台了本《意见》。

二、主要内容

第一，总体要求。指导思想中提到要建立数据资产管理制度，促进数据资产合规高效流通使用，构建共治共享的数据资产管理格局。其基本原则包括：坚持确保安全与合规利用相结合，坚持权利分置与赋能增值相结合，坚持分类分级与平等保护相结合，坚持有效市场与有为政府相结合，坚持创新方式与试点先行相结合。其总体目标中要求，构建"市场主导、政府引导、多方共建"的数据资产治理模式，通过加强和规范公共数据资产基础管理工作，促进公共数据资产高质量供给。

第二，主要任务。①依法合规管理数据资产。保护各类主体在依法收集、生成、存储、管理数据资产过程中的相关权益，鼓励将公共数据资源作为公共数据资产纳入资产管理范畴。②明晰数据资产权责关系。加快构建分类科学的数据资产产权体系，明晰公共数据资产权责边界，探索开展公共数据资产权益入股、质押。③完善数据资产相关标准。推动技术、安全、质量、分类、价值评估、管理运营等数据资产相关标准建设，鼓励行业自行或联合制定企业数据资产标准。④加强数据资产使用管理。鼓励数据资产持有主体提升数据资产数字化管理能力，数据资产各权利主体建立健全全流程数据安全管理机制。⑤稳妥推动数据资产开发利用。完善数据资产开发利用规则，推进形成权责清晰、过程透明、风险可控的数据资产开发利用机制，探索建立公共数据资产市场价格发现机制。⑥健全数据资产价值评估体系。推进数据资产评估标准和制度建设，规范数据资产价值评估，加强数据资产评估能力建设，提高数据资产评估总体业务水平。⑦畅通数据资产收益分配机制。依法依规维护各相关主体数据资产权益，支持合法合规对数据资产价值进行再次开发挖掘。⑧规范数据资产销毁处置。对经认定失去价值、没有保存要求的数据资产，进行安全和脱敏处理后及时有效销毁。⑨强化数据资产过程监测。落实数据安全保护制度，数据资产各权利主体应当记录数据资产的合法来源。⑩加强数据资产应急管理。分类分级建立数据资产预警、应急和处置机制，出现风险事件及时启动应急处置措施。⑪完善数据资产信息披露和报告。鼓励按有关要求及时披露、公开数据资产信息，数据资产交易平台应对交易流通情况进行实时更新并定期进行信息披露。⑫严防数据资产价值应用风险。数据资产权利主体建立数据资产协同管理的应用价值风险防控机制。鼓励借助中介机构有效识别和管控数据资产化、数据资产资本化以及证券化的潜在风险。

三、成效及影响

一是数据资产治理模式逐步定型。总体目标中要求，构建"市场主导、政府引导、多方共建"的数据资产治理模式。围绕这一总体目标要求，各类数据资产管理制度将逐步建立完善。在市场主导之下，企业会认真寻找、不断拓展应用场景，把数据与场景进行匹配，通过数据资产形成对应的经济价值和社会价值。

二是数据资产逐步实现全过程管理。全过程即包含《意见》中提到的 12 项任务，这 12 项任务就是全过程管理的流程，即依法合规管理数据资产、明晰数据资产权责关系、完善数据资产相关标准、加强数据资产使用管理、稳妥推动数据资产开发利用、健全数据资产价值评估体系、畅通数据资产收益分配机制、规范数据资产销毁处置、强化数据资产过程监测、加强数据资产应急管理、完善数据资产信息披露和报告、严防数据资产价值应用风险。数据资产管理按照全过程展开，必然实现数据资产管理的合规化、标准化、增值化。

三是公共数据价值会更快凸显。文件强调了加强和规范公共数据资产基础管理工作，公共数据资产应用机制的创新将在各地的实践中逐步出现，公共数据质量不高的现象将会被逐步解决，公共数据资产实现高质量供给，公共数据价值得到有效释放。一些地方可能存在虚增公共数据资产价值的现象，如通过虚增公共资产来降低地方城投的资产负债率，以虚高的数据资产价值开展融资等，对此要加以防范。

2.20　《财政部关于加强行政事业单位数据资产管理的通知》

（财资〔2024〕1 号）

党中央有关部门，国务院各部委、各直属机构，全国人大常委会办公厅，全国政协办公厅，最高人民法院，最高人民检察院，各民主党派中央，有关人民团体，各省、自治区、直辖市、计划单列市财政厅（局），新疆生产建设兵团财政局，有关中央管理企业：

为贯彻落实《中共中央 国务院关于构建数据基础制度更好发挥数据要素作用的意见》，加强行政事业单位数据资产管理，充分发挥数据资产价值作用，保障数据资产安全，更好地服务与保障单位履职和事业发展，根据《行政事业性国有资产管理条例》（国务院令第 738 号）、《财政部关于印发〈关于加强数据资产管理的指导意见〉的通知》（财资〔2023〕141 号）等有关规定，现就加强行政事业单位数据资产管理工作通知如下：

一、明晰管理责任，健全管理制度

（一）明晰责任。行政事业单位数据资产是各级行政事业单位在依法履职或提供公共服务过程中持有或控制的，预期能够产生管理服务潜力或带来经济利益流入的数据资源。地方财政部门应当结合本地实际，逐步建立健全数据资产管理制度及机制，并负责组织实施和监督检查。各部门要切实加强本部门数据资产管理工作，指导、监督所属单位数据资产管理工作。各部门所属单位负责本单位数据资产的具体管理。

（二）健全制度。各部门应当根据工作需要和实际情况，建立健全行政事业单位数据资产管理办法，针对数据资产确权、配置、使用、处置、收益、安全、保密等重点管理环节，细化管理要求，明确操作规程，确保管理规范、流程清晰、责任可查。涉及处理个人信息的，应当依照相关法律法规规定的权限和程序进行。

二、规范管理行为，释放资产价值

（三）从严配置。行政事业单位主要通过自主采集、生产加工、购置等方式配置数据资产。加强数据资产源头管理，在依法履职或提供公共服务过程中，应当按照规定的范围、方法、技术标准等进行自主采集、生产加工数据形成资产。通过购置方式配置数据资产的，应当根据依法履职和事业发展需要，落实过紧日子要求，按照预算管理规定科学配置，涉及政府采购的应当执行政府采购有关规定。

（四）规范使用。依据《中华人民共和国数据安全法》等规定，做好数据资产加工处理工作，提高数据资产质量和管理水平。规范数据资产授权，经安全评估并按资产管理权限审批后，可将数据加工使用权、数据产品经营权授权运营主体进行运营。运营主体应当建立安全可信的运营环境，在授权范围内运营，并对数据的安全和合规负责。各部门及其所属单位对外授权有偿使用数据资产，应当严格按照资产管理权限履行审批程序，并按照国家规定对资产相关权益进行评估。不得利用数据资产进行担保，新增政府隐性债务。严禁借授权有偿使用数据资产的名义，变相虚增财政收入。

（五）开放共享。积极推动数据资产开放共享，在确保公共安全和保护个人隐私的前提下，加强数据资产汇聚共享和开发开放，促进数据资产使用价值充分利用。加大数据资产供给使用，推动用于公共治理、公益事业的数据资产有条件无偿使用，探索用于产业发展、行业发展的数据资产有条件有偿使用。依法依规予以保密的数据资产不予开放，开放共享进入市场的数据资产应当明确授权使用范围，并严格授权使用。

（六）审慎处置。各部门及其所属单位应当根据依法履职、事业发展需要和数据资产使用状况，经集体决策和履行审批程序，依据处置事项批复等相关文件及时处置数据资产。确需彻底删除、销毁数据资产的，应当按照保密制度的规定，利用专业技术手段彻底销毁，确保无法恢复。

（七）严格收益。建立合理的数据资产收益分配机制，依法依规维护数据资产权益。行政单位数据资产使用形成的收入，按照政府非税收入和国库集中收缴制度的有关规定管理。事业单位数据资产使用形成的收入，由本级财政部门规定具体管理办法。除国家另有规定外，行政事业单位数据资产的处置收入按照政府非税收入和国库集中收缴制度的有关规定管理。任何行政事业单位及个人不得违反国家规定，多收、少收、不收、少缴、不缴、侵占、私分、截留、占用、挪用、隐匿、坐支数据资产相关收入。

（八）夯实基础。各部门及其所属单位要结合数据资源目录对数据资产进行清查盘点，并按照《固定资产等资产基础分类与代码》（GB/T 14885—2022）等国家标准，加强数据资产登记，在预算管理一体化系统中建立并完善资产信息卡。

三、严格防控风险，确保数据安全

（九）维护安全。各部门及其所属单位要认真贯彻总体国家安全观，严格遵守《中华人民共和国网络安全法》、《中华人民共和国数据安全法》、《中华人民共和国个人信息保护法》等法律制度规定，落实网络安全等级保护制度，建立数据资产安全管理制度和监测预警、应急处置机制，推进数据资产分类分级管理，把安全贯穿数据资产全生命周期管理，有效防范和化解各类数据资产安全风险，切实筑牢数据资产安全保障防线。各部门及其所属单位应当按规定做好国家数据安全风险评估。

（十）加强监督。各部门及其所属单位要加强数据资产监督，坚持事前监督与事中监督、事后监督相结合，日常监督和专项检查相结合，构筑立体化监督网络；自觉接受人大监督、审计监督、财会监督等各类监督，确保数据资产安全完整。

（十一）及时报告。各部门及其所属单位应当将数据资产管理情况逐步纳入行政事业性国有资产管理情况报告。

数据资产作为经济社会数字化转型进程中的新兴资产类型，是国家重要的战略资源。各部门及其所属单位要按照国家有关规定及本通知要求，切实加强行政事业单位数据资产管理，因地制宜探索数据资产管理模式，充分实现数据要素价值，更好发挥数据资产对推动数字经济发展的支撑作用。

财政部

2024 年 2 月 5 日

2.21 《财政部关于加强行政事业单位数据资产管理的通知》解读

一、政策背景

《关于加强行政事业单位数据资产管理的通知》（本节以下简称《通知》）是在前面章节提到的《中共中央 国务院关于构建数据基础制度更好发挥数据要素作用的意见》和《关于加强数据资产管理的指导意见》基础上出台的落地实施文件，其目的是充分发挥数据资产价值作用，保障数据资产安全，更好地服务与保障单位履职和事业发展，加强行政事业单位数据资产管理工作。

二、主要内容

第一，明晰管理责任，健全管理制度。明晰管理责任要求地方财政部门建立健全数据资产管理制度及机制，并负责组织实施和监督检查；各部门加强本部门数据资产管理工作，指导、监督所属单位数据资产管理工作。健全制度要求各部门建立健全行政事业单位数据资产管理办法，针对数据资产确权、配置、使用、处置、收益、安全、保密等重点管理环节，细化管理要求，明确操作规程，确保管理规范、流程清晰、责任可查。

第二，规范管理行为，释放资产价值。具体要求包括从严配置、规范使用、开放共享、审慎处置、严格收益、夯实基础 6 个方面。从严配置要求行政事业单位主要通过自主采集、生产加工、购置等方式配置数据资产，要按照预算管理规定科学配置。规范使用要求依据《中华人民共和国数据安全法》等规定，做好数据资产加工处理工作，提高数据资产质量和管理水平。开放共享要求加大数据资产供给使用，推动用于公共治理、公益事业的数据资产有条件无偿使用，探索用于产业发展、行业发展的数据资产有条件有偿使用。审慎处置要求各部门依法按需经集体决策和履行审批程序，依据处置事项批复等相关文件及时处置数据资产。严格收益要求建立合理的数据资产收益分配机制，依法依规维护数据资产权益。夯实基础要求各部门加强清查盘点，并按照国家标准，加强数据资产登记，在预算管理一体化系统中建立并完善资产信息卡。

第三，严格防控风险，确保数据安全。具体内容包括维护安全、加强监督、及时报告。维护安全要求落实网络安全等级保护制度，建立数据资产安全管理制度和监测预警、应急处置机制，推进数据资产分类分级管理，把安全贯穿数据资产全生命周期管理，有效防范和化解各类数据资产安全风险。加强监督要求，加强数据资产监督，坚持事前监督与事中监督、事后监督相结合，日常监督和专项检查相结合，构筑立体化监督网络，自觉接受各类监督。及时报告要求将数据资产管理情况逐步纳入行政事业性国有资产管理情况报告。

三、影响及成效

数据资产作为经济社会数字化转型进程中的新兴资产类型，是国家重要的战略资源。按照《通知》要求，各单位将加强行政事业单位数据资产管理，因地制宜探索数据资产管理模式，充分实现数据要素价值，更好发挥数据资产对推动数字经济发展的支撑作用。《通知》带来了以下影响及成效。

一是各地方财政部门应当结合本地实际，逐步建立健全数据资产管理制度及机制，建立健全行政事业单位数据资产管理办法。这是一项明确的规定动作，各单位都需按照要求完成。相关制度机制、管理办法可能有所差异，但都要求其职责明确、管理细化、流程清晰、责任可查。

二是行政事业单位将通过自主采集、生产加工、购置等方式配置数据资产。经安全评估并按资产管理权限审批后，数据加工使用权、数据产品经营权将被授予运营主体进行运营。数据资产汇聚共享和开发开放将被强化，用于公共治理、公益事业、产业发展、行业发展的数据资产被有条件无偿或有偿使用。行政单位数据资产的使用可能形成一定收入，需按照政府非税收入和国库集中收缴制度的有关规定管理。

三是数据安全将被史无前例地加以强调。随着数据热度不断增长，监督自然而然地会不断增强，人大、审计、财会也开始会对数据资产予以监督，报告数据资产管理情况将会形成常态。

2.22 国家数据局等部门关于印发《"数据要素×" 三年行动计划（2024—2026 年）》的通知

国家数据局等部门关于印发《"数据要素×"
三年行动计划（2024—2026 年）》的通知
国数政策〔2023〕11 号

各省、自治区、直辖市及计划单列市、新疆生产建设兵团数据管理部门、党委网信办、科学技术厅（委、局）、工业和信息化主管部门、交通运输厅（局、委）、农业农村（农牧）厅（局、委）、商务主管部门、文化和旅游厅（局）、卫生健康委、应急管理厅（局）、医保局、气象局、文物局、中医药主管部门，中国人民银行上海总部，各省、自治区、直辖市及计划单列市分行，金融监管总局各监管局，中国科学院院属各单位：

为深入贯彻党的二十大和中央经济工作会议精神，落实《中共中央 国务院关于构建数据基础制度更好发挥数据要素作用的意见》，充分发挥数据要素乘数效应，赋能经济社会发展，国家数据局会同有关部门制定了《"数据要素×"三年行动计划（2024—2026 年）》，现印发给你们，请认真组织实施。

国家数据局 中央网信办 科技部 工业和信息化部 交通运输部 农业农村部 商务部 文化和旅游部 国家卫生健康委 应急管理部 中国人民银行 金融监管总局 国家医保局 中国科学院 中国气象局 国家文物局 国家中医药局

2023 年 12 月 31 日

"数据要素×"三年行动计划（2024—2026 年）

发挥数据要素的放大、叠加、倍增作用，构建以数据为关键要素的数字经济，是推动高质量发展的必然要求。为深入贯彻党的二十大和中央经济工作会议精神，落实《中共中央 国务院关于构建数据基础制度更好发挥数据要素作用的意见》，充分发挥数据要素乘数效应，赋能经济社会发展，特制定本行动计划。

一、激活数据要素潜能

随着新一轮科技革命和产业变革深入发展，数据作为关键生产要素的价值日益凸显。发挥数据要素报酬递增、低成本复用等特点，可优化资源配置，赋能实体经济，发展新质生产力，推动生产生活、经济发展和社会治理方式深刻变革，对推动高质量发展具有重要意义。

近年来，我国数字经济快速发展，数字基础设施规模能级大幅跃升，数字技术和产业体系日臻成熟，为更好发挥数据要素作用奠定了坚实基础。与此同时，也存在数据供给质量不高、流通机制不畅、应用潜力释放不够等问题。实施"数据要素×"行动，就是要发挥我国超大规模市场、海量数据资源、丰富应用场景等多重优势，推动数据要素与劳动力、资本等要素协同，以数据流引领技术流、资金流、人才流、物资流，突破传统资源要素约束，提高全要素生产率；促进数据多场景应用、多主体复用，培育基于数据要素的新产品和新服务，实现知识扩散、价值倍增，开辟经济增长新空间；加快多元数据融合，以数据规模扩张和数据类型丰富，促进生产工具创新升级，催生新产业、新模式，培育经济发展新动能。

二、总体要求

（一）指导思想

以习近平新时代中国特色社会主义思想为指导，深入贯彻落实党的二十大精神，完整、准确、全面贯彻新发展理念，发挥数据的基础资源作用和创新引擎作用，遵循数字经济发展规律，以推动数据要素高水平应用为主线，以推进数据要素协同优化、复用增效、融合创新作用发挥为重点，强化场景需求牵引，带动数据要素高质量供给、合规高效流通，培育新产业、新模式、新动能，充分实现数据要素价值，为推动高质量发展、推进中国式现代化提供有力支撑。

（二）基本原则

需求牵引，注重实效。聚焦重点行业和领域，挖掘典型数据要素应用场景，培育数据商，繁荣数据产业生态，激励各类主体积极参与数据要素开发利用。

试点先行，重点突破。加强试点工作，探索多样化、可持续的数据要素价值释放路径。推动在数据资源丰富、带动性强、前景广阔的领域率先突破，发挥引领作用。

有效市场，有为政府。充分发挥市场机制作用，强化企业主体地位，推动数据资源有效配置。更好发挥政府作用，扩大公共数据资源供给，维护公平正义，营造良好发展环境。

开放融合，安全有序。推动数字经济领域高水平对外开放，加强国际交流互鉴，促进数据有序跨境流动。坚持把安全贯穿数据要素价值创造和实现全过程，严守数据安全底线。

（三）总体目标

到 2026 年底，数据要素应用广度和深度大幅拓展，在经济发展领域数据要素乘数效应得到显现，打造 300 个以上示范性强、显示度高、带动性广的典型应用场景，涌现出一批成效明显的数据要素应用示范地区，培育一批创新能力强、成长性好的数据商和第三方专业服务机构，形成相对完善的数据产业生态，数据产品和服务质量效益明显提升，数据产业年均增速超过 20%，场内交易与场外交易协调发展，数据交易规模倍增，推动数据要素价值创造的新业态成为经济增长新动力，数据赋能经济提质增效作用更加凸显，成为高质量发展的重要驱动力量。

三、重点行动

（四）数据要素×工业制造

创新研发模式，支持工业制造类企业融合设计、仿真、实验验证数据，培育数据驱动型产品研发新模式，提升企业创新能力。推动协同制造，推进产品主数据标准生态系统建设，支持链主企业打通供应链上下游设计、计划、质量、物流等数据，实现敏捷柔性协同制造。提升服务能力，支持企业整合设计、生产、运行数据，提升预测性维护和增值服务等能力，实现价值链延伸。强化区域联动，支持产能、采购、库存、物流数据流通，加强区域间制造资源协同，促进区域产业优势互补，提升产业链供应链监测预警能力。开发使能技术，推动制造业数据多场景复用，支持制造业企业联合软件企业，基于设计、仿真、实验、生产、运行等数据积极探索多维度的创新应用，开发创成式设计、虚实融合试验、智能无人装备等方面的新型工业软件和装备。

（五）数据要素×现代农业

提升农业生产数智化水平，支持农业生产经营主体和相关服务企业融合利用遥感、气象、土壤、农事作业、灾害、农作物病虫害、动物疫病、市场等数据，加快打造以数据和模型为支撑的农业生产数智化场景，实现精准种植、精准养殖、精准捕捞等智慧农业作业方式，支撑提高粮食和重要农产品生产效率。提高农产品追溯管理能力，支持第三方主体汇聚利用农产品的产地、生产、加工、质检等数据，支撑农产品追溯管理、精准营销等，增强消费者信任。推进产业链数据融通创新，支持第三方主体面向农业生产经营主体提供智慧种养、智慧捕捞、产销对接、疫病防治、行情信息、跨区作业等服务，打通生产、销售、加工等数据，提供一站式采购、供应链金融等服务。培育以需定产新模式，支持农业与商贸流通数据融合分析应用，鼓励电商平台、农产品批发市场、商超、物流企业等基于销售数据分析，向农产品生产端、加工端、消费端反馈农产品信息，提升农产品供需匹配能力。提升农业生产抗风险能力，支持在粮食、生猪、果蔬等领域，强化产能、运输、加工、贸易、消费等数据融合、分析、发布、应用，加强农业监测预警，为应对自然灾害、疫病传播、价格波动等影响提供支撑。

（六）数据要素×商贸流通

拓展新消费，鼓励电商平台与各类商贸经营主体、相关服务企业深度融合，依托客流、消费行为、交通状况、人文特征等市场环境数据，打造集数据收集、分析、决策、精准推送和动态反馈的闭环消费生态，推进直播电商、即时电商等业态创新发展，支持各类商圈创新应用场景，培育数字生活消费方式。培育新业态，支持电子商务企业、国家电子商务示范基地、传统商贸流通企业加强数据融合，整合订单需求、物流、产能、供应链等数据，优化配置产业链资源，打造快速响应市场的产业协同创新生态。打造新品牌，支持电子商务企业、商贸企业依托订单数量、订单类型、人口分布等数据，主动对接生产企业、产业集群，加强产销对接、精准推送，助力打造特色品牌。推进国际化，在安全合规前提下，鼓励电子商务企业、现代流通企业、数字贸易龙头企业融合交易、物流、支付数据，支撑提升供应链综合服务、跨境身份认证、全球供应链融资等能力。

（七）数据要素×交通运输

提升多式联运效能，推进货运寄递数据、运单数据、结算数据、保险数据、货运跟踪数据等共享互认，实现托运人一次委托、费用一次结算、货物一次保险、多式联运经营人全程负责。推进航运贸易便利化，推动航运贸易数据与电子发票核验、经营主体身份核验、报关报检状态数据等的可信融合应用，加快推广电子提单、信用证、电子放货等业务应用。提升航运服务能力，支持海洋地理空间、卫星遥感、定位导航、气象等数据与船舶航行位置、水域、航速、装卸作业数据融合，创新商渔船防碰撞、航运路线规划、港口智慧安检等应用。挖掘数据复用价值，融合"两客一危"、网络货运等重点车辆数据，构建覆盖车辆营运行为、事故统计等高质量动态数据集，为差异化信贷、保险服务、二手车消费等提供数据支撑。支持交通运输龙头企业推进高质量数据集建设和复用，加强人工智能工具应用，助力企业提升运输效率。推进智能网联汽车创新发展，支持自动驾驶汽车在特定区域、特定时段进行商业化试运营试点，打通车企、第三方平台、运输企业等主体间的数据壁垒，促进道路基础设施数据、交通流量数据、驾驶行为数据等多源数据融合应用，提高智能汽车创新服务、主动安全防控等水平。

（八）数据要素×金融服务

提升金融服务水平，支持金融机构融合利用科技、环保、工商、税务、气象、消费、医疗、社保、农业农村、水电气等数据，加强主体识别，依法合规优化信贷业务管理和保险产品设计及承保理赔服务，提升实体经济金融服务水平。提高金融抗风险能力，推进数字金融发展，在依法安全合规前提下，推动金融信用数据和公共信用数据、商业信用数据共享共用和高效流通，支持金融机构间共享风控类数据，融合分析金融市场、信贷资产、风险核查等多维数据，发挥金融科技和数据要素的驱动作用，支撑提升金融机构反欺诈、反洗钱能力，提高风险预警和防范水平。

（九）数据要素×科技创新

推动科学数据有序开放共享，促进重大科技基础设施、科技重大项目等产生的各类科学数据互联互通，支持和培育具有国际影响力的科学数据库建设，依托国家科学数据中心等平台强化高质量科学数据资源建设和场景应用。以科学数据助力前沿研究，面向基础学科，提供高质量科学数据资源与知识服务，驱动科学创新发现。以科学数据支撑技术创新，聚焦生物育种、新材料创制、药物研发等领域，以数智融合加速技术创新和产业升级。以科学数据支持大模型开发，深入挖掘各类科学数据和科技文献，通过细粒度知识抽取和多来源知识融合，构建科学知识资源底座，建设高质量语料库和基础科学数据集，支持开展人工智能大模型开发和训练。探索科研新范式，充分依托各类数据库与知识库，推进跨学科、跨领域协同创新，以数据驱动发现新规律，创造新知识，加速科学研究范式变革。

（十）数据要素×文化旅游

培育文化创意新产品，推动文物、古籍、美术、戏曲剧种、非物质文化遗产、民族民间文艺等数据资源依法开放共享和交易流通，支持文化创意、旅游、展览等领域的经营主体加强数据开发利用，培育具有中国文化特色的产品和品牌。挖掘文化数据价值，贯通各类文化机构数据中心，关联形成中华文化数据库，鼓励依托市场化机制开发文化大模型。提升文物保护利用水平，促进文物病害数据、保护修复数据、安全监管数据、文物流通数据融合共享，支持实现文物保护修复、监测预警、精准管理、应急处置、阐释传播等功能。提升旅游服务水平，支持旅游经营主体共享气象、交通等数据，在合法合规前提下构建客群画像、城市画像等，优化旅游配套服务、一站式出行服务。提升旅游治理能力，支持文化和旅游场所共享公安、交通、气象、证照等数据，支撑"免证"购票、集聚人群监测预警、应急救援等。

（十一）数据要素×医疗健康

提升群众就医便捷度，探索推进电子病历数据共享，在医疗机构间推广检查检验结果数据标准统一和共享互认。便捷医疗理赔结算，支持医疗机构基于信用数据开展先诊疗后付费就医。推动医保便民服务。依法依规探索推进医保与商业健康保险数据融合应用，提升保险服务水平，促进基本医保与商业健康保险协同发展。有序释放健康医疗数据价值，完善个人健康数据档案，融合体检、就诊、疾控等数据，创新基于数据驱动的职业病监测、公共卫生事件预警等公共服务模式。加强医疗数据融合创新，支持公立医疗机构在合法合规前提下向金融、养老等经营主体共享数据，支撑商业保险产品、疗养休养等服务产品精准设计，拓展智慧医疗、智能健康管理等数据应用新模式新业态。提升中医药发展水平，加强中医药预防、治疗、康复等健康服务全流程的多源数据融合，支撑开展中医药疗效、药物相互作用、适应症、安全性等系统分析，推进中医药高质量发展。

（十二）数据要素×应急管理

提升安全生产监管能力，探索利用电力、通信、遥感、消防等数据，实现对高危行业企业私挖盗采、明停暗开行为的精准监管和城市火灾的智能监测。鼓励社会保险企业围绕矿山、危险化学品等高危行业，研究建立安全生产责任保险评估模型，开发新险种，提高风险评估的精准性和科学性。提升自然灾害监测评估能力，利用铁塔、电力、气象等公共数据，研发自然灾害灾情监测评估模型，强化灾害风险精准预警研判能力。强化地震活动、地壳形变、地下流体等监测数据的融合分析，提升地震预测预警水平。提升应急协调共享能力，推动灾害事故、物资装备、特种作业人员、安全生产经营许可等数据跨区域共享共用，提高监管执法和救援处置协同联动效率。

（十三）数据要素×气象服务

降低极端天气气候事件影响，支持经济社会、生态环境、自然资源、农业农村等数据与气象数据融合应用，实现集气候变化风险识别、风险评估、风险预警、风险转移的智能决策新模式，防范化解重点行业和产业气候风险。支持气象数据与城市规划、重大工程等建设数据深度融合，从源头防范和减轻极端天气和不利气象条件对规划和工程的影响。创新气象数据产品服务，支持金融企业融合应用气象数据，发展天气指数保险、天气衍生品和气候投融资新产品，为保险、期货等提供支撑。支持新能源企业降本增效，支持风能、太阳能企业融合应用气象数据，优化选址布局、设备运维、能源调度等。

（十四）数据要素×城市治理

优化城市管理方式，推动城市人、地、事、物、情、组织等多维度数据融通，支撑公共卫生、交通管理、公共安全、生态环境、基层治理、体育赛事等各领域场景应用，实现态势实时感知、风险智能研判、及时协同处置。支撑城市发展科学决策，支持利用城市时空基础、资源调查、规划管控、工程建设项目、物联网感知等数据，助力城市规划、建设、管理、服务等策略精细化、智能化。推进公共服务普惠化，深化公共数据的共享应用，深入推动就业、社保、健康、卫生、医疗、救助、养老、助残、托育等服务"指尖办""网上办""就近办"。加强区域协同治理，推动城市群数据打通和业务协同，实现经营主体注册登记、异地就医结算、养老保险互转等服务事项跨城通办。

（十五）数据要素×绿色低碳

提升生态环境治理精细化水平，推进气象、水利、交通、电力等数据融合应用，支撑气象和水文耦合预报、受灾分析、河湖岸线监测、突发水事件应急处置、重污染天气应对、城市水环境精细化管理等。加强生态环境公共数据融合创新，支持企业融合应用自有数据、生态环境公共数据等，优化环境风险评估，支撑环境污染责任保险设计和绿色信贷服务。提升能源利用效率，促进制造与能源数据融合创新，推动能源企业与高耗能企业打通订单、排产、用电等数据，支持能耗预测、多能互补、梯度定价等应用。提升废弃资源利用效率，汇聚固体废物收集、转移、利用、处置等各环节数据，促进产废、运输、资源化利用高效衔接，推动固废、危废资源化利用。提升碳排放管理水平，支持打通关键产品全生产周期的物料、辅料、能源等碳排放数据以及行业碳足迹数据，开展产品碳足迹测算与评价，引导企业节能降碳。

四、强化保障支撑

（十六）提升数据供给水平

完善数据资源体系，在科研、文化、交通运输等领域，推动科研机构、龙头企业等开展行业共性数据资源库建设，打造高质量人工智能大模型训练数据集。加大公共数据资源供给，在重点领域、相关区域组织开展公共数据授权运营，探索部省协同的公共数据授权机制。引导企业开放数据，鼓励市场力量挖掘商业数据价值，支持社会数据融合创新应用。健全标准体系，加强数据采集、管理等标准建设，协同推进行业标准制定。加强供给激励，制定完善数据内容采集、加工、流通、应用等不同环节相关主体的权益保护规则，在保护个人隐私前提下促进个人信息合理利用。

（十七）优化数据流通环境

提高交易流通效率，支持行业内企业联合制定数据流通规则、标准，聚焦业务需求促进数据合规流通，提高多主体间数据应用效率。鼓励交易场所强化合规管理，创新服务模式，打造服务生态，提升服务质量。打造安全可信流通环境，深化数据空间、隐私计算、联邦学习、区块链、数据沙箱等技术应用，探索建设重点行业和领域数据流通平台，增强数据利用可信、可控、可计量能力，促进数据合规高效流通使用。培育流通服务主体，鼓励地方政府因地制宜，通过新建或拓展既有园区功能等方式，建设数据特色园区、虚拟园区，推动数据商、第三方专业服务机构等协同发展。完善培育数据商的支持举措。促进数据有序跨境流动，对标国际高标准经贸规则，持续优化数据跨境流动监管措施，支持自由贸易试验区开展探索。

（十八）加强数据安全保障

落实数据安全法规制度，完善数据分类分级保护制度，落实网络安全等级保护、关键信息基础设施安全保护等制度，加强个人信息保护，提升数据安全保障水平。丰富数据安全产品，发展面向重点行业、重点领域的精细化、专业型数据安全产品，开发适合中小企业的解决方案和工具包，支持发展定制化、轻便化的个人数据安全防护产品。培育数据安全服务，鼓励数据安全企业开展基于云端的安全服务，有效提升数据安全水平。

五、做好组织实施

（十九）加强组织领导

发挥数字经济发展部际联席会议制度作用，强化重点工作跟踪和任务落实，协调推进跨部门协作。行业主管部门要聚焦重点行业数据开发利用需求，细化落实行动计划的举措。地方数据管理部门要会同相关部门研究制定落实方案，因地制宜形成符合实际的数据要素应用实践，带动培育一批数据商和第三方专业服务机构，营造良好生态。

（二十）开展试点工作

支持部门、地方协同开展政策性试点，聚焦重点行业和领域，结合场景需求，研究数据资源持有权、数据加工使用权、数据产品经营权等分置的落地举措，探索数据流通交易模式。鼓励各地方大胆探索、先行先试，加强模式创新，及时总结可复制推广的实践经验。推动企业按照国家统一的会计制度对数据资源进行会计处理。

（二十一）推动以赛促用

组织开展"数据要素×"大赛，聚焦重点行业和领域搭建专业竞赛平台，加强数据资源供给，激励社会各界共同挖掘市场需求，提升数据利用水平。支持各类企业参与赛事，加强大赛成果转化，孵化新技术、新产品，培育新模式、新业态，完善数据要素生态。

（二十二）加强资金支持

实施"数据要素×"试点工程，统筹利用中央预算内投资和其他各类资金加大支持力度。鼓励金融机构按照市场化原则加大信贷支持力度，优化金融服务。依法合规探索多元化投融资模式，发挥相关引导基金、产业基金作用，引导和鼓励各类社会资本投向数据产业。支持数据商上市融资。

（二十三）加强宣传推广

开展数据要素应用典型案例评选，遴选一批典型应用。依托数字中国建设峰会及各类数据要素相关会议、论坛和活动等，积极发布典型案例，促进经验分享和交流合作。各地方数据管理部门要深入挖掘数据要素应用好经验、好做法，充分利用各类新闻媒体，加大宣传力度，提升影响力。

2.23 《"数据要素×"三年行动计划（2024—2026 年）》解读

2023 年 12 月 31 日，国家数据局等 17 个部门印发了《"数据要素×"三年行动计划（2024—2026 年）》（国数政策〔2023〕11 号，本节以下简称《计划》），旨在充分发挥数据要素乘数效应，赋能经济社会发展。

一、政策背景

2023 年 3 月 7 日，根据国务院关于提请审议国务院机构改革方案的议案，中共中央、国务院印发了《党和国家机构改革方案》，组建国家数据局。2023 年 10 月 25 日，国家数据局正式揭牌。国家数据局的主要职责是负责协调推进数据基础制度建设，统筹数据资源整合共享和开发利用，统筹推进数字中国、数字经济、数字社会规划和建设等。将中央网络安全和信息化委员会办公室承担的研究拟订数字中国建设方案、协调推动公共服务和社会治理信息化、协调促进智慧城市建设、协调国家重要信息资源开发利用与共享、推动信息资源跨行业跨部门互联互通等职责，国家发展和改革委员会承担的统筹推进数字经济发展、组织实施国家大数据战略、推进数据要素基础制度建设、推进数字基础设施布局建设等职责划入国家数据局。国家数据局初期的组织架构按照综合、数据要素、数字经济、基础设施和公共数据等工作划分为五个组。

《"数据要素×"三年行动计划（2024—2026 年）》是国家数据局成立以来发布的第一份重量级文件，这份非常专业、务实、具有可操作性的政策文件，标志着我国数据要素发挥作用从顶层设计到落地实施阶段的转变。这项政策是在国家数据局会同其他 16 个部委共同深入研究、广泛征求意见的基础上出台的，出台以后各界反响很大。

二、主要内容

文件在标题中用了"×"，对应了原来的"+"，比如"互联网+""人工智能+"等。之所以用"×"，文件开篇已经给出了解释，即发挥数据要素的放大、叠加、倍增作用，构建以数据为关键要素的数字经济，充分发挥数据要素乘数效应，赋能经济社会发展。

文件认为，数据要素具有报酬递增、低成本复用等特点。当前发挥数据要素作用的基础已经具备，主要是数字基础设施规模能级大幅跃升，数字技术和产业体系日臻成熟。存在的困难是数据供给质量不高、流通机制不畅、应用潜力释放不够。尽管存在这些困难，但我国拥有独特的优势，包括超大规模的市场、海量的数据资源、丰富的应用场景。这些优势为数据要素的深度开发与应用提供了坚实的基础。

从技术角度讲，行动计划的指导思想是以推动数据要素高水平应用为主线，以推进数据要素协同优化、复用增效、融合创新作用发挥为重点，强化场景需求牵引，带动数据要素高质量供给、合规高效流通，培育新产业、新模式、新动能，充分实现数据要素价值，为推动高质量发展、推进中国式现代化提供有力支撑。基本原则包括四项：①需求牵引，注重实效；②试点先行，重点突破；③有效市场，有为政府；④开放融合，安全有序。同时，文件对到 2026 年底的情况设立了明确具体的总体目标，这些目标是量化且可评估的，表明国家数据局及协同部委具有完成目标的信心和决心。

在数字经济领域，新质生产力就是人工智能大模型技术、数据要素与开放协同的产业生态体系的结合。重点行动是落实新质生产力的具体体现，文件中详细罗列了数据要素与产业生态结合的要点，共有 12 项。这些项目，都是各部委在信息化建设或者数据要素应用上的痛点难点，也是数据要素能够发挥作用的发力点、结合点。有些属于传统业务，由数据要素赋能，如农产品溯源、医疗理赔结算等；有些则属于新业务，如大模型开发等。经过合并同类项后可以表述如下。

重点行动=数据要素×（工业制造+现代农业+商贸流通+交通运输+金融服务+科技创新+文化旅游+医疗健康+应急管理+气象服务+城市治理+绿色低碳）。

国家数据局及各部委的保障支撑包括提升数据供给水平、优化数据流通环境、加强数据安全保障三项，从供给、流通、安全三个方面给数据要素发挥作用吃了"定心丸"，为其保驾护航。

组织实施也打破了惯常的做法，除了加强组织领导、开展试点工作以外，推出了推动以赛促用、加强资金支持、加强宣传推广等较为接地气的做法，预计将有效促进政策落地实施。

三、影响及成效[①]

一是数据在各行业的应用将提升经济运行效率。例如，从实体制造类企业看，一些企业下游的中小企业存在获客难度大、采购成本高、融资渠道窄等困难，借助上下游数据的贯通，中小企业能够获得有效和真实的商情信息、稳定和一定规模的订单，从而解决产品销售的问题。基于订购订单、设备开工情况等数据，中小企业还可以获取订单融资、仓单融资和应收账款融资等供应链金融服务，解决融资难、融资贵等问题。

二是通过数据应用推动知识扩散、业态创新，扩展生产可能性边界。数据是知识的载体，数据在不同场景、不同领域的复用，将推动各行业知识的相互碰撞，孕育出新产品、新服务，创造新的价值增量。例如，传统的隧道作业高度依赖人工经验，效率不高，施工风险难以控制，通过地质数据、设备数据和以往工程数据的复用，可以使掘进设备在准确感知地质条件、掘进速度、钻头转速基础上，根据地质构造和岩土类型自主控制掘进策略，将过去沉淀在高技能劳动者中的隐性经验拓展为机器能够实现的显性经验，实现工具升级、知识扩散、价值倍增，极大提升了既有高水平劳动者数量约束下的产出极限，开辟了经济增长新空间。

三是通过数据应用推动科学范式迁移，提升科技创新能力。当前，科学发现的基本方式正在经历从理论分析、到计算模拟、再到数据探索的转变。多种来源、不同类型数据的汇聚与融合正在极大地提升科技创新的速度。例如，在生命科学领域，长期以来，如何准确、快速确定蛋白质三维空间结构一直是一个难题，基于海量、多元生物数据构建起的人工智能算法模型，能在几天甚至几分钟内预测出以前要花费数十年才能得到的、具有高置信度的蛋白质结构，颠覆了生命科学领域的研究范式。

推动"数据要素×"行动，就是要通过推动数据在多场景应用来提高资源配置效率、创造新产业新模式、培育发展新动能，实现对经济发展的倍增效应，从而推动数字经济发展进入激活数据要素价值的新阶段。国家数据局还将会同有关部门，通过组织试点工程、启动大赛、发布典型案例等方式，多措并举推进"数据要素×"行动计划落地实施。

四、名词解释

鉴于这是一份非常专业的文件，其中有一些名词需要解释。为方便读者

[①] 参考了刘烈宏在光华新年论坛上的演讲：《刘烈宏：激活数据要素价值》，https://www.gsm.pku.edu.cn/guanghuaforum2024/info/1022/1145.htm.

理解，搜集整理这些名词解释如下。

1. 中国产品主数据标准（China Product Master data Standard，CPMS），是由中国电子技术标准化研究院发起，中经样本（北京）科技发展有限公司等参与，对国民经济各细分品类产品的属性、特性及信息进行统一描述的标准规范。CPMS 给出了统一的、用于产品信息描述的语义体系，这一体系是产品信息跨系统、跨平台、跨组织流通的基础，是实现供应体系优化，加速产业数字化转型，推动数字经济高质量发展和全国统一大市场建设的重要基础设施。

2. 敏捷柔性协同制造，即敏捷制造与供应链柔性管理，是指制造企业采用现代通信手段，通过快速配置各种资源（包括技术、管理和人员），以有效和协调的方式响应用户需求，实现制造的敏捷性。敏捷制造是美国国防部为了加快 21 世纪制造业发展而支持的一项研究计划。该计划始于 1991 年，有100 多家公司参加，由当时的通用汽车公司、波音公司、IBM、德州仪器公司、AT&T、摩托罗拉等 15 家著名大公司代表和国防部代表共 20 人组成了核心研究队伍。此项研究历时三年，于 1994 年底提出了《21 世纪制造企业战略》。在这份报告中，提出了既能体现国防部与工业界各自的特殊利益，又能获取他们共同利益的一种新的生产方式，即敏捷制造。敏捷制造是一种集成了灵活性、动态性和创新性的制造模式，它强调企业应对市场变化的能力。在敏捷制造过程中，供应链的角色愈发重要，因为供应链的柔性管理直接决定了企业能否快速、有效地响应市场变化。

3. 供应链管理柔性，是指供应链对于需求变化的敏捷性，或者叫作对于需求变化的适应能力。需求的变化也可以称之为不确定性或者风险，这是在供应链上的各个环节中都客观存在的一种现象，存在于企业与企业之间或者企业与最终消费者之间。需求不确定性程度的提高会导致供应链管理难度和成本的增加。

4. 使能技术。国内外对于使能技术还没有明确的定义，主要是由于使能技术具有明显的层次特征，其内涵受使能技术创新的目标决定。从技术创新的角度来看，使能技术处于基础研究和产品研发之间，属于应用研究的范畴，其使命是通过使能技术的创新，来推动创新链下游的产品开发、产业化等环节的实现。使能技术能够被广泛地应用在各种产业上，并能协助现有科技做出重大的进步，而且在政治和经济上产生深远影响。使能技术是有差异的，主要表现在三个方面：一是地域差异。各国根据自身经济、科技、产业基础，结合国家发展目标，认定本国所需重点发展的"使能技术"，因此各国的关键使能技术是不同的。二是层次差异。例如，有多项"使能技术"支持信息技术，而在宏观角度，信息技术本身就是"使能技术"。三是领域差异。"使能技术"之间具有关联性，会交织或部分重叠。越是在宏观层面，这一特点越是明显。

5. 创成式设计，是一种利用机器学习技术在计算机辅助设计中自动创建几何图形的方法。它允许设计师在设计过程中输入产品参数，算法会自动进行调整和判断，以优化零件的强度与质量比，模仿自然结构发展的方式，创造出强大而轻量的结构，同时最大限度地减少材料的使用。这种方法起源于建筑领域，并在近十年中扩展到其他设计和艺术领域，尤其在制造业领域中的应用日益增多。创成式设计能够帮助设计师在考虑材料、形状和结构之间复杂关联的同时，发现新颖和优化的设计方案。

6. 虚实融合，是指通过计算机将真实与虚拟相结合，打造一个人机交互的虚拟环境，包括虚拟现实（Virtual Reality，VR）、增强现实（Augmented Reality，AR）、混合现实（Mixed Reality，MR）等多种技术。在这些技术中，VR 能够将用户带入虚拟环境中，AR 则将渲染图像叠加到真实世界中，而 MR 将真实世界与渲染图形完美融合。虚实融合技术通过将这些技术的视觉交互相融合，为用户带来无缝转换的"沉浸感"。

7. 农产品追溯，是食品追溯中最复杂和最艰难的部分，目前国际上还没有基于食品安全生产和全程供应链管理两方面进行完整对接的农产品可追溯系统。农产品追溯体系的建设最主要的就是"一个中心和三大模块"，即一个追溯云端数据中心，以及生产者、监管部门、消费者三大模块。通过结合大数据、云计算以及物联网技术，搭建一个云数据处理中心，实现生产者、监管部门以及消费者的互联互通。

8. 直播电商，是一种结合了直播和电子商务特点的新型电子商务模式。这种模式通过直播平台，利用主播展示和推荐产品，吸引用户的注意力，从而实现产品销售。直播电商的核心在于利用直播作为引流手段，通过私域流量的建立和社交互动，提高用户的购买体验和欲望，促进产品销售。在直播过程中，用户可以通过弹幕、点赞、送礼物等方式与主播互动，增强参与感和忠诚度。此外，直播电商还可以分为单主播直播和多主播直播，其中单主播直播是指只有一个主播进行直播推广，而多主播直播则是指有多个主播来进行直播推广，通过这种方式他们可以互相介绍，合作推广，进而增加产品曝光率和销售额。

9. 即时电商，是一种电子商务模式，它通过本地商流和即时物流满足消费者的即时需求。这种模式结合了线上线下的服务模式，具有高时效性的特点，是电子商务发展的新阶段。即时电商的核心在于"即时"，它依赖于数字技术和超算平台来保障高效的供应链水平和履约能力，从而实现快速配送，如半小时达、半日达和当日达等。此外，即时电商的客体不仅包括实物商品，还可能包括餐饮外卖、到家服务等。

10. "两客一危"，是指从事旅游的包车、三类以上班线客车和运输危险化学品、烟花爆竹、民用爆炸物品的道路专用车辆。这些车辆因为乘客或货物的危险性较高，被视为交通安全中的重点关注对象。为了加强对这些车辆的管理和监控，相关部门要求这些车辆安装卫星定位装置，并接入全国重点营运车辆联网联控系统，以确保车辆监控数据准确、实时、完整地传输到系统中，从而保障公共交通安全。

11. 大模型，一般指人工智能大模型，是指拥有超大规模参数（通常在十亿个以上）、超强计算资源的机器学习模型。其能够处理海量数据，完成各种复杂任务，如自然语言处理、图像识别等。

12. 细粒度知识抽取，是通过识别、理解、筛选、格式化，将业务模型中的对象加以细分，并抽取出来，以一定形式存入知识库中的过程。目的是增强信息的可使用性和可重用性。

13. 科学知识资源底座，是包括了太空探索、生物观园、科学历史、地球故事、奇人奇事、生命科学、科技生活、相关下载、军事科技、科幻世界、数码家电、健康饮食、科普学术等知识的资源基底。

14. 语料库，是指经科学取样和加工后的大规模电子文本库，其中存放的是在语言的实际使用中真实出现过的语言材料。

15. 数据集，又称为资料集、数据集合或资料集合，是一种由数据所组成的集合。Dataset（或 dataset）是一个数据的集合，通常以表格形式出现。表中的每一列代表一个特定变量，例如身高或体重。每一行代表数据集中的一个案例，显示了该案例在每个变量上的值，如一个人的身体测量或一系列随机数。每个数值被称为数据资料。对应于行数，该数据集的数据可能包括一个或多个成员。

16. 科学研究范式，通常指的是科学研究过程中的一系列规范和原则，它们指导着科研活动的进行。

17. 联邦机器学习，又名联邦学习、联合学习、联盟学习。联邦机器学习是一个机器学习框架，能有效帮助多个机构在满足用户隐私保护、数据安全和政府法规的要求下，进行数据使用和机器学习建模。联邦学习作为分布式的机器学习范式，可以有效解决数据孤岛问题，让参与方在不共享数据的基础上进行联合建模，从技术上打破数据孤岛，实现 AI 协作。谷歌在 2016 年提出了针对手机终端的联邦学习文案，微众银行 AI 团队则从金融行业实践出发，关注跨机构跨组织的大数据合作场景，首次提出"联邦迁移学习"的解决方案，将迁移学习和联邦学习结合起来。据杨强教授在"联邦学习研讨会"上的介绍，联邦迁移学习让联邦学习更加通用化，其可以在不同数据结构、不同机构间发挥作用，没有领域和算法限制，同时具有模型质量无损、保护隐私、确保数据安全的优势。

18. 区块链，从技术层面看，区块链是一种分布式数据库，通过去中心化的方式，让参与者集体维护数据库，每个参与节点都是平等的，都保存着整个数据库，在任何一个节点写入/读取数据，都会同步到所有节点，但单一节点无法篡改任何一个记录。它是分布式数据存储、点对点传输、共识机制、加密算法等计算机技术的综合应用模式。从应用层面看，区块链技术目前主要被作为一种分布式记账模式，它按照时间顺序将交易数据区块以顺序相连的方式组合成一种链式数据结构，也就是所有节点可以共同维护的账本，并以密码学方式保证其不可篡改性和不可伪造性。区块链主要解决的是交易的信任和安全问题，是比特币的底层技术。从诞生初期的比特币网络开始，区块链逐渐演化为一项吸引全球关注和投资的全球性技术。随后，以太坊等新一代区块链平台的出现进一步扩展了区块链的应用领域。区块链的特点包括去中心化、不可篡改、透明、安全和可编程性。每个数据块都链接到前一个块，形成连续的链，保障了交易历史的完整性。智能合约技术使区块链具有可编程性，从而支持更广泛的应用场景。区块链在金融、供应链、医疗、不动产等领域已得到广泛应用。

19. 沙箱技术，是一种用于隔离正在运行程序的安全机制，其目的是限制不可信进程或不可信代码运行时的访问权限。沙箱的名称来源于儿童所玩的沙盒游戏，在沙盒中，孩子们可以自由运用想象力搭建一个与外界隔绝的小世界，正如沙箱会为待执行的程序提供了一个虚拟环境一样，这个虚拟环境中包含一些虚拟的硬件和软件资源，如文件系统、网络、操作系统等，使应用程序或进程可以在该环境中运行。在沙箱中运行的程序只能访问沙箱给它加载的资源，而不会影响到外部的应用、系统或平台，避免其对计算机中的其他程序或数据造成永久的更改。在网络安全领域，其可以通过隔离沙箱中的病毒文件，以达到识别未知攻击的效果。

2.24　《中共中央办公厅、国务院办公厅关于加快公共数据资源开发利用的意见》

（2024 年 9 月 21 日）

各级党政机关、企事业单位依法履职或提供公共服务过程中产生的公共数据，是国家重要的基础性战略资源。为加快公共数据资源开发利用，充分释放公共数据要素潜能，推动高质量发展，经党中央、国务院同意，现提出如下意见。

一、总体要求

坚持以习近平新时代中国特色社会主义思想为指导，深入贯彻党的二十大和二十届二中、三中全会精神，完整准确全面贯彻新发展理念，统筹发展和安全，兼顾效率与公平，以促进公共数据合规高效流通使用为主线，以提高资源开发利用水平为目标，破除公共数据流通使用的体制性障碍、机制性梗阻，激发共享开放动力，优化公共数据资源配置，释放市场创新活力，充分发挥数据要素放大、叠加、倍增效应，为不断做强做优做大数字经济、构筑国家竞争新优势提供坚实支撑。

工作中要做到：坚持政府指导、市场驱动。加强政府指导和调控，更好发挥市场机制作用，有效扩大公共数据供给，提高公共数据资源配置效率和使用效益。坚持尊重规律、守正创新。鼓励各地区各部门因地制宜推动共享开放，探索开展依规授权运营，完善资源开发利用制度。坚持系统推进、高效协同。加强顶层设计，厘清部门和地方的管理边界，逐步形成权责清晰、条块协同的公共数据资源开发利用格局。坚持加快发展、维护安全。推动制度建设和能力建设相结合，将安全贯穿公共数据资源开发利用全过程，防范各种数据风险。

主要目标是：到 2025 年，公共数据资源开发利用制度规则初步建立，资源供给规模和质量明显提升，数据产品和服务不断丰富，重点行业、地区公共数据资源开发利用取得明显成效，培育一批数据要素型企业，公共数据资源要素作用初步显现。到 2030 年，公共数据资源开发利用制度规则更加成熟，资源开发利用体系全面建成，数据流通使用合规高效，公共数据在赋能实体经济、扩大消费需求、拓展投资空间、提升治理能力中的要素作用充分发挥。

二、深化数据要素配置改革，扩大公共数据资源供给

（一）统筹推进政务数据共享。完善政务数据目录，实行统一管理，推动实现"一数一源"，不断提升政务数据质量和管理水平。推动主动共享与按需共享相结合，完善政务数据共享责任清单，做好资源发布工作。强化已有数据共享平台的支撑作用，围绕"高效办成一件事"，推进跨层级、跨地域、跨系统、跨部门、跨业务政务数据共享和业务协同，不断增强群众和企业的获得感。

（二）有序推动公共数据开放。健全公共数据开放政策体系，明确公共数据开放的权责和范围，在维护国家数据安全、保护个人信息和商业秘密前提下，依法依规有序开放公共数据。完善公共数据开放平台，编制公布开放目录并动态更新，优先开放与民生紧密相关、社会需求迫切的数据，鼓励建立公共数据开放需求受理反馈机制，提高开放数据的完整性、准确性、及时性和机器可读性。

（三）鼓励探索公共数据授权运营。落实数据产权结构性分置制度要求，探索建立公共数据分类分级授权机制。加强对授权运营工作的统筹管理，明确数据管理机构，探索将授权运营纳入"三重一大"决策范围，明确授权条件、运营模式、运营期限、退出机制和安全管理责任，结合实际采用整体授权、分领域授权、依场景授权等模式，授权符合条件的运营机构开展公共数据资源开发、产品经营和技术服务。数据管理机构要履行行业监管职责，指导监督运营机构依法依规经营。运营机构要落实授权要求，规范运营行为，面向市场公平提供服务，严禁未经授权超范围使用数据。加快形成权责清晰、部省协同的授权运营格局。适时制定公共数据资源授权运营管理规定。

三、加强资源管理，规范公共数据授权运营

（四）健全资源管理制度。建立公共数据资源登记制度，依托政务数据目录，根据应用需求，编制形成公共数据资源目录，对纳入授权运营范围的公共数据资源实行登记管理。提高公共数据资源可用性，推动数据资源标准化、规范化建设，开展数据分类分级管理，强化数据源头治理和质量监督检查，实现数据质量可反馈、使用过程可追溯、数据异议可处置。

（五）完善运营监督。建立公共数据资源授权运营情况披露机制，按规定公开授权对象、内容、范围和时限等授权运营情况。运营机构应公开公共数据产品和服务能力清单，披露公共数据资源使用情况，接受社会监督。运营机构应依法依规在授权范围内开展业务，不得实施与其他经营主体达成垄断

协议或滥用市场支配地位等垄断行为，不得实施不正当竞争行为。

（六）建立健全价格形成机制维护公共利益。发挥好价格政策的杠杆调节作用，加快建立符合公共数据要素特性的价格形成机制。指导推动用于公共治理、公益事业的公共数据产品和服务有条件无偿使用。用于产业发展、行业发展的公共数据经营性产品和服务，确需收费的，实行政府指导定价管理。

四、鼓励应用创新，推动数据产业健康发展

（七）丰富数据应用场景。在市场需求大、数据资源多的行业和领域，拓展应用场景，鼓励经营主体利用公共数据资源开发产品、提供服务。鼓励和支持企事业单位和社会组织有条件无偿使用公共数据开发公益产品，提供便民利民服务。支持人工智能政务服务大模型开发、训练和应用，提高公共服务和社会治理智能化水平。

（八）推动区域数据协作。落实区域重大战略、区域协调发展战略部署，鼓励京津冀、长三角、粤港澳大湾区以及成渝地区双城经济圈、长江中游城市群等创新推动公共数据资源开发利用，促进全国一体化数据市场发展，培育新兴产业。探索建立公共数据资源开发利用区域合作和利益调节机制，支持东中西部地区发挥比较优势，在数据存储、计算、服务等环节开展区域协作，共享数据要素红利。

（九）加强数据服务能力建设。加强数据基础设施建设，推动数据利用方式向共享汇聚和应用服务能力并重的方向转变。推进多元数据融合应用，丰富数据产品和服务。研究制订数据基础设施标准规范，推动设施互联、能力互通，推动构建协同高效的国家公共数据服务能力体系。鼓励有条件的地区探索公共数据产品和服务场内交易模式，统筹数据交易场所的规划布局，引导和规范数据交易场所健康发展。

（十）繁荣数据产业发展生态。将数据产业作为鼓励发展类纳入产业结构调整指导目录，支持数据采集标注、分析挖掘、流通使用、数据安全等技术创新应用，鼓励开发数据模型、数据核验、评价指数等多形式数据产品。围绕数据采存算管用，培育高水平数据要素型企业。聚焦算力网络和可信流通，支持数据基础设施企业发展。落实研发费用加计扣除、高新技术企业税收优惠等政策。支持数据行业协会、学会等社会团体和产业联盟发展，凝聚行业共识，加强行业自律，推动行业发展。

五、统筹发展和安全，营造开发利用良好环境

（十一）加大创新激励。明确公共数据管理和运营的责任边界，围绕强化管理职责优化机构编制资源配置。在有条件的地区和部门，按照管运适度分离的原则，在保障政务应用和公共服务的前提下，承担数据运营职责的事业单位可按照国家有关规定转企改制，试点成立行业性、区域性运营机构，并按照国有资产有关法律法规进行管理，符合要求的纳入经营性国有资产集中统一监管。研究制定支持运营机构发展的激励政策。

（十二）加强安全管理。强化数据安全和个人信息保护，加强对数据资源生产、加工使用、产品经营等开发利用全过程的监督和管理。建立健全分类分级、风险评估、监测预警、应急处置等工作体系，开展公共数据利用的安全风险评估和应用业务规范性审查。运营机构应依据有关法律法规和政策要求，履行数据安全主体责任，采取必要安全措施，保护公共数据安全。加强技术能力建设，提升数据汇聚关联风险识别和管控水平。依法依规予以保密的公共数据不予开放，严格管控未依法依规公开的原始公共数据直接进入市场。

（十三）鼓励先行先试。充分考虑数据领域未知变量，落实"三个区分开来"，鼓励和保护干部担当作为，营造鼓励创新、包容创新的干事创业氛围，支持在制度机制、依规授权、价格形成、收益分配等方面积极探索可行路径。充分认识数据规模利用的潜在风险，坚决防止以数谋私等"数据上的腐败"，坚持有错必纠、有过必改，对苗头性、倾向性问题早发现早纠正，对失误错误及时采取补救措施，维护公共数据安全。

六、强化组织实施

（十四）加强组织领导。坚持和加强党对数据工作的全面领导。在党中央集中统一领导下，各地区各部门要强化组织实施，结合实际抓好本意见贯彻落实。国务院办公厅强化工作协调，统筹推进政务数据共享工作。国家数据局加强工作统筹，动态掌握全国公共数据资源开发利用情况，及时协调解决工作中的重要问题。重要情况及时按程序向党中央、国务院请示报告。

（十五）强化资金保障。加大中央预算内投资对数据基础设施、数据安全能力建设的支持力度。各地区各部门可结合实际需要统筹安排数据产品和服务采购经费。鼓励各类金融机构创新产品和服务，加大对数据要素型企业和数据基础设施企业的融资支持力度。引导社会资本有序参与公共数据资源开发利用活动。

（十六）增强支撑能力。加快建立数据产权归属认定、市场交易、权益分配、利益保护制度。统筹数据领域标准体系建设管理，组织开展相关标准研制、宣传、执行和评价。依托国家重点研发计划、国家科技重大专项等，开展数据加密、可信流通、安全治理等关键技术研究和攻关。加强数据领域人才队伍建设，将提高做好数据工作的能力纳入干部教育培训内容。积极参与国际交流合作，推动公共数据国际治理规则、国际标准制定。

（十七）加强评价监督。各地区各部门可结合实际探索开展公共数据资源开发利用绩效考核，依法依规向审计机关开放公共数据资源目录和开发利用情况。鼓励开展公共数据资源开发利用成效评价和第三方评估，加强经验总结和宣传推广，营造良好氛围。

2.25　《中共中央办公厅、国务院办公厅关于加快公共数据资源开发利用的意见》解读

2024 年 9 月 21 日，中共中央办公厅、国务院办公厅印发了《关于加快公共数据资源开发利用的意见》（本节以下简称《意见》），旨在加快公共数据资源开发利用，充分释放公共数据要素潜能，推动其高质量发展。

一、政策背景

2024 年，数据要素是市场上最活跃的生产要素之一，各类企业和机构围绕数据要素开展了大量的创新和创业工作，一大批围绕数据要素经营发展、开发挖掘、应用服务、技术研发的企业脱颖而出，形成了生动而富有活力的创新发展局面。

在各类数据资源中，公共数据资源数量庞大、价值巨大、敏感度高，无论是为公众提供服务的各类机构，还是围绕创新创业开拓进取的国有企业和民营企业，都把公共数据资源作为重要争取目标，力图在公共数据资源开发利用、服务发展上建功立业、有所作为。

当前，公共数据资源开发利用最关键、最亟需的是"合规高效流通使用"。从实践看，影响"合规高效流通使用"的一个重要因素是安全性。企业与掌握公共数据资源的部门进行沟通时，部门负责人首先会想到数据安全，这是因为安全就意味着责任。公共数据如果出了安全问题，责任巨大，损失也将是巨大的。因此，在公共数据资源开发利用过程中，一些持有数据的机构会趋于保守，宁可开发的慢一些，利用的少一些，也绝不能出现安全隐患。

此外，影响数据要素"合规高效流通使用"另一个问题是体制机制问题，即"体制性障碍、机制性梗阻"，各部门之间对于共享没有动力。尤其是从 2024年开始，数据作为资产可以进入资产负债表，各部门对于数据要素看的更重，

把数据作为资产对待，共享的积极性甚至有所下降，致使公共数据资源的配置得不到优化，市场的创新活力得不到充分发挥。

面对当前的有利环境，同时针对实践中存在的客观问题，中共中央办公厅、国务院办公厅出台了《意见》，以充分发挥数据要素放大、叠加、倍增效应，不断做强做优做大数字经济、构筑国家竞争新优势。

二、主要内容

《意见》开篇即明确了公共数据资源的重要地位，强调："各级党政机关、企事业单位依法履职或提供公共服务过程中产生的公共数据，是国家重要的基础性战略资源。"这一论断将公共数据资源的地位拔升到国家基础性战略层面，对于数据的开发利用也更加具有重要战略意义。在此战略定位下，《意见》提出六个方面的要求。

一是总体要求。强调统筹发展和安全，兼顾效率与公平，以促进公共数据合规高效流通使用为主线，以提高资源开发利用水平为目标，激发共享开放动力，优化公共数据资源配置，释放市场创新活力，充分发挥数据要素放大、叠加、倍增效应。工作中要做到坚持政府指导、市场驱动；坚持尊重规律、守正创新；坚持系统推进、高效协同；坚持加快发展、维护安全。并且明确了 2025 年和 2030 年的阶段性目标。

二是深化数据要素配置改革，扩大公共数据资源供给。主要包括：①统筹推进政务数据共享，完善政务数据目录，推动主动共享与按需共享相结合，强化已有数据共享平台的支撑作用；②有序推动公共数据开放，健全公共数据开放政策体系，完善公共数据开放平台；③鼓励探索公共数据授权运营，探索建立公共数据分类分级授权机制，加强对授权运营工作的统筹管理。

三是加强资源管理，规范公共数据授权运营。主要包括：①健全资源管理制度，建立公共数据资源登记制度，推动数据资源标准化、规范化建设；②完善运营监督，建立公共数据资源授权运营情况披露机制，要求运营机构应公开公共数据产品和服务能力清单，依法依规在授权范围内开展业务；③建立健全价格形成机制维护公共利益，发挥好价格政策的杠杆调节作用，指导推动用于公共治理、公益事业的公共数据产品和服务有条件无偿使用。

四是鼓励应用创新，推动数据产业健康发展。主要包括：①丰富数据应用场景，拓展应用场景，鼓励有条件无偿使用公共数据开发公益产品，支持人工智能政务服务大模型开发、训练和应用；②推动区域数据协作，落实区域重大战略、区域协调发展战略部署，探索建立公共数据资源开发利用区域合作和利益调节机制；③加强数据服务能力建设，加强数据基础设施建设，推进多元数据融合应用，鼓励探索公共数据产品和服务场内交易模式；④繁荣数据产业发展生态，将数据产业作为鼓励发展类纳入产业结构调整指导目录，围绕数据采存算管用，培育高水平数据要素型企业。

五是统筹发展和安全，营造开发利用良好环境。主要包括：①加大创新激励，围绕强化管理职责优化机构编制资源配置，探索承担数据运营职责的事业单位转企改制，研究制定支持运营机构发展的激励政策；②加强安全管理，强化数据安全和个人信息保护，强调运营机构应履行数据安全主体责任，保护公共数据安全，加强技术能力建设；③鼓励先行先试，落实"三个区分开来"，鼓励和保护干部担当作为，支持在制度机制、依规授权、价格形成、收益分配等方面积极探索可行路径，坚决防止以数谋私等"数据上的腐败"。

六是强化组织实施。主要包括：①加强组织领导，坚持和加强党对数据工作的全面领导；②强化资金保障，加大中央预算内投资支持力度，各地区各部门统筹安排采购经费，鼓励金融机构加大融资支持力度，引导社会资本有序参与公共数据资源开发利用活动；③增强支撑能力，加快建立数据产权归属保护制度，统筹数据领域标准体系建设管理，开展关键技术研究和攻关，加强数据领域人才队伍建设，积极参与国际交流合作；④加强评价监督，探索开展绩效考核，鼓励开展成效评价和第三方评估。

三、预期影响及成效

《意见》是在我国数据要素市场飞速发展的关键时刻由中共中央办公厅和国务院办公厅印发的，代表着国家的战略意图与目标，既在宏观方面举旗定向，又在微观方面具体引导，将对加快公共数据资源开发利用产生巨大的推动作用。有以下几个方面的影响须引起重视。

一是共享与开放的顽疾逐步得到解决。政务数据目录不断完善、统一管理，逐步实现"一数一源"，数据来源更加清晰，管理更加方便。数据也会逐步向需求方放开，需求方可在授权前提下开展运营活动。数据持有方主动共享数据，数据需求方按需共享数据。数据资源及时被发布出来，由政务数据共享责任清单来明确界定。数字鸿沟被逐步打破，政务数据可以实现跨层级、跨地域、跨系统、跨部门、跨业务的共享和协同，从而发挥出其重要的经济价值和社会价值。

二是数据场景创新不断涌现。公共数据资源开发利用更加便利，有利于各类企业开发数据应用场景，在场景中挖掘出更大的数据价值。围绕着市场需求大的行业、产业，或者政府服务方面的需求，大模型的开发、训练以及应用会迅猛发展，这也将使更多机构、企业、居民受益。

三是先行先试的区域迎来机遇。《意见》鼓励先行先试，鼓励和保护干部担当作为，强调要充分考虑数据领域未知变量，落实"三个区分开来"，营造鼓励创新、包容创新的干事创业氛围。在这一政策引领下，一些观念超前、能力过硬的地区会抓住机遇，出台鼓励先行先试的具体措施，真正在制度机制、依规授权、价格形成、收益分配等方面探索出一条可行路径，在这次公共数据资源开发利用方面走在前列，与重视程度低、反应速度慢、数据观念传统的地区逐步形成一定差距。

第 3 篇

北京市相关政策

3.1　《北京市数字经济促进条例》

北京市人民代表大会常务委员会公告

（〔十五届〕第 89 号）

《北京市数字经济促进条例》已由北京市第十五届人民代表大会常务委员会第四十五次会议于 2022 年 11 月 25 日通过，现予公布，自 2023 年 1 月 1 日起施行。

北京市人民代表大会常务委员会

2022 年 11 月 25 日

北京市数字经济促进条例

（2022 年 11 月 25 日北京市第十五届人民代表大会常务委员会第四十五次会议通过）

目录

第一章　总则

第一条　为了加强数字基础设施建设，培育数据要素市场，推进数字产业化和产业数字化，完善数字经济治理，促进数字经济发展，建设全球数字经济标杆城市，根据有关法律、行政法规，结合本市实际情况，制定本条例。

第二条　本市行政区域内数字经济促进相关活动适用本条例。

本条例所称数字经济，是指以数据资源为关键要素，以现代信息网络为主要载体，以信息通信技术融合应用、全要素数字化转型为重要推动力，促进公平与效率更加统一的新经济形态。

第三条 促进数字经济发展是本市的重要战略。促进数字经济发展应当遵循创新驱动、融合发展、普惠共享、安全有序、协同共治的原则。

第四条 市、区人民政府应当加强对数字经济促进工作的领导，建立健全推进协调机制，将数字经济发展纳入国民经济和社会发展规划和计划，研究制定促进措施并组织实施，解决数字经济促进工作中的重大问题。

第五条 市经济和信息化部门负责具体组织协调指导全市数字经济促进工作，拟订相关促进规划，推动落实相关促进措施，推进实施重大工程项目；区经济和信息化部门负责本行政区域数字经济促进工作。

发展改革、教育、科技、公安、民政、财政、人力资源和社会保障、城市管理、农业农村、商务、文化和旅游、卫生健康、市场监管、广播电视、体育、统计、金融监管、政务服务、知识产权、网信、人才工作等部门按照职责分工，做好各自领域的数字经济促进工作。

第六条 市经济和信息化部门会同市场监管等有关部门推进数字经济地方标准体系建设，建立健全关键技术、数据治理和安全合规、公共数据管理等领域的地方标准；指导和支持采用先进的数字经济标准。

鼓励行业协会、产业联盟和龙头企业参与制定数字经济国际标准、国家标准、行业标准和地方标准，自主制定数字经济团体标准和企业标准。

第七条 市统计部门会同经济和信息化部门完善数字经济统计测度和评价体系，开展数字经济评价，定期向社会公布主要统计结果、监测结果和综合评价指数。

第八条 本市为在京单位数字化发展做好服务，鼓励其利用自身优势参与本市数字经济建设；推进京津冀区域数字经济融合发展，在技术创新、基础设施建设、数据流动、推广应用、产业发展等方面深化合作。

第二章 数字基础设施

第九条 市、区人民政府及其有关部门应当按照统筹规划、合理布局、集约高效、绿色低碳的原则，加快建设信息网络基础设施、算力基础设施、新技术基础设施等数字基础设施，推进传统基础设施的数字化改造，推动新型城市基础设施建设，并将数字基础设施建设纳入国民经济和社会发展规划和计划、国土空间规划。相关部门做好能源、土地、市政、交通等方面的保障工作。

第十条 信息网络基础设施建设应当重点支持新一代高速固定宽带和移动通信网络、卫星互联网、量子通信等，形成高速泛在、天地一体、云网融合、安全可控的网络服务体系。

新建、改建、扩建住宅区和商业楼宇，信息网络基础设施应当与主体工程同时设计、同时施工、同时验收并投入使用。信息网络基础设施运营企业享有公平进入市场的权利，不得实施垄断和不正当竞争行为；用户有权自主选择电信业务经营企业。

信息网络基础设施管道建设应当统一规划，合理利用城市道路、轨道交通等空间资源，减少和降低对城市道路交通的影响，为信息网络基础设施运营企业提供公平普惠的网络接入服务。

第十一条　感知物联网建设应当支持部署低成本、低功耗、高精度、安全可靠的智能化传感器，提高工业制造、农业生产、公共服务、应急管理等领域的物联网覆盖水平。

支持建设车路协同基础设施，推进道路基础设施、交通标志标识的数字化改造和建设，提高路侧单元与道路交通管控设施的融合接入能力。

第十二条　算力基础设施建设应当按照绿色低碳、集约高效的原则，建设城市智能计算集群，协同周边城市共同建设全国一体化算力网络京津冀国家枢纽节点，强化算力统筹、智能调度和多样化供给，提升面向特定场景的边缘计算能力，促进数据、算力、算法和开发平台一体化的生态融合发展。

支持对新建数据中心实施总量控制、梯度布局、区域协同，对存量数据中心实施优化调整、技改升级。

第十三条　新技术基础设施建设应当统筹推进人工智能、区块链、大数据、隐私计算、城市空间操作系统等。支持建设通用算法、底层技术、软硬件开源等共性平台。

对主要使用财政资金形成的新技术基础设施，项目运营单位应当在保障安全规范的前提下，向社会提供开放共享服务。

第十四条　除法律、行政法规另有规定外，数字基础设施建设可以采取政府投资、政企合作、特许经营等多种方式；符合条件的各类市场主体和社会资本，有权平等参与投资、建设和运营。

第三章　数据资源

第十五条　本市加强数据资源安全保护和开发利用，促进公共数据开放共享，加快数据要素市场培育，推动数据要素有序流动，提高数据要素配置效率，探索建立数据要素收益分配机制。

第十六条　公共数据资源实行统一的目录管理。市经济和信息化部门应当会同有关部门制定公共数据目录编制规范，有关公共机构依照规范及有关管理规定，编制本行业、本部门公共数据目录，并按照要求向市级大数据平台汇聚数据。公共机构应当确保汇聚数据的合法、准确、完整、及时，并探索建立新型数据目录管理方式。

本条例所称公共机构，包括本市各级国家机关、经依法授权具有管理公共事务职能的组织。本条例所称公共数据，是指公共机构在履行职责和提供公共服务过程中处理的各类数据。

第十七条 市人民政府建立全市公共数据共享机制，推动公共数据和相关业务系统互联互通。

市大数据中心具体负责公共数据的汇聚、清洗、共享、开放、应用和评估，通过集中采购、数据交换、接口调用等方式，推进非公共数据的汇聚，建设维护市级大数据平台、公共数据开放平台以及自然人、法人、信用、空间地理、电子证照、电子印章等基础数据库，提升跨部门、跨区域和跨层级的数据支撑能力。

区人民政府可以按照全市统一规划，建设本区域大数据中心，将公共数据资源纳入统一管理。

第十八条 市经济和信息化部门、区人民政府等有关公共机构应当按照需求导向、分类分级、安全可控、高效便捷的原则，制定并公布年度公共数据开放清单或者计划，采取无条件开放、有条件开放等方式向社会开放公共数据。单位和个人可以通过公共数据开放平台获取公共数据。

鼓励单位和个人依法开放非公共数据，促进数据融合创新。

第十九条 本市设立金融、医疗、交通、空间等领域的公共数据专区，推动公共数据有条件开放和社会化应用。市人民政府可以开展公共数据专区授权运营。

市人民政府及其有关部门可以探索设立公共数据特定区域，建立适应数字经济特征的新型监管方式。

市经济和信息化部门推动建设公共数据开放创新基地以及大数据相关的实验室、研究中心、技术中心等，对符合条件的单位和个人提供可信环境和特定数据，促进数据融合创新应用。

第二十条 除法律、行政法规另有规定或者当事人另有约定外，单位和个人对其合法正当收集的数据，可以依法存储、持有、使用、加工、传输、提供、公开、删除等，所形成的数据产品和数据服务的相关权益受法律保护。

除法律、行政法规另有规定外，在确保安全的前提下，单位和个人可以对城市基础设施、建筑物、构筑物、物品等进行数字化仿真，并对所形成的数字化产品持有相关权益，但需经相关权利人和有关部门同意的，应当经其同意。

第二十一条 支持市场主体探索数据资产定价机制，推动形成数据资产目录，激发企业在数字经济领域投资动力；推进建立数据资产登记和评估机制，支持开展数据入股、数据信贷、数据信托和数据资产证券化等数字经济业态创新；培育数据交易撮合、评估评价、托管运营、合规审计、争议仲裁、法律服务等数据服务市场。

第二十二条 支持在依法设立的数据交易机构开展数据交易活动。数据交易机构应当制定数据交易规则，对数据提供方的数据来源、交易双方的身份进行合规性审查，并留存审查和交易记录，建立交易异常行为风险预警机制，确保数据交易公平有序、安全可控、全程可追溯。

本市公共机构依托数据交易机构开展数据服务和数据产品交易活动。

鼓励市场主体通过数据交易机构入场交易。

第四章　数字产业化

第二十三条 市、区人民政府及其有关部门应当支持数字产业基础研究和关键核心技术攻关，引导企业、高校、科研院所、新型研发机构、开源社区等，围绕前沿领域，提升基础软硬件、核心元器件、关键基础材料和生产装备的供给水平，重点培育高端芯片、新型显示、基础软件、工业软件、人工智能、区块链、大数据、云计算等数字经济核心产业。支持企业发展数字产业，培育多层次的企业梯队。

第二十四条 支持建设开源社区、开源平台和开源项目等，鼓励软件、硬件的开放创新发展，推动创新资源共建共享。

第二十五条 支持网络安全、数据安全、算法安全技术和软硬件产品的研发应用，鼓励安全咨询设计、安全评估、数据资产保护、存储加密、隐私计算、检测认证、监测预警、应急处置等数据安全服务业发展；支持相关专业机构依法提供服务；鼓励公共机构等单位提高数据安全投入水平。

第二十六条 支持平台企业规范健康发展，鼓励利用互联网优势，加大创新研发投入，加强平台企业间、平台企业与中小企业间的合作共享，优化平台发展生态，促进数字技术与实体经济融合发展，赋能经济社会转型升级。

发展改革、市场监管、网信、经济和信息化等部门应当优化平台经济发展环境，促进平台企业开放生态系统，通过项目合作等方式推动政企数据交互共享。

第二十七条 鼓励数字经济业态创新，支持远程办公等在线服务和产品的优化升级；有序引导新个体经济，鼓励个人利用电子商务、社交软件、知识分享、音视频网站、创客等新型平台就业创业。

支持开展自动驾驶全场景运营试验示范，培育推广智能网联汽车、智能公交、无人配送机器人、智能停车、智能车辆维护等新业态。

支持互联网医院发展，鼓励提供在线问诊、远程会诊、机器人手术、智慧药房等新型医疗服务，规范推广利用智能康养设备的新型健康服务，创新对人工智能新型医疗方式和医疗器械的监管方式。

支持数据支撑的研发和知识生产产业发展，积极探索基于大数据和人工智能应用的跨学科知识创新和知识生产新模式，以数据驱动产、学、研、用融合。

第二十八条 支持建设数字经济产业园区和创新基地，推动重点领域数字产业发展，推动数字产业向园区聚集，培育数字产业集群。

第二十九条 商务部门应当会同有关部门推动数字贸易高质量发展，探索放宽数字经济新业态准入、建设数字口岸、国际信息产业和数字贸易港；支持发展跨境贸易、跨境物流和跨境支付，促进数字证书和电子签名国际互认，构建国际互联网数据专用通道、国际化数据信息专用通道和基于区块链等先进技术的应用支撑平台，推动数字贸易交付、结算便利化。

第五章 产业数字化

第三十条 支持农业、制造业、建筑、能源、金融、医疗、教育、流通等产业领域互联网发展，推进产业数字化转型升级，支持产业互联网平台整合产业资源，提供远程协作、在线设计、线上营销、供应链金融等创新服务，建立健全安全保障体系和产业生态。

第三十一条 经济和信息化部门应当会同国有资产监管机构鼓励国有企业整合内部信息系统，在研发设计、生产加工、经营管理、销售服务等方面形成数据驱动的决策能力，提升企业运行和产业链协同效率，树立全面数字化转型的行业标杆。

经济和信息化部门应当推动中小企业数字化转型，培育发展第三方专业服务机构，鼓励互联网平台、龙头企业开放数据资源、提升平台能力，支持中小微企业和创业者创新创业，推动建立市场化服务与公共服务双轮驱动的数字化转型服务生态。

第三十二条 经济和信息化部门应当会同通信管理部门健全工业互联网标识解析体系和新型工业网络部署，支持工业企业实施数字化改造，加快建设智能工厂、智能车间，培育推广智能化生产、网络化协同、个性化定制等新模式。

第三十三条 地方金融监管部门应当推动数字金融体系建设，支持金融机构加快数字化转型，以数据融合应用推动普惠金融发展，促进数字技术在支付清算、登记托管、征信评级、跨境结算等环节的深度应用，丰富数字人民币的应用试点场景和产业生态。鼓励单位和个人使用数字人民币。

第三十四条 商务部门应当会同有关部门推动超市等传统商业数字化升

级，推动传统品牌、老字号数字化推广，促进生活性服务业数字化转型。

第三十五条　农业农村部门应当会同有关部门推动农业农村基础设施数字化改造和信息网络基础设施建设，推进物联网、遥感监测、区块链、人工智能等技术的深度应用，提升农产品生产、加工、销售、物流，以及乡村公共服务、乡村治理的数字化水平，促进数字乡村和智慧农业创新发展。

第三十六条　教育、文化和旅游、体育、广播电视等部门应当支持和规范在线教育、在线旅游、网络出版、融媒体、数字动漫等数字消费新模式；发展数字化文化消费新场景；加强未成年人网络保护；鼓励开发智慧博物馆、智慧体育场馆、智慧科技馆，提升数字生活品质。

第六章　智慧城市建设

第三十七条　市、区人民政府及其有关部门围绕优政、惠民、兴业、安全的智慧城市目标，聚焦交通体系、生态环保、空间治理、执法司法、人文环境、商务服务、终身教育、医疗健康等智慧城市应用领域，推进城市码、空间图、基础工具库、算力设施、感知体系、通信网络、政务云、大数据平台以及智慧终端等智慧城市基础建设。

市人民政府建立健全智慧城市建设统筹调度机制，统筹规划和推进社会治理数字化转型，建立智慧城市规划体系，通过统一的基础设施、智慧终端和共性业务支撑平台，实现城市各系统间信息资源共享和业务协同，提升城市管理和服务的智慧化水平。

第三十八条　市经济和信息化部门应当会同有关部门编制全市智慧城市发展规划、市级控制性规划，报市人民政府批准后组织实施。区人民政府、市人民政府有关部门应当按照全市智慧城市发展规划、市级控制性规划，编制区域控制性规划、专项规划并组织实施。

第三十九条　政务服务部门应当会同有关部门全方位、系统性、高标准推进数字政务"一网通办"领域相关工作，加快推进政务服务标准化、规范化、便利化，推进线上服务统一入口和全程数字化，促进电子证照、电子印章、电子档案等广泛应用和互信互认。

市发展改革部门应当会同有关部门开展营商环境的监测分析、综合管理、"互联网＋"评价，建设整体联动的营商环境体系。

第四十条　城市管理部门应当会同有关部门推进城市运行"一网统管"领域相关工作，建设城市运行管理平台，依托物联网、区块链等技术，开展城市运行生命体征监测，在市政管理、城市交通、生态环境、公共卫生、社会安全、应急管理等领域深化数字技术应用，实现重大突发事件的快速响应和应急联动。

市场监管部门应当会同有关部门推进一体化综合监管工作，充分利用公共数据和各领域监管系统，推行非现场执法、信用监管、风险预警等新型监管模式，提升监管水平。

第四十一条 经济和信息化部门应当会同有关部门推进各级决策"一网慧治"相关工作，建设智慧决策应用统一平台，支撑各级智能决策管理信息系统，统筹引导市、区、乡镇、街道和社区、村开展数据智慧化应用。

区人民政府和有关部门依托智慧决策应用统一平台推进各级决策，深化数据赋能基层治理。

第四十二条 公共机构应当通过多种形式的场景开放，引导各类市场主体参与智慧城市建设，并为新技术、新产品、新服务提供测试验证、应用试点和产业孵化的条件。市科技部门应当会同有关部门定期发布应用场景开放清单。

鼓励事业单位、国有企业开放应用场景，采用市场化方式，提升自身数字化治理能力和应用水平。

第四十三条 政府投资新建、改建、扩建、运行维护的信息化项目，应当符合智慧城市发展规划，通过同级经济和信息化部门的技术评审，并实行项目规划、建设、验收、投入使用、运行维护、升级、绩效评价等流程管理。不符合流程管理要求的，不予立项或者安排资金，具体办法由市经济和信息化部门会同有关部门制定，报市人民政府批准后实施。

为公共机构提供信息化项目开发建设服务的单位，应当依法依约移交软件源代码、数据和相关控制措施，保证项目质量并履行不少于两年保修期义务，不得擅自留存、使用、泄露或者向他人提供公共数据。

第七章 数字经济安全

第四十四条 市、区人民政府及其有关部门和有关组织应当强化数字经济安全风险综合研判，推动关键产品多元化供给，提高产业链供应链韧性；引导社会资本投向原创性、引领性创新领域，支持可持续发展的业态和模式创新；规范数字金融有序创新，严防衍生业务风险。

第四十五条 本市依法保护与数据有关的权益。任何单位和个人从事数据处理活动，应当遵守法律法规、公序良俗和科技伦理，不得危害国家安全、公共利益以及他人的合法权益。

任何单位和个人不得非法处理他人个人信息。

第四十六条 市、区人民政府及其有关部门应当建立健全数据安全工作协调机制，采取数据分类分级、安全风险评估和安全保障措施，强化监测预警和应急处置，切实维护国家主权、安全和发展利益，提升本市数据安全保护水平，保护个人信息权益。各行业主管部门、各区人民政府对本行业、本地区数据安全负指导监督责任。单位主要负责人为本单位数据安全第一责任人。

第四十七条　市网信部门会同公安等部门对关键信息基础设施实行重点保护，建立关键信息基础设施网络安全保障体系，构建跨领域、跨部门、政企合作的安全风险联防联控机制，采取措施监测、防御、处置网络安全风险和威胁，保护关键信息基础设施免受攻击、侵入、干扰和破坏，依法惩治危害关键信息基础设施安全的违法犯罪活动。

第四十八条　开展数据处理活动，应当建立数据治理和合规运营制度，履行数据安全保护义务，严格落实个人信息合法使用、数据安全使用承诺和重要数据出境安全管理等相关制度，结合应用场景对匿名化、去标识化技术进行安全评估，并采取必要技术措施加强个人信息安全保护，防止非法滥用。鼓励各单位设立首席数据官。

开展数据处理活动，应当加强风险监测，发现数据安全缺陷、漏洞等风险时，应当立即采取补救措施；发生数据安全事件时，应当立即采取处置措施，按照规定及时告知用户并向有关主管部门报告。

第四十九条　平台企业应当建立健全平台管理制度规则；不得利用数据、算法、流量、市场、资本优势，排除或者限制其他平台和应用独立运行，不得损害中小企业合法权益，不得对消费者实施不公平的差别待遇和选择限制。

发展改革、市场监管、网信等部门应当建立健全平台经济治理规则和监管方式，依法查处垄断和不正当竞争行为，保障平台从业人员、中小企业和消费者合法权益。

第八章　保障措施

第五十条　本市建立完善政府、企业、行业组织和社会公众多方参与、有效协同的数字经济治理新格局，以及协调统一的数字经济治理框架和规则体系，推动健全跨部门、跨地区的协同监管机制。

数字经济相关协会、商会、联盟等应当加强行业自律，建立健全行业服务标准和便捷、高效、友好的争议解决机制、渠道。

鼓励平台企业建立争议在线解决机制和渠道，制定并公示争议解决规则。

第五十一条　网信、教育、人力资源和社会保障、人才工作等部门应当组织实施全民数字素养与技能提升计划。畅通国内外数字经济人才引进绿色通道，并在住房、子女教育、医疗服务、职称评定等方面提供支持。

鼓励高校、职业院校、中小学校开设多层次、多方向、多形式的数字经济课程教学和培训。

支持企业与院校通过联合办学，共建产教融合基地、实验室、实训基地等形式，拓展多元化人才培养模式，培养各类专业化和复合型数字技术、技能和管理人才。

第五十二条 财政、发展改革、科技、经济和信息化等部门应当统筹运用财政资金和各类产业基金，加大对数字经济关键核心技术研发、重大创新载体平台建设、应用示范和产业化发展等方面的资金支持力度，引导和支持天使投资、风险投资等社会力量加大资金投入，鼓励金融机构开展数字经济领域的产品和服务创新。

政府采购的采购人经依法批准，可以通过非公开招标方式，采购达到公开招标限额标准的首台（套）装备、首批次产品、首版次软件，支持数字技术产品和服务的应用推广。

第五十三条 知识产权等部门应当执行数据知识产权保护规则，开展数据知识产权保护工作，建立知识产权专利导航制度，支持在数字经济行业领域组建产业知识产权联盟；加强企业海外知识产权布局指导，建立健全海外预警和纠纷应对机制，建立快速审查、快速维权体系，依法打击侵权行为。

第五十四条 政务服务、卫生健康、民政、经济和信息化等部门应当采取措施，鼓励为老年人、残疾人等提供便利适用的智能化产品和服务，推进数字无障碍建设。对使用数字公共服务确有困难的人群，应当提供可替代的服务和产品。

第五十五条 市、区人民政府及其有关部门应当加强数字经济领域相关法律法规、政策和知识的宣传普及，办好政府网站国内版、国际版，深化数字经济理论和实践研究，营造促进数字经济的良好氛围。

第五十六条 鼓励拓展数字经济领域国际合作，支持参与制定国际规则、标准和协议，搭建国际会展、论坛、商贸、赛事、培训等合作平台，在数据跨境流动、数字服务市场开放、数字产品安全认证等领域实现互惠互利、合作共赢。

第五十七条 鼓励政府及其有关部门结合实际情况，在法治框架内积极探索数字经济促进措施；对探索中出现失误或者偏差，符合规定条件的，可以予以免除或者从轻、减轻责任。

第九章　附则

第五十八条 本条例自2023年1月1日起施行。

3.2　北京市人民政府关于印发《北京市加快建设具有全球影响力的人工智能创新策源地实施方案（2023—2025 年）》的通知

（京政发〔2023〕14 号）

各区人民政府，市政府各委、办、局，各市属机构：

现将《北京市加快建设具有全球影响力的人工智能创新策源地实施方案（2023—2025 年）》印发给你们，请认真贯彻落实。

北京市人民政府

2023 年 5 月 21 日

北京市加快建设具有全球影响力的人工智能创新策源地实施方案（2023—2025 年）

为贯彻落实国家发展新一代人工智能的决策部署，高水平建设北京国家新一代人工智能创新发展试验区和国家人工智能创新应用先导区，加快建设具有全球影响力的人工智能创新策源地，有力支撑北京国际科技创新中心建设，特制定本方案。

一、指导思想

坚持以习近平新时代中国特色社会主义思想为指导，全面贯彻落实党的二十大精神，深入贯彻习近平总书记对北京一系列重要讲话精神，加快实施创新驱动发展战略，加快推动高水平科技自立自强，坚持原创引领、问题导向、统筹布局、开放创新，充分发挥本市在人工智能领域的创新资源优势，持续提升全球影响力，进一步推动人工智能占先发展。

二、工作目标

到 2025 年，本市人工智能技术创新与产业发展进入新阶段，基础理论研究取得突破，原始创新成果影响力不断提升；关键核心技术基本实现自主可控，其中部分技术与应用研究达到世界先进水平；人工智能产业规模持续提升，形成具有国际竞争力和技术主导权的产业集群；人工智能高水平应用深度赋能实体经济，促进经济高质量发展；人工智能创新要素高效配置，创新生态更加活跃开放，基本建成具有全球影响力的人工智能创新策源地。

（一）布局一批前沿方向，技术创新实现新引领

在人工智能基础理论方面取得突破，人工智能理论框架体系基本形成，通用人工智能雏形显现。自然语言、通用视觉、多模态交互大模型等形成完整技术栈，关键算法技术达到国内领先、国际先进水平。人工智能技术创新和应用发展水平全国领先，部分关键核心技术与应用研究实现全球高水平引领。

（二）推动一批国产替代，技术攻坚取得新突破

人工智能算力布局初步形成，国产人工智能芯片和深度学习框架等基础软硬件产品市场占比显著提升，算力芯片等基本实现自主可控。国产硬件比例显著提高，全面兼容国产深度学习框架。人工智能算力资源并网互联，推动基础软硬件实现高质量自主可控。

（三）构建一批产业方阵，产业能级完成新跃升

人工智能核心产业规模达到 3000 亿元，持续保持 10%以上增长，辐射产业规模超过 1 万亿元。人工智能领军企业科研投入持续增加，初创企业数量不断增长，企业总数保持国内领先，新培育独角兽企业 5—10 家。人工智能应用深度广度进一步提升，生成式产品成为国内市场主流应用和生态平台，推动产业高端化发展。

（四）塑造一批示范标杆，场景赋能驱动新应用

发挥各区产业特色和资源优势，结合人工智能技术特点，围绕经济社会发展、科学研究发现、重大民生需求等，形成一批示范性强、影响力大、带动性广的重大应用场景。探索具有首都特点的场景开放政策，形成技术供给和场景需求互动演进的持续创新体系，高品质牵引人工智能关键技术和系统平台优化升级。

（五）营造一流创新环境，生态构建形成新成效

建设一批具有世界级影响力的人工智能科研机构，引进培育国际一流创新人才团队，国际引才取得新突破。高水平学者数量超万人，国内占比保持领先。在人工智能相关政策措施、伦理安全、技术标准等方面取得重要进展，促进人工智能理性健康发展。

三、主要任务

（一）着力突破人工智能关键技术，引领产业高水平发展

1. 突破人工智能前沿基础理论创新。发展面向新一代人工智能的基础理

论框架体系，围绕人工智能数学机理、大数据智能、多模态智能、决策智能、类脑智能、科学智能、具身智能等方向开展研究布局，形成具有国际影响力的人工智能原创理论体系。持续支持新型研发机构等创新主体聚焦通用智能体、科学计算等科研方向，开展目标导向的有组织科研。

2. 引领人工智能关键核心技术创新。支持创新主体重点突破分布式高效深度学习框架、大模型新型基础架构、深度超大规模图计算、超大规模模拟计算等基础平台技术。支持数据与知识深度联合学习、高维空间多模态语义对齐、大规模认知与推理、可控内容生成、高效低成本训练与推理等关键算法研发，着力推动大模型相关技术创新。鼓励相关技术和算法开源开放。

3. 强化可信人工智能关键技术创新。重点对人工智能系统稳定性技术、人工智能可解释性增强技术、人工智能公平性技术、人工智能安全性技术开展研究。针对敏感领域数据隐私保护问题，加强隐私保护策略与系统构建，开展底层密码算法和技术研发。研究模型算法可信性评测基准，构建人工智能系统可信分级分类评测体系。

（二）全力夯实人工智能底层基础，筑牢产业创新发展底座

4. 推动国产人工智能芯片实现突破。面向人工智能云端分布式训练需求，开展通用高算力训练芯片研发；面向边缘端应用场景的低功耗需求，研制多模态智能传感芯片、自主智能决策执行芯片、高能效边缘端异构智能芯片；面向创新型芯片架构，探索可重构、存算一体、类脑计算、Chiplet 等创新架构路线。积极引导大模型研发企业应用国产人工智能芯片，加快提升人工智能算力供给的国产化率。

5. 加强自主开源深度学习框架研发攻关。针对分布式计算需求，研发动静统一编程、多维自动并行技术，提升深度学习框架在超大规模模型训练和多端多平台推理部署等方面的核心能力，研发多类型模型开发、训练、压缩、推理全流程工具，支持自主深度学习框架与人工智能芯片开展广泛适配和融合优化，实现人工智能国产软硬件技术的深度协同。

6. 提升算力资源统筹供给能力。按照集约高效原则，分别在海淀区、朝阳区建设北京人工智能公共算力中心、北京数字经济算力中心。在人工智能产业聚集区新建或改建升级一批人工智能商业化算力中心，加强国产芯片部署应用，推动自主可控软硬件算力生态建设。实施算力伙伴计划，整合公有云算力资源，向人工智能创新主体开放。推进跨区域算力协同，加强与天津市、河北省、山西省、内蒙古自治区等区域的算力合作，建设统一的多云算力调度平台，提高环京地区算力一体化调度能力，优化提升环京算力网络。

7. 加强公共数据开放共享。积极提高本市公共领域存量数据的挖掘、清洗和隐私安全处理水平。聚焦城市大脑、智慧政务、智慧民生服务等领域，

动态更新公共数据开放计划，完善金融、交通、空间等各类公共数据专区建设。挖掘公共数据价值，有条件开放公共数据，探索推进公共数据专区授权运营，推动公共数据与市场化数据平台对接，持续扩大普惠供给，实现数据融合创新应用。加快构建高质量人工智能训练数据集，研究建立数据集开放共享机制。

（三）加快构建人工智能产业方阵，全面提升产业发展能级

8. 构建高效协同的大模型技术产业生态。建设大模型算法及工具开源开放平台，构建完整大模型技术创新体系，积极争取成为国家人工智能开放生态技术创新中心。组建全栈国产化人工智能创新联合体，搭建基于国产软硬件的人工智能训练和服务基础设施，研发全栈国产化的生成式大模型，逐步形成自主可控的人工智能技术体系和产业生态。

9. 加强人工智能企业梯度培育。支持领军企业围绕提升供应链自主创新水平，面向高等学校、科研院所和中小企业开展"揭榜挂帅"，遴选创新解决方案，推动产学研深度融合。支持独角兽企业加大研发投入，提升核心技术竞争力，不断拓展应用市场。加大对创新型中小企业的培育力度，将有潜力成为独角兽的企业提前纳入培育体系。建设人工智能领域标杆型孵化器，引导孵化器针对市场需求，广泛链接创新资源，推动实验室成果熟化定型，助力前沿颠覆性技术转化为创业企业。推动一批国际知名研究机构、跨国企业、国内领军企业在京建设创新业务实体。

10. 强化人工智能企业多维服务。不断优化营商环境，切实提高服务企业的能力，对纳入服务包的企业开展"一企一策"服务，加大统筹协调力度，妥善解决企业发展面临的问题。落实市区两级企业服务包、服务管家机制，对人工智能领域有潜力的创新企业，可适当放宽纳入服务包的标准，提高服务覆盖面。

（四）加快推动人工智能场景建设，牵引创新成果落地应用

11. 探索人工智能应用场景赋能与开放。依托本市优势场景资源，加强对政务服务、金融科技、科学研究等重点领域的数据挖掘，加快资本、技术、数据、算力、人才等要素汇聚，打造形成一批可复制、可推广的标杆型示范应用场景，促进人工智能创新链产业链资金链人才链深度融合，实现新技术迭代升级和新应用产业快速增长。

12. 支持人工智能赋能智慧城市建设。完善重点标杆型场景布局，支持海淀区建设城市大脑2.0，广泛适配人工智能新技术新产品，为智慧城市建设赋能；推动北京市高级别自动驾驶示范区3.0等项目顺利实施，提升覆盖范围，建设专网及标准化平台，推动新产品落地，用数据赋能智慧交通。

（五）持续构建人工智能产业生态，营造国际一流发展环境

13. 推动建设人工智能领域人才高地。研究制定本市人工智能领域人才引进、培养、服务政策措施。持续实施相关人才计划，探索实施海外人才来京落地即支持政策，着力引进、培养一批具有世界影响力的顶尖人才、青年人才。激发用人主体引进人才的积极性、主动性，充分发挥高等学校、科研院所、新型研发机构和企业的作用，引进各层级科学家、产业和工程技术人才。强化人才培养和服务保障，支持在京高等学校加强人工智能专业建设，探索开展"X+人工智能"的交叉融合人才培养模式。营造人才发展良好生态，加快构建多层次、高质量的人才梯队。

14. 营造人工智能优质创新环境。布局建设人工智能产业集聚区，升级和新建一批高质量人工智能产业空间载体。吸引国际创新资源开展交流合作，支持举办中关村论坛人工智能平行论坛等国际人工智能交流会议。发挥政府投资基金引导作用，支持长期资本、耐心资本面向人工智能芯片、框架和核心算法开展早期硬科技投资。持续做好人工智能企业挂牌上市培育工作。

15. 探索对人工智能产业实行包容审慎监管。持续推动监管政策和监管流程创新，对具有舆论属性或社会动员能力的人工智能相关互联网信息服务，建立常态化联系服务和指导机制，做好安全评估，推进算法备案，引导创新主体树立安全意识，建立安全防范机制。

16. 提升人工智能科技伦理治理能力。加强人工智能伦理安全规范及社会治理实践研究。开展科技伦理审查及相关业务培训，强化各责任主体科技伦理规范意识。探索建立人工智能伦理高风险科技活动伦理审查结果专家复核机制，推动各责任主体遵守科研诚信和科技伦理规范。

四、保障措施

（一）加强组织领导

充分利用北京推进科技创新中心建设办公室协调机制，积极争取国家部委指导支持。建立由分管科技工作的副市长任组长的市级人工智能工作专班，加强协调调度，强化资源统筹，推动全市人工智能产业创新发展。充分发挥领军科学家和一线中青年科学家作用，围绕本市人工智能产业发展提供战略路线和前沿技术咨询。

（二）推进机制创新

发挥中关村先行先试"试验田"作用，推动相关体制机制改革，释放制度创新红利。以创新联合体等技术创新平台为抓手，加强人工智能创新链产业链融合，努力在原始创新上取得新突破、在核心技术上实现新作为、在开放合作上展现新表率，不断提升本市人工智能创新体系整体效能。积极采取

"揭榜挂帅"等方式推动重大战略任务组织实施,着力完善面向市场需求的技术成果转化机制,加快形成适应新时代人工智能产业发展需要的实践载体、制度安排和良好环境,构建产学研一体的协同创新体系,推动本市成为引领全球人工智能制度创新的"源头"。

(三)强化政策支撑

进一步加大政策创新和财政支持力度,全方位推动人工智能及相关领域发展。实施人工智能领域专项科技计划,引导创新主体加大创新资源投入。优化人工智能产业发展资金投入机制,发挥市区两级相关产业发展、科技创新专项资金及基金的引导作用,吸引社会资本参与,加大对人工智能产业的投入力度,支撑本市人工智能产业持续健康发展。

(四)全面统筹实施

制定本市人工智能领域年度发展工作计划,细化工作措施,明确工作职责,强化责任落实。加强人工智能领域工作支撑体系建设,坚持以市场化机制统筹全市科技产业资源,推动构建人工智能市场服务体系。加强人工智能领域信息工作,及时掌握国内外科研产业动态。深入开展国际交流合作,积极融入全球人工智能创新网络,持续提升本市人工智能全球影响力。

3.3 北京市人民政府办公厅关于印发《北京市促进通用人工智能创新发展的若干措施》的通知

(京政办发〔2023〕15 号)

各区人民政府,市政府各委、办、局,各市属机构:

经市政府同意,现将《北京市促进通用人工智能创新发展的若干措施》印发给你们,请结合实际认真贯彻落实。

北京市人民政府办公厅
2023 年 5 月 23 日

北京市促进通用人工智能创新发展的若干措施

为贯彻落实《北京市加快建设具有全球影响力的人工智能创新策源地实施方案(2023—2025 年)》,充分发挥政府引导作用和创新平台催化作用,整合创新资源,加强要素配置,营造创新生态,重视风险防范,推动本市通用人工智能实现创新引领和理性健康发展,特制定以下措施。

一、提升算力资源统筹供给能力

（一）组织商业算力满足紧迫需求

着力发挥本市算力资源优势，实施算力伙伴计划，通过与云厂商加强合作，加快归集现有算力，明确供给技术标准、软硬件服务要求、算力供给规模和支持措施，为创新主体提供多元化优质普惠算力，保障人工智能技术创新和产品研发算力需求。

（二）高效推动新增算力基础设施建设

将新增算力建设项目纳入算力伙伴计划，加快推动海淀区、朝阳区建设北京人工智能公共算力中心、北京数字经济算力中心，形成规模化先进算力供给能力，支撑千亿级参数量的大型语言模型、大型视觉模型、多模态大模型、科学计算大模型、大规模精细神经网络模拟仿真模型、脑启发神经网络等研发。

（三）建设统一的多云算力调度平台

针对弹性算力需求，通过建设多云算力调度平台，实现异构算力环境统一管理、统一运营，便利创新主体在不同云环境上无缝、经济、高效地运行各类人工智能计算任务。进一步优化本市与天津市、河北省、山西省、内蒙古自治区等区域算力集群的直连基础光传输网络，提高环京地区算力一体化调度能力。

二、提升高质量数据要素供给能力

（四）归集高质量基础训练数据集

组织有关机构整合、清洗中文预训练数据，形成安全合规的开放基础训练数据集；持续扩展多模态数据来源，建设高质量的文字、图片、音频、视频等大模型预训练语料库，支持在依法设立的数据交易机构开展数据流通、交易。

（五）谋划建设数据训练基地

加快建设数据基础制度先行先试示范区，探索打造数据训练基地，推动数据要素高水平开放，提升本市人工智能数据标注库规模和质量。鼓励开展内容信息服务的互联网平台提供高质量语料数据，供创新主体申请使用。探索基于数据贡献、模型应用的商业化场景合作。

（六）搭建数据集精细化标注众包服务平台

以众包服务方式，建设数据集精细化标注平台，开发智能云服务系统，集成相关工具应用。鼓励并组织来自不同学科的专业人员参与标注多模态训练数据及指令数据，提高数据集质量。研究平台激励机制，推动平台持续良性发展。

三、系统构建大模型等通用人工智能技术体系

（七）开展大模型创新算法及关键技术研究

围绕模型构建、训练、调优对齐、推理部署等环节，积极探索基础模型架构创新，研究大模型高效并行训练技术和认知推理、指令学习、人类意图对齐等调优方法，研发支持百亿参数模型推理的高效压缩和端侧部署技术，形成完整高效的技术体系，鼓励开源技术生态建设。

（八）加强大模型训练数据采集及治理工具研发

围绕训练数据"采、存、管、研、用"等环节，研究互联网数据全量实时更新技术、多源异构数据整合与分类方法，构建数据管理平台相关系统，研发数据清洗、标注、分类、注释及内容审查等算法及工具。

（九）建设大模型评测开放服务平台

鼓励第三方非盈利机构构建多模态多维度的基础模型评测基准及评测方法；研究人工智能辅助的模型评测算法，开发包括通用性、高效性、智能性、鲁棒性在内的多维度基础模型评测工具集；建设大模型评测开放服务平台，建立公平高效的自适应评测体系，根据不同目标和任务，实现大模型自动适配评测。

（十）构建大模型基础软硬件体系

支持研发大模型分布式训练系统，实现训练任务高效自动并行。研发适用于模型训练场景的新一代人工智能编译器，实现算子自动生成和自动优化。推动人工智能训练推理芯片与框架模型的广泛适配，研发人工智能芯片评测系统，实现基础软硬件自动化评测。

（十一）探索通用人工智能新路径

发展面向通用人工智能的基础理论体系，加强人工智能数学机理、自主协同与决策等基础理论研究，探索通用智能体、具身智能和类脑智能等通用人工智能新路径。支持价值与因果驱动的通用智能体研究，打造统一理论框架体系、评级标准及测试平台，研发操作系统和编程语言，推动通用智能体底层技术架构应用。推动具身智能系统研究及应用，突破机器人在开放环境、泛化场景、连续任务等复杂条件下的感知、认知、决策技术。支持探索类脑智能，研究大脑神经元的连接模式、编码机制、信息处理等核心技术，启发新型人工神经网络模型建模和训练方法。

四、推动通用人工智能技术创新场景应用

（十二）推动在政务服务领域示范应用

围绕政务咨询、政策服务、接诉即办、政务办事等工作，利用人工智能在语义理解、自主学习和智能推理等方面的能力优势，提高政务咨询系统智能问答水平，增强"京策"平台规范管理和精准服务能力，辅助市民服务热线高效回应市民诉求，推进政务办事精准指引和高效审批。

（十三）探索在医疗领域示范应用

支持有条件的研究型医疗机构提炼智能导诊、辅助诊断、智能治疗等场景需求，充分挖掘医学文献、医学知识图谱、医学影像、生物学指标等多模态医疗数据，会同人工智能创新主体开发智能应用，实现对症状、体征和专病的精准识别与预测，提升疾病诊断、治疗、预防及全病程管理的智能化水平。

（十四）探索在科学研究领域示范应用

发展科学智能，加速人工智能技术赋能新材料和创新药物领域科学研究。支持能源、材料、生物领域相关实验室设立科研合作专项，与人工智能创新主体开展联合研发，充分挖掘材料、蛋白质和分子药物领域实验数据，研发科学计算模型，开展新型合金材料、蛋白质序列和创新药物化学结构序列预测，缩短科研实验周期。

（十五）推动在金融领域示范应用

系统布局"揭榜挂帅"项目，推动金融机构进一步开放行业应用场景；支持金融科技创新主体聚焦智能风控、智能投顾、智能客服等环节，研发金融专业长文本精准解析建模技术、复杂决策逻辑与模型信息处理融合技术，支撑金融领域投资辅助决策。

（十六）探索在自动驾驶领域示范应用

支持自动驾驶创新主体研发多模态融合感知技术，基于车路协同数据和车辆行驶多传感器融合数据，提高自动驾驶模型多维感知预测性能，有效解决复杂场景长尾问题，辅助提高车载自动驾驶模型泛化能力。支持在北京市高级别自动驾驶示范区 3.0 项目建设中，开放车路协同自动驾驶数据集。开展基于低时延通讯的云控自动驾驶模型测试，探索自动驾驶新技术路径。

（十七）推动在城市治理领域示范应用

支持人工智能创新主体结合智慧城市建设场景需求，率先在城市大脑建设中应用大模型技术，加快多维感知系统融合处理技术研发，实现智慧城市底层业务的统一感知、关联分析和态势预测，为城市治理决策提供更加综合全面的支撑。

五、探索营造包容审慎的监管环境

（十八）持续推动监管政策和监管流程创新

探索营造稳定包容的监管环境，鼓励创新主体采用安全可信的软件、工具、计算和数据资源，开展人工智能算法、框架等基础技术的自主创新、推广应用、国际合作。争取在中关村国家自主创新示范区核心区先行先试，推动实行包容审慎监管试点。

（十九）建立常态化服务和指导机制

对具有舆论属性或社会动员能力的人工智能相关互联网信息服务，开展常态化联系服务，指导创新主体引入技术工具进行安全检测、按规定申报安全评估、履行算法备案等程序。

（二十）加强网络服务安全防护和个人数据保护

指导创新主体加强网络和数据安全管理，落实网络安全、数据安全和个人信息保护主体责任，强化安全管理制度建设和工作落实。鼓励创新主体开展数据安全管理认证及个人信息保护认证，落实数据跨境传输安全管理制度，全面提升网络安全和数据安全防护能力。

（二十一）持续加强科技伦理治理

加强人工智能伦理安全规范及社会治理实践研究。建设通用人工智能领域科技伦理治理公共服务平台，服务政府监管，促进行业自律。开展科技伦理审查及相关业务培训，强化各责任主体科技伦理规范意识。深入开展科技伦理教育和宣传，构建良好人工智能科技伦理氛围。

3.4　关于印发《北京市数据知识产权登记管理办法（试行）》的通知

各有关单位：

为规范北京市行政辖区内数据知识产权登记行为，维护数据要素市场参与主体合法权益，促进数据要素高效流通使用，释放数据要素潜能，支撑数字经济高质量发展，根据《中华人民共和国民法典》《中华人民共和国网络安全法》《中华人民共和国数据安全法》《中华人民共和国个人信息保护法》《中华人民共和国反不正当竞争法》《北京市数字经济促进条例》《北京市知识产权保护条例》《中共中央　国务院关于构建数据基础制度更好发挥数据要素作用的意见》《知识产权强国建设纲要（2021—2035 年）》等法律法规和文件规定，北京市知识产权局、北京市经济和信息化局、北京市商务局、北京市人民检察院联合制定了《北京市数据知识产权登记管理办法（试行）》，现予以印发，请各单位结合实际认真贯彻执行。

北京市知识产权局 北京市经济和信息化局 北京市商务局 北京市人民检察院
2023 年 5 月 30 日

北京市数据知识产权登记管理办法（试行）

第一章　总则

第一条　为规范北京市行政辖区内数据知识产权登记行为，维护数据要素市场参与主体合法权益，促进数据要素高效流通使用，释放数据要素潜能，支撑数字经济高质量发展，根据《中华人民共和国民法典》《中华人民共和国网络安全法》《中华人民共和国数据安全法》《中华人民共和国个人信息保护法》《中华人民共和国反不正当竞争法》《北京市数字经济促进条例》《北京市知识产权保护条例》《中共中央　国务院关于构建数据基础制度更好发挥数据要素作用的意见》《知识产权强国建设纲要（2021—2035 年）》等法律法规和文件规定，制定本办法。

第二条　数据知识产权的登记对象，是指数据持有者或者数据处理者依据法律法规规定或者合同约定收集，经过一定规则或算法处理的、具有商业价值及智力成果属性的处于未公开状态的数据集合。

第三条 数据知识产权登记应当遵循数据发展规律，把握数据要素基本属性，按照依法合规、自愿登记、安全高效、促进流通、公开透明、诚实信用的原则，确保国家安全、商业秘密和个人隐私不受侵犯。

第四条 北京市知识产权局统筹本市行政区域内的数据知识产权登记管理工作，建设全市统一的数据知识产权登记平台，开展本市行政区域内数据知识产权登记工作。北京市知识产权保护中心具体承办数据知识产权登记工作。

第二章 登记内容

第五条 申请人应通过主管部门指定的登记机构如实填写登记申请表并提供必要的证明文件。提交的登记申请表主要包含以下内容：

（一）登记对象名称。名称格式为"数据集合名称"；

（二）所属行业。按照国民经济行业分类，说明数据所属行业；

（三）应用场景。说明数据适用的条件、范围、对象，清楚反映数据应用所能解决的主要问题；

（四）数据来源及数据集合形成时间。说明数据来源并提供依法依规获取的相关证明；

（五）结构规模。说明数据结构（数据字段名称、格式）以及数据规模、记录条数等；

（六）更新频次。说明数据或者部分数据、部分数据单元的更新频率、更新期限；

（七）算法规则。简要说明数据处理过程中算法模型构建等情况。涉及个人数据、公共数据的，还应对数据进行必要的匿名化、去标识化等情况进行说明，确保不可通过可逆模型或者算法还原出原始数据；

（八）存证公证情况；

（九）样例数据；

（十）登记对象状态等其他需要说明的情况。

第三章 登记程序

第六条 数据知识产权登记主体，是指依据法律法规规定或者合同约定持有或者处理数据的主体，包括进行数据收集、存储、使用、加工、传输、提供、公开等行为的自然人、法人或者非法人组织。

登记主体可自行申请登记，也可以委托代理机构办理数据知识产权登记。受委托办理登记事宜的，应当提交授权委托书，遵守有关法律规定，不得提供虚假信息或材料。

合作处理数据的，应当共同提出申请。接受他人委托处理数据的，可以根据协议由委托方或双方共同提出申请。

第七条　数据知识产权登记通过网上办理。申请数据知识产权登记，申请人以符合规定的电子文件形式通过登记机构设立的数据知识产权登记平台提出申请。登记机构通过登记平台送达数据知识产权登记相关文件。

提交数据知识产权登记电子申请文件或者材料的日期以登记机构收到相关申请文件的时间为准，登记机构未能正常接收的，视为未提交。

第八条　登记机构依据本办法规定对数据知识产权登记申请事项进行形式审查。申请材料不齐全或者不符合本规则要求的，登记机构应当在接到材料三个工作日内，一次性告知申请人需要补正的材料，申请人应于十个工作日内予以补正。无正当理由逾期不答复的，视为撤回登记申请。

第九条　有下列情况之一的，不予登记：

（一）不符合本办法适用范围及原则规定的；

（二）不符合本办法第二条、第三条规定的；

（三）登记前未进行数据存证或者公证的；

（四）存在未解决的数据知识产权权属诉讼纠纷的；

（五）重复登记，或者登记申请主动撤回后无正当理由再次提出登记申请的；

（六）申请人隐瞒事实或者弄虚作假的；

（七）其他不符合相关法律规定的情形。

第十条　登记机构对经形式审查符合数据知识产权登记要求的，在登记平台进行登记前公示，公示期为十个工作日。公示内容包括申请人、数据知识产权名称、应用场景、数据来源、算法规则简要说明等信息。公示期间，任何单位和个人可对数据知识产权登记公示内容提出异议并提供必要的证据材料。

第十一条　登记机构接到异议后，应当在三个工作日内将异议内容转送申请人；申请人应于十个工作日内通过登记机构提交相关证明材料。

登记机构接到申请人提交的异议不成立的证据材料后，应当在三个工作日内转送异议人，异议人可以在五个工作日内向登记机构提交异议成立的补充证据材料。登记机构根据双方提交的证据材料形成异议处理结果，并反馈申请人和异议人。

第十二条　公示结束无异议或者异议不成立的，登记机构对登记申请依法予以核准，签发数据知识产权登记证书。数据知识产权登记证书采用电子方式发放，并在登记平台上公告。

第十三条 数据知识产权登记证书样式、标准由登记机构统一制定。

数据知识产权登记证书是登记主体依法持有数据并对数据行使权利的凭证，享有依法依规加工使用、获取收益等权益。

登记证书的有效期为三年，自登记公告之日起计算。

涉及授权运营的公共数据及以协议获取的企业、个人数据，其协议期限不超过三年的，以相关协议截止日期为有效期。

第十四条 登记证书有效期满，需要继续使用证书的，申请人应当在期满前一个月内按照规定办理续展登记手续。每次续展登记的有效期为三年，自上一届有效期满次日起计算。期满未办理续展手续的，由登记机构注销登记并予以公告。

第十五条 权利人对数据知识产权进行交易、质押、许可使用的，应当在十个工作日内通过登记机构申请变更或者备案。

数据来源、更新频次、存证公证情况等数据知识产权登记申请信息发生变化的，应及时通过登记机构申请变更登记或备案。

申请人为法人或非法人组织时发生合并、分立、解散、破产等情形的，或者申请人为自然人时发生死亡等情形的，应及时通过登记机构申请变更登记。

第十六条 涉及数据知识产权转移的变更登记应当由双方共同申请，属于下列情形之一的，可以由单方申请：

（一）继承、接受遗赠取得权益的；

（二）因生效的法律文书或者人民政府生效的决定等设立、变更、转让、消灭权益的；

（三）权益主体姓名、名称或者自然状况发生变化的；

（四）法律法规规定的其他情形。

第十七条 登记机构审查后认为符合条件的，应及时进行信息变更并公告。

第十八条 登记主体可向登记机构申请注销已登记数据知识产权。

因生效的法律文书等情形导致原登记主体相关权利灭失的，由新权利主体进行注销或者变更登记；如无新权利主体，则由登记机构进行注销登记并公告。

第四章 管理监督

第十九条 登记机构应当建立数据知识产权登记档案，用于记载数据知识产权基本状况以及其他依法应当登记事项。

登记机构应当加强数据知识产权登记监控、保密和全流程数据安全管理。

第二十条　任何单位或者个人均可通过登记机构查阅已登记公告的数据知识产权信息。登记机构应当为数据知识产权信息查阅提供检索等服务。

第二十一条　任何自然人、法人或者非法人组织不得非法复制、涂改、倒卖、出租、伪造登记证书。

第二十二条　数据知识产权相关主管部门鼓励推进登记证书促进数据创新开发、传播利用和价值实现，应当积极推进登记证书在行政执法、司法审判、法律监督中的运用，充分发挥登记证书证明效力，强化数据知识产权保护，切实保护数据处理者的合法权益。

数据知识产权相关主管部门鼓励知识产权服务机构探索数据知识产权相关服务。

第二十三条　登记主体应当如实登记，并对登记内容的真实性、完整性和合法性负责，提交声明承诺。

违反本办法第六条第二款、第二十一条规定，应当依法承担相应的法律责任。

第五章　附则

第二十四条　本办法由市知识产权局等制定单位负责解释。

本办法未予明确的，按照相关规定执行。

第二十五条　本办法自 2023 年 6 月 19 日起试行，试行期三年。

3.5 中共北京市委、北京市人民政府印发《关于更好发挥数据要素作用进一步加快发展数字经济的实施意见》的通知

各区委、区政府，市委各部委办，市各国家机关，各国有企业，各人民团体，各高等院校：

现将《关于更好发挥数据要素作用进一步加快发展数字经济的实施意见》印发给你们，请结合实际认真贯彻落实。

中共北京市委 北京市人民政府

2023 年 6 月 20 日

关于更好发挥数据要素作用进一步加快发展数字经济的实施意见

为贯彻落实党中央、国务院关于构建数据基础制度更好发挥数据要素作用的决策部署，深入实施《北京市数字经济促进条例》，培育发展数据要素市场，加快建设全球数字经济标杆城市，结合本市实际，现提出如下实施意见。

一、总体要求

（一）指导思想

以习近平新时代中国特色社会主义思想为指导，全面贯彻落实党的二十大精神，按照做强做优做大数字经济的要求，坚持"五子"联动，发挥"两区"政策优势，把释放数据价值作为北京减量发展条件下持续增长的新动力，以促进数据合规高效流通使用、赋能实体经济为主线，加快推进数据产权制度和收益分配机制先行先试，围绕数据开放流动、应用场景示范、核心技术保障、发展模式创新、安全监管治理等重点，充分激活数据要素潜能，健全数据要素市场体系，为建设全球数字经济标杆城市奠定坚实基础。

（二）工作原则

——首创首善、先行示范。坚持改革创新，率先开展国家数据基础制度先行先试，打造数据要素政策高地。

——开放融合、互利共赢。推进数据开放和融合应用，赋能"四个中心"

功能建设和经济高质量发展，释放数据红利。

——场景牵引、供需匹配。以数据赋能产业发展、城市治理和民生服务为牵引，推动数据供给和需求匹配。

——政府引导、市场运作。不断强化数据资源供给，充分发挥市场在资源配置中的决定性作用。

——安全合规、守牢底线。遵守相关法律法规，加强数据治理，保证数据供给、流通、使用全过程安全合规。

（三）总体目标

形成一批先行先试的数据制度、政策和标准。推动建立供需高效匹配的多层次数据交易市场，充分挖掘数据资产价值，打造数据要素配置枢纽高地。促进数字经济全产业链开放发展和国际交流合作，形成一批数据赋能的创新应用场景，培育一批数据要素型领军企业。力争到 2030 年，本市数据要素市场规模达到 2000 亿元，基本完成国家数据基础制度先行先试工作，形成数据服务产业集聚区。

二、率先落实数据产权和收益分配制度

（四）探索建立结构性分置的数据产权制度

推动界定数据来源、持有、加工、流通、使用过程中各参与方的合法权利，推进数据资源持有权、数据加工使用权、数据产品经营权结构性分置的产权运行机制先行先试。遵循"谁采集谁负责、谁管理谁负责、谁持有谁负责、谁使用谁负责"原则，明确各单位按照数据的采集、管理、持有、使用职责履行数据安全责任。市大数据主管部门统筹数据资源整合共享、开发利用和管理，按照法律法规要求建立公共数据管理规范。公共数据的采集单位要确保汇聚数据合法、准确、及时。市大数据中心开展公共数据归集、清洗、共享、开放、治理等活动，确保数据合规使用。推动建立企业数据分类分级确权授权机制，对各类市场主体在生产经营活动中依法依规采集、持有、加工和销售的不涉及个人信息和公共利益的数据，市场主体享有分别按照数据资源持有权、加工使用权或产品经营权获取相应收益的权益。推进建立个人数据分类分级确权授权机制，允许个人将承载个人信息的数据授权数据处理者或第三方托管使用，推动数据处理者或第三方按照个人授权范围依法依规采集、持有、使用数据或提供托管服务。

（五）完善数据收益合理化分配

按照"谁投入、谁贡献、谁受益"原则，建立数据要素由市场评价贡献、按贡献决定报酬的收益分配机制。鼓励数据来源者依法依规分享数据并获得相应收益。探索建立公共数据开发利用的收益分配机制，推进公共数据被授

权运营方分享收益和提供增值服务。探索建立企业数据开发利用的收益分配机制，鼓励采用分红、提成等多种收益共享方式，平衡兼顾数据来源、采集、持有、加工、流通、使用等不同环节相关主体之间的利益分配。探索个人以按次、按年等方式依法依规获得个人数据合法使用中产生的收益。

三、加快推动数据资产价值实现

（六）开展数据资产登记

市大数据主管部门会同财政、国资等部门研究出台并组织实施数据资产登记管理制度。市大数据中心开展公共数据资产登记工作，持续组织完善和更新公共数据目录，依托市大数据平台和可信可控的区块链底层技术体系，建立公共数据资产基础台账，做到"一数一源"、动态更新和上链存证，推动公共数据资产化全流程管理。在社会数据来源合法、内容合规、授权明晰的原则下，支持依法设立的数据交易机构为社会主体提供社会数据资产登记服务，发放数据资产登记证书，详细载明权利类型和数据状况，形成数据目录，并提供核验服务；组织建设行业数据资产登记节点，推进工业、交通、金融等行业数据登记，激活行业数据要素市场；支持市属国有企业以及有条件的企业率先在数据交易机构开展数据资产登记。

（七）探索数据资产评估和入表

不断推动完善数据资产价值评估模型，推动建立健全数据资产评估标准，建立完善数据资产评估工作机制，开展数据资产质量和价值评估，为数据资产流通提供价值和价格依据，保障数据资产价值公允性。探索数据资产入表新模式。探索将国有企业数据资产的开发利用纳入国有资产保值增值激励机制。

（八）探索数据资产金融创新

探索市场主体以合法的数据资产作价出资入股企业、进行股权债权融资、开展数据信托活动。在风险可控前提下，探索开展金融机构面向个人或企业的数据资产金融创新服务。做好数据资产金融创新工作的风险防范。

四、全面深化公共数据开发利用

（九）完善公共数据开放体系

开展公共数据分类分级管理，采取多种方式向社会开放公共数据。对用于公益服务的公共数据遵循"开放是常态、不开放是例外"原则，市大数据主管部门制定并发布年度公共数据开放计划，建立各部门公共数据开放利用清单，完善公共数据开放目录管理机制和标准规范，明确数据的开放主体、开放等级和开放模式等内容。提升市大数据中心公共数据汇聚开放能力，升级改造北京公共数据开放平台，积极对接全国一体化政务数据资源库和目录体系，扩大公共数据开放规模。通过服务窗口、开放平台等载体受理公共数据开放的社会需求，结合应用需求进行综合评估后相应调整开放计划，推动公共数据按用途加大供给使用范围。推动用于公共治理、公益服务的公共数据有条件无偿使用，加强北京公共数据开放创新基地建设，鼓励通过应用竞赛和建立联合实验室、研究中心、技术中心等方式，推动有条件无偿使用公共数据。将公共数据开放情况纳入本市智慧城市建设"月报季评"工作。支持相关单位、行业协会、产业联盟在京建设各类数据服务公共平台，提供公共数据服务。

（十）推进公共数据专区授权运营

按照有条件有偿使用的方式，探索用于产业发展、行业发展的公共数据开发利用。推广完善金融等公共数据专区建设经验，加快推进医疗、交通、空间等领域的公共数据专区建设。推进开展公共数据专区授权运营，市大数据主管部门负责制定公共数据授权运营规则，规范公共数据专区授权条件、授权程序、授权范围，以及运营主体、运营模式、运营评价、收益分配、监督审计和退出情形等。被授权运营主体按照"原始数据不出域、数据可用不可见"的要求，以模型、核验等产品和服务，向社会提供有偿开发利用。研究推动有偿使用公共数据按政府指导定价。

五、培育发展数据要素市场

（十一）建设一体化数据流通体系

统筹优化在京数据交易场所和平台布局，推动构建协同联通、内外并存、辐射全国的数据交易市场。提升北京国际大数据交易所能级，进一步明确功能定位，建立数据交易指数，服务各行业数据流通交易和开发利用；支持建设社会数据专区，开展数据产品交易、融合应用、资产评估、托管、跨境和数据商备案等服务；加大对数据流通基础设施和交易场所的投资，探索建设基于真实底层资产和交易场景的数字资产交易平台，给予数据资产运营单位相应业绩考核支持。允许数据商建立商用化的行业数据服务平台，为中小微企业等用户提供数据产品。鼓励高校、科研机构和平台企业加大开放社会数据，用于支持发展公共服务和公益事业。推进数据交易产业合作，打造数据流通交易生态。

（十二）推进社会数据有序流通

市大数据主管部门会同市金融监管部门研究制定数据交易场所管理制度，支持数据交易场所制定便于数据流通的数据交易规则。推动建立健全数据要素市场的价格形成机制，支持建立数据交易机构预定价、买卖双方协议定价、按次定价等数据产品定价模式。推动建立数据交易范式及合同模板。鼓励企业通过技术追溯、使用次数限制、数据水印等措施规范交易后的数据用途。鼓励数据商进场交易，鼓励数据经纪商、第三方专业服务机构等为数据交易双方提供数据产品开发、发布、承销和数据资产的合规化、标准化和增值化服务，促进提高数据交易效率。鼓励保险机构提供数据交易保险，降低数据交易风险。引导承担公共服务的单位依托依法设立的数据交易机构开展数据服务和数据产品交易活动，探索推进公共数据被授权运营单位在依法设立的数据交易机构登记、上架、备案对外交易的数据服务和数据产品。

（十三）率先探索数据跨境流通

鼓励开展数字经济国际合作，办好全球数字经济大会等会议论坛，在数据服务、市场开放、产品技术创新等方面实现合作共赢。围绕区域全面经济伙伴关系协定（RCEP）、全面与进步跨太平洋伙伴关系协定（CPTPP）、数字经济伙伴关系协定（DEPA）等高标准国际经贸规则，积极参与数据跨境流通国际规则和数据技术标准的制定，重点推动企业开展数据跨境流通业务合作。完善数据跨境监管机制，推进数据出境安全评估制度落地实施，持续推进"个人信息保护认证""个人信息出境标准合同"等工作，分类分级推动数据安全有序跨境流通。鼓励跨国企业依托现有云计算基础设施建设数据运营平台。支持海淀区等建设北京数字贸易港，支持朝阳区建设北京商务中心区跨国企业数据流通服务中心，支持北京大兴国际机场临空经济区建设数字贸易试验区，推进数据跨境流动国际合作。

六、大力发展数据服务产业

（十四）发展数据要素新业态

支持中央企业、市属国有企业、互联网平台企业以及其他有条件的企业和单位，在京成立数据集团、数据公司或数据研究院。发展数据生产服务业，支持企业开展数据采集、清洗加工、存储计算、数据分析、数据标注、数据训练等数据生产服务，支持企业研发建设数据生产线，推进数据生产自动化。培育人工智能生成内容产业发展，发展人工智能生成语音、图像和自然语言等内容，丰富合成数据供给。发展数据安全服务业，支持企业开发数据安全评估、资产保护、数据脱敏、存储加密、隐私计算、检测认证、监测预警、应急处置等产品和服务。发展数据流通服务业，培育一批专业数据流通服务商、数据经纪商和第三方服务机构，规范开展数据资产评估、数据经纪、数据托管、数据金融、合规咨询等专业服务，打造服务全国的数据流通交易产业生态。发展数据应用服务业，支持企业推广复制典型应用项目，推动数字经济与实体经济深度融合发展。

（十五）推进数据技术产品和商业模式创新

建立数据采集连接主体、数据来源和采集连接方式合法性、正当性的管理机制，推动不同场景、不同领域数据的标准化采集连接和高质量兼容互通，提升大规模高质量的数据要素生产供给能力。支持加强数据关键共性技术研发，建设数据技术创新能力平台，推进数据生产、流通、交易、治理等数据链全栈技术研发和成果转化。完善数据技术清单、产品目录和数据资产目录，推动将符合条件的数据技术和产品研发投入纳入研发费用加计扣除，支持企业加强数据技术和产品创新。鼓励企业采取"采产销"一体化数据产品运营模式。支持大型互联网企业建设数据要素平台，实时提供数据服务。鼓励开展数据众采、众创、众包、开源社区和专营店等商业模式创新。

（十六）推进数据应用场景示范

引导市场主体以应用场景为导向，按照用途用量发掘数据价值。深入推进全市智慧城市和数字政府建设场景开放，建立公共数据资源开发应用场景库，加快推出一批满足"一网通办""一网统管"和"一网慧治"等功能的便民利企数据产品和服务。深化工业数据应用场景示范，提升生产线物联网数据实时分析、三维产品数字孪生和设备预测性分析等数据应用水平。推动金融数据应用场景示范，完善数据信贷、金融风险智能分析和智能投资理财顾问等，推进数字人民币在数据交易支付结算等更多场景中的试点应用。促进商贸物流数据应用场景示范，建设数据海关和数据口岸等。加快自动驾驶数据应用场景示范，发展高级别自动驾驶汽车、智能网联公交车、自主代客泊车和高速公路无人物流等。实施医疗数据应用场景示范，开展个人健康实时监测与评估、疾病预警、慢病筛查、智能诊断和智能医疗等。推进文化数据应用场景示范，探索数字影视、数字人演播和文化元宇宙等。

七、开展数据基础制度先行先试

（十七）打造数据基础制度综合改革试验田

支持北京经济技术开发区等开展数据基础制度先行先试，打造政策高地、可信空间和数据工场。支持基于信创技术建设数据可信流通体系和"监管沙盒"，通过物理集中和逻辑汇通相结合的方式，导入工业、金融、能源、科研、商贸、电信、交通、医疗、教育等领域数据资源，促进数据跨行业融合应用，切实激活数据要素资源。推进国家数据知识产权试点，探索数据知识产权的制度构建、登记实践、权益保护和交易使用。建立社会数据资产登记中心，建设数据资产评估服务站，先行探索开展数据资产入表。支持建设数据跨境实验室和数据跨境服务平台，针对跨境电商、跨境支付、供应链管理、服务外包等典型应用场景，集中承载数据跨境监管、安全评估、认证等服务。示范建设数据服务产业基地,通过开放数据、开放场景和提供算力等,推进各类数据要素型企业入驻数据服务产业基地。建设数据要素创新研究院,支持数据驱动的科学研究。完善人工智能数据标注库,探索打造数据训练基地,促进研发自然语言、多模态、认知等超大规模智能模型。

(十八)建设可信数据基础设施

积极参与数据基础设施标准体系建设,推动基于 IPv6 的下一代互联网、基于数字对象架构的数联网、可信数据空间等关键技术建设面向全球、平等开放的数据基础设施,推动建立数据来源可确认、使用范围可界定、流通过程可追溯、安全风险可防范的数据可信流通体系,支持各类数据安全可信融合应用。推动京津冀协同建设数据流通算力基础设施,构建智能感知、高速互联、智能集约、全程覆盖、协同调度的数据原生基础设施和数据流通算力网络,为场内交易和场外流通提供高效率、低延时、安全可信的云算力支撑。优化提升北京数据托管服务平台。

八、加强数据要素安全监管治理

(十九)强化数据安全和治理

加强数据分类分级保护,落实自动驾驶、医疗健康、工业、金融、交通等行业数据分类分级指南,明确各类数据安全保护的范围、主体、责任和措施,加强对涉及国家利益、公共安全、商业秘密、个人隐私等重要数据的保护。完善数据安全技术体系,加强数据安全监测、加密传输、访问控制、数据脱敏、隐私计算等安全保障技术研发与应用。支持第三方机构开展数据安全和合规性的评估和审查。建立实施数据安全管理认证制度,引导企事业单位等通过数据安全管理认证提升数据安全管理水平。推进企事业单位等开展数据管理能力成熟度评估和贯彻标准执行。支持企事业单位参与数据领域标准的研制,推进数据治理全流程标准化和规范化。支持各有关部门、企业和行业协会建立基于数据全生命周期的数据质量管理制度,加强数据流向管理,对各类数据流向和质量问题进行识别、评估、预警、纠错、处置和动态更新。

(二十)创新数据监管模式

促进数据要素市场信用体系建设,逐步完善数据交易失信行为认定、守信激励、失信惩戒、信用修复、异议处理等机制。优化数据营商环境,建立健全数据生产流通使用全过程的合规公证、安全审查、算法审查、监测预警等制度。建立数据联管联治机制,推进分行业监管和跨行业协同监管。制定数据流通和交易负面清单,明确不能交易或严格限制交易的数据项。加强对数据垄断和不正当竞争行为监管,营造公平竞争、规范有序的市场环境。建设数据要素流通技术监测预警平台,探索数据流通过程中的敏捷监管、触发式监管和穿透式监管。探索开展数据审计工作。推出一批数据产权制度、数据流通领域的典型司法案例，加大宣传推广，为国内外数据要素司法实践提供参考。严厉打击黑市交易，取缔数据流通非法产业。

九、保障措施

（二十一）切实加强组织领导

坚持党对构建数据基础制度工作的全面领导，加强数据要素发展的总体设计、先行先试、统筹调度和安全保障，督促落实数据制度、数据流通、数据资产、数据服务产业等重大事项和重点项目。强化市大数据主管部门职责，争取国家相关部委支持。推进相关行业主管部门和各区结合各自实际抓好落实，推动各区健全大数据主管部门和区级大数据中心，支持海淀区、朝阳区、城市副中心、北京经济技术开发区等率先开展先行先试。建立由数据要素、科技创新、产业发展、商贸流通、安全监管等领域权威人士组成的数字经济专家委员会。探索推进数据要素统计核算，建立健全更加合理的统计核算和市场评价机制，定期对数据要素市场建设情况进行评估，及时总结提炼可复制可推广的经验和做法。将数据要素市场发展情况纳入政府绩效考评和高质量发展综合绩效评价。建立健全鼓励创新、包容创新的容错纠错机制。

（二十二）建设数据人才队伍

市大数据主管部门会同组织、机构编制、人力资源社会保障等部门制定数据人才引进培养计划。鼓励企业设立首席数据官，支持发展改革、教育、科技、经济和信息化、公安、民政、人力资源社会保障、规划自然资源、城市管理、交通、卫生健康、市场监管、政务服务等市级部门和各区开展首席数据官制度先行先试，加强数字治理的领导力建设。加强领导干部以数据要素为重点的数字经济知识培训，提升领导干部发挥数据要素作用、促进发展数字经济的能力和本领。加强数据人才培养，鼓励高校、职业院校、中小学校开设多层次、多方向、多形式的数据要素课程教学和培训，支持企业与院校通过联合办学及共建产教融合基地、实验室、实训基地等形式，拓展数据专员、数据分析师、数据合规师、数据标注师等多元化人才培养模式，引入数据相关国家职业标准和数字技术工程师培育项目，培养数据要素各类专业化和复合型人才。

（二十三）加大资金支持力度

利用财政资金支持数据服务产业发展，促进数据交易、数据商培育、数据基础设施建设、数据服务产业园区建设、社会数据开发利用、数据要素市场公共服务等发展，鼓励数据商在依法设立的数据交易机构进行数据资产登记和数据产品挂牌、交易、开放等活动。对企业的数据首登记、首挂牌、首交易、首开放等给予奖励，更好促进数据要素市场创新和产业化发展。充分利用高精尖产业发展基金，加大对数据服务产业投资，积极稳妥引入社会资本，鼓励设立数据服务产业基金，加大对数据要素型企业的投入力度。

3.6 《北京市促进通用人工智能创新发展的若干措施》等相关政策解读

北京是我国的首都，是我国的政治中心、文化中心、国际交往中心、科技创新中心。北京在各方面的工作都力争上游，旨在成为首善之区。在促进通用人工智能发展、加快数字经济发展方面，北京也充分展现了其科技创新之都的担当，不甘落后、勇争先锋。近期北京市围绕大数据产业出台了一系列政策措施，本书摘录了《北京市数字经济促进条例》《北京市加快建设具有全球影响力的人工智能创新策源地实施文案（2023—2025 年）》《北京市促进通用人工智能创新发展的若干措施》《北京市数据知识产权登记管理办法（试行）》《关于更好发挥数据要素作用进一步加快发展数字经济的实施意见》这五项政策文件，来分析北京市在大数据产业发展方面的战略规划和深度思考，也为其他省市提供一定的借鉴和参考。

一、加快发展数字经济

2022 年 11 月 25 日，北京市第十五届人民代表大会常务委员会第四十五次会议通过了《北京市数字经济促进条例》（本节以下简称《条例》），自 2023 年 1 月 1 日起施行。

《条例》出台的背景是北京市委市政府已经深刻地认识到，数字经济事关国家发展大局，其他兄弟省（自治区、直辖市）尤其是南方经济发展较好的省（自治区、直辖市），都在抢占数字经济的高地。数字经济是北京市新时代经济转型升级的重要引擎和关键力量，发展数字经济是把握新一轮科技革命和产业变革新机遇的战略选择。

《条例》共分为九章。第一章总则部分提出了制定《条例》的目的、适用范围、重要意义、领导及落实部门等。第二章是关于数字基础设施，强调市、区人民政府及其有关部门应当按照统筹规划、合理布局、集约高效、绿色低碳的原则，重点支持新一代高速固定宽带和移动通信网络、卫星互联网、量子通信等信息网络基础设施建设，感知物联网建设应当支持部署低成本、低功耗、高精度、安全可靠的智能化传感器；算力基础设施建设应当按照绿色低碳、集约高效的原则；新技术基础设施建设应当统筹推进人工智能、区块链、大数据、隐私计算、城市空间操作系统等。第三章是关于数据资源，强调加强数据资源安全保护和开发利用，促进公共数据开放共享；公共数据资源实行统一的目录管理；建立全市公共数据共享机制；制定并公布年度公共数据开放清单或者计划，采取无条件开放、有条件开放等方式向社会开放公共数据；设立金融、医疗、交通、空间等领域的公共数据专区，推动公共数据有条件开放和社会化应用；支持市场主体探索数据资产定价机制，支持在依法设立的数据交易机构开展数据交易活动。

第四章是关于数字产业化，强调支持数字产业基础研究和关键核心技术攻关；支持建设开源社区、开源平台和开源项目等；支持网络安全、数据安全、算法安全技术和软硬件产品的研发应用；支持平台企业规范健康发展，鼓励利用互联网优势；鼓励数字经济业态创新；支持建设数字经济产业园区和创新基地；推动数字贸易高质量发展。第五章是关于产业数字化，明确支持多产业领域互联网发展；鼓励国有企业整合内部信息系统；健全工业互联网标识解析体系和新型工业网络部署，支持工业企业实施数字化改造；推动数字金融体系建设，支持金融机构加快数字化转型；推动超市等传统商业数字化升级；推动农业农村基础设施数字化改造和信息网络基础设施建设；支持和规范在线教育、在线旅游、网络出版、融媒体、数字动漫等数字消费新模式。第六章是关于智慧城市建设，强调聚焦交通体系、生态环境、空间治理、执法司法等智慧城市应用领域，推进智慧城市基础建设；编制全市智慧城市发展规划、市级控制性规划；全方位、系统性、高标准推进数字政务"一网通办"领域相关工作；推进城市运行"一网统管"领域相关工作；推进各级决策"一网慧治"相关工作；通过多种形式的场景开放，政府投资新建、改建、扩建、运行维护的信息化项目应当符合智慧城市发展规划。

第七章是关于数字经济安全，强调强化数字经济安全风险综合研判；依法保护与数据有关的权益；建立健全数据安全工作协调机制，采取数据分类分级、安全风险评估和安全保障措施；对关键信息基础设施实行重点保护；数据处理活动应当建立数据治理和合规运营制度；平台企业应当建立健全平台管理制度规则。第八章是关于保障措施，强调建立数字经济治理新格局；组织实施全民数字素养与技能提升计划；统筹运用财政资金和各类产业基金，加大对数字经济的资金支持力度；执行数据知识产权保护规则开展数据知识产权保护工作；鼓励为老年人、残疾人等提供便利适用的智能化产品和服务；加强数字经济领域相关法律法规、政策和知识的宣传普及；鼓励拓展数字经济领域国际合作；鼓励在法治框架内积极探索数字经济促进措施，对探索中出现失误或者偏差，符合规定条件的，可以予以免除或者从轻、减轻责任。最后一条体现了包容失误的理念，对于探索数字经济未知领域具有重要意义，值得各省市学习借鉴。第九章为附则。

二、加快建设具有全球影响力的人工智能创新策源地

北京市政府于 2023 年 5 月 21 日发布了《北京市加快建设具有全球影响力的人工智能创新策源地实施方案（2023—2025 年）》（京政发〔2023〕14 号，本节以下简称《实施方案》）。

《实施方案》发布的背景是全球人工智能技术迅猛发展，2023 年 3 月 15日，OpenAI 正式推出 GPT-4 模型。GPT-4 是一个多模态大型语言模型，它不仅支持图像和文本输入以及文本输出，还拥有强大的识图能力，该模型对文字输入的限制提升到了 2.5 万字，拥有更大规模的训练数据集，并且支持多元的输出输入形式，在专业领域的学习能力更强。GPT-4 的推出是一场广泛而深刻的技术变革，使得人工智能成为世界科技强国重点布局的关键赛道。北京市具有国内领先的人工智能科技、人才资源和产业发展优势，形成了基本完整的人工智能产业链条。为贯彻落实国家发展新一代人工智能的决策部署，高水平建设北京国家新一代人工智能创新发展试验区和国家人工智能创新应用先导区，加快建设具有全球影响力的人工智能创新策源地，有力支撑北京国际科技创新中心建设，特制定了本《实施方案》。

北京市的工作目标是到 2025 年，北京市人工智能技术创新与产业发展进入新阶段，基础理论研究取得突破，原始创新成果影响力不断提升；关键核心技术基本实现自主可控，其中部分技术与应用研究达到世界先进水平；人工智能产业规模持续提升，形成具有国际竞争力和技术主导权的产业集群；人工智能高水平应用深度赋能实体经济，促进经济高质量发展；人工智能创新要素高效配置，创新生态更加活跃开放，基本建成具有全球影响力的人工智能创新策源地。要布局一批前沿方向，技术创新实现新引领；推动一批国产替代，技术攻坚取得新突破；构建一批产业方阵，产业能级完成新跃升；塑造一批示范标杆，场景赋能驱动新应用；营造一流创新环境，生态构建形成新成效。

从实施方面讲，文件确定了五项重点任务。一是着力突破人工智能关键技术，引领产业高水平发展，主要是突破人工智能前沿基础理论创新，引领人工智能关键核心技术创新，强化可信人工智能关键技术创新。二是全力夯实人工智能底层基础，筑牢产业创新发展底座，主要是推动国产人工智能芯片实现突破，加强自主开源深度学习框架研发攻关，提升算力资源统筹供给

能力，加强公共数据开放共享。三是加快构建人工智能产业方阵，全面提升产业发展能级，主要是构建高效协同的大模型技术产业生态，加强人工智能企业梯度培育，强化人工智能企业多维服务。四是加快推动人工智能场景建设，牵引创新成果落地应用，主要是探索人工智能应用场景赋能与开放，支持人工智能赋能智慧城市建设。五是持续构建人工智能产业生态，营造国际一流发展环境，主要是推动建设人工智能领域人才高地，营造人工智能优质创新环境，探索对人工智能产业实行包容审慎监管，提升人工智能科技伦理治理能力。

三、促进通用人工智能创新发展

北京市人民政府办公厅于 2023 年 5 月 23 日发布了《北京市促进通用人工智能创新发展的若干措施》（本节以下简称《措施》），目的是充分发挥政府引导作用和创新平台催化作用，整合创新资源，加强要素配置，营造创新生态，重视风险防范，推动本市通用人工智能实现创新引领和理性健康发展。

《措施》的发布背景与 5 月 21 日发布的《北京市加快建设具有全球影响力的人工智能创新策源地实施方案（2023—2025 年）》相同，属于《实施方案》的进一步深化和落地，可谓文件连发，可见北京市对促进人工智能产业发展的巨大决心。

《措施》共分为五个部分，一是关于提升算力资源统筹供给能力，主要措施包括组织商业算力满足紧迫需求，高效推动新增算力基础设施建设，建设统一的多云算力调度平台三项内容。

二是关于提升高质量数据要素供给能力，主要措施是归集高质量基础训练数据集，谋划建设数据训练基地，搭建数据集精细化标注众包服务平台。

三是关于系统构建大模型等通用人工智能技术体系，主要措施是开展大模型创新算法及关键技术研究，加强大模型训练数据采集及治理工具研发，建设大模型评测开放服务平台，构建大模型基础软硬件体系，探索通用人工智能新路径。

四是关于推动通用人工智能技术创新场景应用，主要涵盖了推动在政务服务领域示范应用，探索在医疗领域示范应用，探索在科学研究领域示范应用，推动在金融领域示范应用，探索在自动驾驶领域示范应用，推动在城市治理领域示范应用六项内容，这六项内容是通用人工智能技术应用的关键领域，易于实施且效果显著。

五是关于探索营造包容审慎的监管环境，强调要持续推动监管政策和监管流程创新，建立常态化服务和指导机制，加强网络服务安全防护和个人数据保护，持续加强科技伦理治理。

四、数据知识产权登记

北京市知识产权局、北京市经济和信息化局、北京市商务局、北京市人民检察院于 2023 年 5 月 30 日发布了《北京市数据知识产权登记管理办法（试行）》（本节简称《管理办法》），其发布背景是国家层面陆续出台了《中华人民共和国网络安全法》《中华人民共和国数据安全法》《中华人民共和国个人信息保护法》《中共中央、国务院关于构建数据基础制度更好发挥数据要素作用的意见》等法律和政策文件，为了规范北京市行政辖区内数据知识产权登记行为，维护数据要素市场参与主体合法权益，促进数据要素高效流通使用，释放数据要素潜能，支撑数字经济高质量发展，制定了本《管理办法》。

《管理办法》明确指出登记内容包括登记对象名称、所属行业、应用场景、数据来源及数据集合形成时间、结构规模、更新频次、算法规则、存证公证情况、样例数据等情况。登记程序，该部分对登记主体做出了明确规定；指出数据知识产权登记通过网上办理；登记机构依据本办法规定对数据知识产权登记申请事项进行形式审查；对经形式审查符合数据知识产权登记要求的，在登记平台进行登记前公示，公示期为十个工作日；若接到异议应当在三个工作日内将异议内容转送申请人，申请人应于十个工作日内通过登记机构提交相关证明材料；公示结束无异议或者异议不成立的，登记机构对登记申请依法予以核准，签发数据知识产权登记证书；登记证书有效期满，需要继续使用证书的，申请人应当在期满前一个月内按照规定办理续展登记手续。

关于管理监督，《管理办法》规定登记机构应当建立数据知识产权登记档案，用于记载数据知识产权基本状况以及其他依法应当登记事项；任何单位或者个人均可通过登记机构查阅已登记公告的数据知识产权信息，登记机构应当为数据知识产权信息查阅提供检索等服务；任何自然人、法人或者非法人组织不得非法复制、涂改、倒卖、出租、伪造登记证书；数据知识产权相关主管部门鼓励推进登记证书促进数据创新开发、传播利用和价值实现，应当积极推进登记证书在行政执法、司法审判、法律监督中的运用，充分发挥登记证书证明效力，强化数据知识产权保护，切实保护数据处理者的合法权益。

五、发挥数据要素作用加快发展数字经济

中共北京市委、北京市人民政府于 2023 年 6 月 20 日发布的《关于更好发挥数据要素作用进一步加快发展数字经济的实施意见》（本节以下简称《实施意见》），其背景就是贯彻落实前面的《北京市数字经济条例》，目的是培育发展数据要素市场，加快建设全球数字经济标杆城市。

　　《实施意见》明确了指导思想，其中强调在操作层面重点是以促进数据合规高效流通使用、赋能实体经济为主线，加快推进数据产权制度和收益分配机制先行先试，围绕数据开放流动、应用场景示范、核心技术保障、发展模式创新、安全监管治理等重点，充分激活数据要素潜能，健全数据要素市场体系。明确了五条工作原则，包括：首创首善、先行示范；开放融合、互利共赢；场景牵引、供需匹配；政府引导、市场运作；安全合规、守牢底线。明确了总体目标：力争到 2030 年，本市数据要素市场规模达到 2000 亿元，基本完成国家数据基础制度先行先试工作，形成数据服务产业集聚区。

　　《实施意见》提出了重点行动：①率先落实数据产权和收益分配制度。探索建立结构性分置的数据产权制度，完善数据收益合理化分配。②加快推动数据资产价值实现。开展数据资产登记，探索数据资产评估和入表，探索数据资产金融创新。③全面深化公共数据开发利用。完善公共数据开放体系，推进公共数据专区授权运营。④培育发展数据要素市场。建设一体化数据流通体系，推进社会数据有序流通，率先探索数据跨境流通。⑤大力发展数据服务产业。发展数据要素新业态，支持成立数据集团、数据公司或数据研究院，发展数据生产服务业；推进数据技术产品和商业模式创新；推进数据应用场景示范。⑥开展数据基础制度先行先试。打造数据基础制度综合改革试验田，建设可信数据基础设施。⑦加强数据要素安全监管治理。强化数据安全和治理，创新数据监管模式。

第 4 篇

贵州省相关政策

4.1　《贵州省大数据局关于印发贵州省数据流通交易管理办法（试行）的通知》

黔数〔2022〕23 号

各市（州）人民政府、省直有关部门：

经省人民政府同意，现将《贵州省数据流通交易管理办法（试行）》印发给你们，请认真贯彻执行。

附件：贵州省数据流通交易管理办法（试行）

贵州省大数据局

2022 年 12 月 23 日

贵州省数据流通交易管理办法（试行）

第一章　总则

第一条　为规范数据流通交易运行，培育数据要素市场，根据《中共中央国务院关于构建更加完善的要素市场化配置体制机制的意见》（中发〔2020〕9 号）、《中共中央 国务院关于构建数据基础制度更好发挥数据要素作用的意见》（中发〔2022〕32 号）、《国务院关于支持贵州在新时代西部大开发上闯新路的意见》（国发〔2022〕2 号）等有关文件及法律法规规定，结合我省实际，制定本办法。

第二条　在本省行政区域内进行的数据流通交易及相关活动，适用本办法。

第三条　数据流通交易坚持政府引导、市场主导，场景牵引、释放价值，鼓励创新、包容审慎，严守底线、安全发展的原则，遵守行业准则。

第四条　鼓励多元化数据流通交易，强化政务数据供给，推动公共企事业单位数据流通交易，激发社会数据流通交易活力，培育数据流通交易产业生态。

第二章　部门职责

第五条 省大数据局负责指导、协调、调度全省数据流通交易管理工作，培育数据要素市场。指导全省统一的数据流通交易平台建设，推进数据流通交易产业生态发展，鼓励和引导市场主体在数据交易场所开展数据交易。

第六条 各市州人民政府统一领导、协调本行政区域内的数据流通交易工作。

县级以上大数据主管部门贯彻落实数据流通交易规章制度，以场景应用为牵引，大力培育数据要素市场主体，壮大场内数据交易。

第七条 网信、发展改革、公安、地方金融监管、市场监管、通信管理、密码管理和其他有关部门在各自职责范围内依照国家相关法律、行政法规的规定，负责数据流通交易市场秩序、安全保护和监督管理等工作，落实国家网络安全审查等制度，建立健全数据安全保护体系。

第三章 交易场所

第八条 贵阳大数据交易所是省有关监管部门批准设立的从事数据交易的场所，遵循自愿、公平、诚实信用的原则，依法依规面向全国提供数据流通交易服务。

各级大数据主管部门按相关规定，统一授权具备条件的市场主体运营本级政务数据，形成的数据产品和服务，通过数据交易场所进行交易。

各级政务部门、公共企事业单位涉及数据产品及服务、算力资源、算法工具等的交易，通过数据交易场所开展交易。

第九条 数据交易场所由"贵州省数据流通交易服务中心+贵阳大数据交易所有限责任公司"组成，接受相关部门的监督管理，坚持合规运营，有效防范风险，保障数据安全。

贵州省数据流通交易服务中心负责全省数据流通交易、合规监管等工作，制定行业规范，建立数据流通交易规则、安全保障等制度，具体承担数据流通交易平台管理工作，开展数据商、数据要素等登记凭证服务，探索创新数据流通交易机制。

贵阳大数据交易所有限责任公司负责数据流通交易平台日常运营、市场推广和业务拓展等工作，确保交易场所稳定运行。

第十条 数据交易场所主要提供以下服务：

（一）交易主体、交易标的登记凭证服务；

（二）多元化数据交易产品供需撮合服务；

（三）在线签约、资金结算等服务；

（四）组织法律咨询、数据公证、质量评估、数据经纪、合规认证、安全审查、资产评估、争议仲裁、人才培训等第三方专业配套服务；

（五）组织数据资产金融创新服务；

（六）其他与数据流通交易活动相关的配套服务。

第十一条　贵州省数据流通交易服务中心应建立交易主体登记、交易标的登记、风险控制、资金结算、数据交付、交易信息的处理和发布规则等标准规范，以及其他异常处理机制等。

第十二条　贵州省数据流通交易服务中心应运用云计算、区块链、联邦学习、多方安全计算等技术，建设安全可信的数据流通交易平台，构建数据流通交易基础设施环境，实现原始数据"可用不可见"、数据产品"可控可计量"、流通行为"可信可追溯"。

第十三条　贵阳大数据交易所有限责任公司应加强资金安全管理，按照国家及省相关要求实行资金第三方存管制度，实行分账管理，确保资金结算与交易指令要求相符。

第四章　交易标的

第十四条　交易标的包括数据产品和服务、算力资源、算法工具等。

（一）数据产品和服务指在保护国家安全、商业秘密和个人隐私的前提下，经合法授权，使用数据开发形成的核验接口、数据集及其他应用，或开展加工、清洗、标注、建模等数据处理服务；

（二）算力资源指算力形成过程中涉及的计算资源，包括云存储、云安全及衍生服务等；

（三）算法工具指算法执行过程中所使用的工具或者辅助执行的工具，包括数据可视化、数据预测、机器学习工具等；

（四）其他与数据相关的产品类型。

第十五条　交易标的可以通过 API/SDK 接口、数据集、数据报告、算法模型、算力资源部署、数据系统部署及其他数据服务等方式进行交付。

（一）API/SDK 接口方式包括数据核验接口、数据查询接口等；

（二）数据集方式包括离线数据包、数据库等；

（三）数据报告方式包括数据分析报告、数据预测报告等；

（四）算法模型方式包括数据分析模型、数据预测模型等；

（五）算力资源部署方式包括云存储、云计算、云网络、云安全、云数据库等；

（六）数据系统部署方式根据具体应用场景需求进行部署；

（七）根据数据需求方及应用场景需求开展的其他数据服务方式。

第十六条　有下列情形之一的，不得在数据交易场所进行流通交易：

（一）危害国家安全和社会稳定的；

（二）涉及损毁他人名誉及未经授权的身份、财产和其他敏感数据等特定个人权益的；

（三）涉及未经授权的企业数据、商业秘密等特定企业权益的；

（四）从非法、违规渠道获取的；

（五）其他法律、法规明确规定禁止交易的。

第五章　交易主体

第十七条　交易主体包括数据提供方、数据需求方、数据商、数据中介等。

数据提供方是指提供数据的公民、法人和其他组织，遵循数据来源合规、服务安全等原则，确保数据合法合规。

数据需求方是指有数据需求，通过数据交易场所获得交易的相关产品和服务，并进行付费的公民、法人和其他组织，遵守合法性、诚实信用等原则。需在数据交易场所完成注册。

数据商是指为数据交易双方提供数据产品开发、发布、承销和数据资产合规化、标准化、增值化服务的公民、法人和其他组织。需在数据交易场所注册，获得数据商凭证。

数据中介是指依法设立，接受委托，有偿提供鉴证性、代理性、信息性等数据服务的法人或者其他组织，具体开展数据交易价格评估、合规认证、安全评估、交易担保、资产价值评估、信用评价及人才培训等第三方专业数据服务。需在数据交易场所注册，获得数据中介凭证。

第十八条　数据提供方应当符合下列要求：

（一）提供数据来源说明，保证数据完整性、真实性、合法性等；

（二）遵守贵州省数据流通交易的规章制度；

（三）法律、法规规定的其他要求。

第十九条　数据需求方应当符合下列要求：

（一）在安全可控的前提下，规范使用数据；

（二）具备对数据进行安全保护和应用的技术能力；

（三）遵守贵州省数据流通交易的规章制度；

（四）法律、法规规定的其他要求。

第二十条　数据商应当符合下列要求：

（一）提供数据来源说明，保证数据来源合法合规；

（二）具备从事相关业务的技术能力和经验；

（三）在安全可控的前提下，对数据进行开发利用；

（四）遵守贵州省数据流通交易的规章制度；

（五）其他满足监管机构审慎监管原则规定的要求。

第二十一条　数据中介应当符合下列要求：

（一）依法设立，并有与其开展业务相适应的固定场所和相应的工作人员；

（二）具备法律、法规要求的资质、资格或其他许可条件；

（三）执业人员具有所从事的中介活动相适应的知识、技能和职业操守；

（四）在安全可控的前提下开展第三方中介服务；

（五）遵守贵州省数据流通交易的各项规章制度；

（六）其他满足监管机构审慎监管原则规定的要求。

第六章　交易流程

第二十二条　数据流通交易按照主体登记、标的登记、交易磋商、签订合同、交易结算、交易备案等流程组织实施。

第二十三条　贵州省数据流通交易服务中心制定市场主体相关登记标准，按照"一主体一登记"的原则，为交易主体颁发数据商、数据中介等凭证。

第二十四条　贵州省数据流通交易服务中心制定交易标的安全合规评估标准，按照"一标的一登记"的原则，为市场主体颁发数据要素、数据信托等登记凭证。

第二十五条　交易双方可选择协商定价、自动定价、评估定价等方式形成交易价格。

交易双方可结合成本、应用场景等，协商一致形成交易价格。

交易双方可使用数据交易场所提供的价格计算器，自动计算交易价格。

交易双方可委托第三方评估机构，出具价格建议书作为交易价格。

第二十六条　交易双方对数据交易标的的用途范围、交易价格、交易方式和使用期限等进行友好磋商，达成交易共识。

第二十七条　交易双方可以通过数据交易场所在线签署交易合同，明确数据内容、数据用途、数据质量、交易方式、交易金额、交易参与方安全责任、保密条款等内容。

第二十八条　交易双方应按照合同约定，通过数据交易场所进行资金结算。

第二十九条　贵州省数据流通交易服务中心对注册、登记、交易、结算、交付等资料的保存期限不得少于 20 年。

第三十条　数据交易场所对交易过程中获取的各方信息应当保密，未经相关主体授权不得向任何其他方披露，亦不得用于与交易无关的其他用途。

第七章　安全管理

第三十一条　省大数据局会同有关部门定期开展数据安全检查，指导数据交易场所采取技术手段和其他必要措施，排查数据安全风险，保障数据流通交易平台安全。

第三十二条　网信、公安、密码管理等部门在数据流通交易安全监督管理中，发现存在较大安全风险的，提出改进要求并督促整改。

第三十三条 数据交易场所应当制定重大安全风险监测、风险警示、风险处置等风险控制制度以及突发事件应急处置预案，并报告省大数据局。

第三十四条 数据交易场所应选取有关专业机构或组织，定期开展数据流通交易安全风险评估，不断健全完善数据流通交易安全管理机制，保障交易活动安全。

数据交易场所应当配合公安机关、国家安全机关等因依法维护国家安全或者侦查犯罪的需要调取数据。

第三十五条 交易主体应依照法律、法规和国家标准的要求，强化全流程数据安全管理，切实保障数据安全。

第三十六条 涉及数据跨境流通交易的，应当按照国家有关规定执行。

第八章 监督管理

第三十七条 省大数据局加强数据流通交易事前事中事后规范管理，可委托第三方机构对数据交易场所的交易活动、服务质量、安全管理、规范经营等情况进行评估，督促指导数据交易场所规范经营。

第三十八条 数据交易场所应当严格遵守法律法规和监管部门的规定，遵循公开、公平、公正、安全原则，依法合规经营，自觉接受监管，严格防范风险。

第三十九条 数据交易场所应建立争议解决机制，制定争议解决规则，公平、公正、高效解决交易争议。

第四十条 交易主体应积极配合有关部门组织开展的数据流通交易监督管理活动，自觉维护市场秩序。

第九章 附则

第四十一条 法律、法规、规章和国家政策对数据流通交易管理有规定的，从其规定。

第四十二条 本办法自印发之日起施行。

4.2 《贵州省大数据局关于印发贵州省数据要素登记服务管理办法（试行）的通知》

黔数〔2023〕21 号

各市（州）人民政府、省直有关部门、中央在黔单位、省属企业：

现将《贵州省数据要素登记服务管理办法（试行）》印发你们，请认真贯彻执行。

2023 年 11 月 15 日

贵州省数据要素登记服务管理办法（试行）

第一章 总则

第一条 为规范数据要素登记服务，保护登记主体的合法权益，激活数据要素潜能，根据有关法律、行政法规，结合本省实际，制定本办法。

第二条 本办法所称数据要素登记，是指登记服务机构将数据要素内容和其他法定事项记录于登记凭证的行为。

本办法所称数据要素，是指数据资源、算法模型、算力资源以及综合形成的产品等。

第三条 在本省行政区域内开展的数据要素初始登记、交易登记、信托登记、变更登记、注销登记、撤销登记和续证登记等服务，适用本办法。

国家法律、法规另有规定的，从其规定。

第四条 数据要素登记服务遵循依法合规、规范统一、公开透明、安全高效、诚实信用的原则。

第五条 省人民政府数据主管部门负责数据要素登记服务管理工作，指导登记服务机构制定实施相关标准，推动数据要素登记服务活动有序开展。

鼓励有条件的市州数据管理部门申请数据要素登记 OID 子节点，组织本行政区域内的登记主体开展数据要素登记活动。

第二章　登记服务机构

第六条　省数据流通交易服务中心承担本省数据要素登记服务工作。具体履行下列职责：

（一）制定数据要素登记服务相关标准规范以及异议处理等业务规则；

（二）开展数据要素登记服务，包括申请受理、资料审核、在线公示和凭证发放等服务；

（三）提供与数据要素登记服务业务有关的咨询和培训等服务；

（四）建设和维护数据要素登记 OID 服务平台；

（五）经主管部门批准的其他业务。

第七条　登记服务机构应运用云计算、区块链等技术，建设安全可信的数据要素登记 OID 服务平台，支撑数据要素登记服务申请、合规审核、在线公示、凭证发放、存证溯源等全流程登记服务工作，记录数据生产、流通、使用过程中各参与方享有的合法权益。

第八条　登记服务机构为审核通过且通过公示期的登记主体颁发登记凭证。

登记凭证包括数据要素登记凭证、数据交易凭证、数据用益凭证和数据信托凭证等。

登记凭证具备唯一标识符，可以作为登记主体开展数据流通交易、数据资产质押贷款、数据资产入表、数据信托、争议仲裁、数据要素型企业认定、数据生产要素核算的依据。

第九条　登记服务机构应妥善保存登记信息，保存期限不得少于二十年。法律法规另有规定的，依照其规定。

第十条　登记服务机构应公开相关业务规则，新增制定或者变更相关业务规则应报省人民政府数据主管部门备案。

第三章　登记主体及内容

第十一条　登记主体是指向登记服务机构发起登记行为的自然人、法人和其他组织。

登记主体需在数据要素登记 OID 服务平台完成注册。

第十二条　登记主体应确保登记申请材料的真实性和完整性，确保所登记数据要素的来源合法、内容合规、授权明晰。

第十三条　数据要素的具体登记内容包括：

（一）数据要素名称；

（二）数据要素类型；

（三）数据要素适用场景；

（四）数据要素实现方式；

（五）其他应当予以登记的事项。

第十四条 登记主体应确保所登记的数据要素不得出现下列情形：

（一）危害国家安全、公共利益，侵犯他人合法权益的；

（二）未经合法权利人授权同意的；

（三）存在尚未解决的数据权属争议的；

（四）法律、行政法规禁止的其他情形。

第四章　登记程序

第十五条 数据要素登记服务按照申请、受理、审核、在线公示、异议处理和发证等程序组织实施。

第十六条 登记主体通过数据要素登记 OID 服务平台填写登记信息，提交有关材料。

通过贵州省数据共享交换平台、贵州省政府数据开放平台能查询到的登记信息，登记主体无需重复提供。

登记主体可以自行申请登记，也可以委托代理机构进行登记。委托申请的，需要提交授权委托书。

第十七条 登记服务机构收到登记主体提交的申请后，3 个工作日内通过数据要素登记 OID 服务平台受理并开展登记审核工作。

第十八条 审核通过的，登记服务机构出具审核意见。

审核未通过的，登记服务机构自做出决定之日起 3 个工作日内通知登记主体，并说明原因。登记主体可修改材料后重新申请登记。

第十九条 登记服务机构通过数据要素登记 OID 服务平台进行审核结果在线公示，公示时间为 30 个工作日。

其他自然人、法人和其他组织可以在公示时间内通过数据要素登记 OID 服务平台提出异议，并提供真实、必要的材料作为依据。

第二十条 在线公示期间，其他利害关系人认为登记主体或者登记内容错误，且原登记主体拒绝办理变更登记或注销登记的，利害关系人可向登记服务机构提出异议并提交相应证明材料。登记服务机构自异议受理之日起 3 个工作日内通知相应登记主体，登记主体在收到通知之日起 7 个工作日内，向登记服务机构提交说明材料。

（一）登记服务机构组织第三方专业数据服务机构对争议双方提交的佐证材料进行判定，争议双方无异议的，按判定结果保留、撤销或重新公示，并对处理信息存档备案；

（二）争议无法解决的，由提出异议申请的利害关系人就争议提请诉讼或仲裁。登记服务机构根据人民法院判决、裁定或仲裁机构裁决等法律文书进行相应处置。

第二十一条 通过公示期且无异议的登记主体获得相关登记凭证。

登记凭证原则上有效期两年，自发证之日起计算。涉及以协议方式约定数据授权运营期限，且协议期限不超过两年的，以相关协议截止日期为有效期。

第五章 登记类型

第二十二条 数据要素登记类型包括初始登记、交易登记、信托登记、变更登记、注销登记、撤销登记和续证登记。

第二十三条 初始登记是指登记主体对通过投入劳动及其他要素，汇聚、整理、加工形成的数据资源、算法模型、算力资源以及综合形成的数据产品进行初始登记的行为。

登记主体办理初始登记前，应与其他利害关系人就登记内容达成一致。

通过初始登记，登记主体获得数据要素登记凭证和数据用益凭证。

第二十四条 申请数据资源初始登记的登记主体提交相关登记材料，主要包括以下内容：

（一）数据资源名称。

（二）数据来源。说明数据资源中所涉数据的来源，如政务部门、公共事业单位、企业、个人等。

（三）数据获得方式。说明所涉数据的获得方式，如采集获得、授权获得。采集获得需提供采集说明，授权获得需提供授权关系证明材料。

（四）数据范围与规模。说明所涉数据的范围与规模，如覆盖范围、数据体量等。

（五）适用场景。说明数据资源适用的范围，如生态环境、交通运输、科技创新、教育文化、地理空间、劳动就业、信用服务等场景。

（六）实现方式。说明数据资源的实现方式，如数据接口、数据集、数据报告、数据应用等。

（七）授权协议模板。说明数据资源的隐私政策条款、服务内容、使用限制等内容。

（八）第三方专业数据服务机构出具的真实性和合规性审核材料。

数据资源的初始登记经登记服务机构进行形式审核后，由第三方专业数据服务机构进行实质性审核。

第二十五条 申请算法模型初始登记的登记主体提交相关登记材料，主要包括以下内容：

（一）算法模型名称。

（二）算法类型。说明所用算法的类型，如优化算法、预测算法、评价算法、生成式人工智能算法等。

（三）模型类型。说明所用模型的类型，如通用模型、专用模型等。

（四）适用场景。说明算法模型适用的范围，如生态环境、交通运输、科技创新、教育文化、地理空间、劳动就业、信用服务等场景。

（五）实现方式。说明算法模型的实现方式，如机器学习、深度学习等。

（六）涉及的知识产权材料等。

（七）第三方专业数据服务机构出具的安全性审核材料。

算法模型的初始登记经登记服务机构进行形式审核后，由第三方专业数据服务机构进行实质性审核。

第二十六条　申请算力资源初始登记的登记主体提交相关登记材料，主要包括以下内容：

（一）算力资源名称。

（二）算力资源类型。包括计算、存储、网络、数据库、中间件、容灾备份等。

（三）适用场景。说明使用算力的适用场景，如个人企业建站、web 应用、数据分析、模型训练等。

算力资源的初始登记由登记服务机构进行形式审核后，由第三方专业数据服务机构进行实质性审核。

第二十七条　申请数据产品初始登记的登记主体提交相关登记材料，主要包括以下内容：

（一）数据产品名称。

（二）包含数据资源的证明材料，要求参照数据资源的初始登记材料要求。如所含数据资源已登记的，提供登记凭证即可。

（三）包含算法模型的证明材料，要求参照算法模型的初始登记材料要求。如所含算法模型已登记的，提供登记凭证即可。

（四）包含算力资源的证明材料，要求参照算力资源的初始登记材料要求。如所含算力资源已登记的，提供登记凭证即可。

数据产品的初始登记经登记服务机构进行形式审核后，由第三方专业数据服务机构进行实质性审核。

第二十八条　交易登记是指登记主体对参与数据交易活动的交易双方、交易标的、交易金额等内容进行登记的行为。

交易双方均可办理交易登记，办理登记前应取得对方的同意。登记主体可以向登记服务机构申请匿名化公示，保护商业秘密。

通过贵阳大数据交易所签署数据交易电子合约的，数据要素登记 OID 服务平台会自动记录并登记，交易双方无需重复登记。

通过交易登记，交易双方获得数据交易凭证、数据用益凭证。

第二十九条 信托登记是指登记主体对参与数据信托活动的委托方、受托方、委托标的、委托场景等内容进行登记的行为。

信托双方均可办理信托登记，办理登记前应取得对方的授权。登记主体可以向登记服务机构申请匿名化公示，保护商业秘密。

通过信托登记，信托双方获得数据信托登记凭证、数据用益凭证。

第三十条 申请信托登记的相关权利主体提交信托材料，主要包括以下内容：

（一）信托对象名称及其数据要素登记凭证。

（二）信托协议。说明数据信托模式、相关权利主体的收益分配方式等内容。

（三）第三方专业数据服务机构出具的真实性和合规性审核材料。

信托登记经登记服务机构进行形式审核后，由第三方专业数据服务机构进行实质性审核。

第三十一条 变更登记是指原登记的相关内容发生变化或需更正原登记内容的，登记主体向登记服务机构申请变更登记。或新权利主体对因赠予、继承、解散、交易等活动发生相关权利主体变更进行登记的行为。

变更登记后，更新相应的数据要素登记凭证、数据用益凭证。

第三十二条 申请变更原登记对象的，登记主体提交变更材料，变更材料参照初始登记相关材料要求。

申请变更登记主体的，登记主体提交下列材料：

（一）相关权利主体身份证明材料；

（二）原登记凭证；

（三）数据要素相关转移证明材料，如交易合同、赠予协议等；

（四）第三方专业数据服务机构出具的转移真实性和合规性审核材料。

变更登记经登记服务机构进行形式审核后，由第三方专业数据服务机构进行实质性审核。

第三十三条 登记主体可向登记服务机构申请登记主体、登记对象的注销登记。因人民法院、仲裁委员会的生效法律文书等情形导致原权利主体的相关权利灭失的，由新权利主体进行注销或转移登记；如无新权利主体，则由登记服务机构进行注销登记、作废凭证及在线公示。

第三十四条 有下列情形之一的，登记服务机构可以决定撤销全部或部分登记的结果：

（一）登记主体在申请登记时隐瞒真实情况或以伪造有关材料等欺骗手段获准登记的；

（二）登记对象在流通交易时出现重大数据安全事故的；

（三）登记主管部门规定的其他情形。

第三十五条　凭证有效期满，需要继续使用凭证的，登记主体在期满前一个月，应及时申请续证。如申请续证时原登记内容已变更，参照变更登记要求提交新的申请材料办理登记。

每次续证的有效期为两年，自上一届有效期满日起算。期满未办理续证手续的，由登记服务机构进行注销登记并予以公告。

第六章　安全管理

第三十六条　登记主管部门会同相关部门加强对登记服务机构和登记活动的监督管理，指导登记服务机构采取技术手段和其他必要措施，保障数据要素登记 OID 服务平台安全运行。

第三十七条　登记服务机构应建立重大安全风险监测、风险警示、风险处置等风险控制制度以及突发事件应急处置预案，按要求保管登记相关资料，加强防攻击、防泄漏、防窃取的监测、预警、控制和应急处置能力建设。

登记服务机构依托数据要素登记 OID 服务平台对数据交易的对象进行登记有效性检验，确保数据交易活动真实有效。

第三十八条　第三方专业数据服务机构出具评估报告或其它审核报告时，应当保证报告的客观性、真实性、准确性和完整性，不得进行虚假记载、误导性陈述、信息泄露或其它违反法律法规的行为。

第三十九条　登记服务机构及其工作人员依法对与数据要素登记服务业务有关的数据、文件和资料进行保密，不得虚假登记，损毁、伪造数据要素登记材料，擅自修改登记内容，泄露登记信息，利用数据要素登记信息进行不正当活动。

第七章　附　则

第四十条　本办法中下列术语的含义是：

（一）数据资源

指在保护个人隐私和确保数据安全的前提下，登记主体经过加工处理后的数据集、数据接口、数据报告及其他数据资源。

（二）算法模型

算法模型指登记主体通过建立一系列清晰指令的策略机制，使用训练数据集，获得对客观事物的数据特征结果的服务，或者利用生成式人工智能技术提供生成文本、图片、音频、视频等内容的服务。

（三）算力资源

算力资源是指信息计算力、网络运载力、数据存储力于一体的新型生产力资源，主要通过算力中心等算力基础设施向社会提供服务。

（四）第三方专业数据服务机构

第三方专业数据服务机构是指依法设立的，且经省数据流通交易服务中心认证的，有偿提供鉴证性、代理性、信息性等数据服务的法人或者其他组织。

第四十一条 本办法由省大数据局负责解释、修订。

第四十二条 本办法自印发之日起施行。

4.3 《关于建设贵州省一体化公共数据资源体系工作方案》

为贯彻落实党中央、国务院关于构建数据基础制度、数字政府建设、一体化政务大数据体系、公共数据资源开发利用等工作部署，根据《贵州省数据要素市场化配置改革实施方案》（黔党发〔2023〕9 号）等要求，结合我省实际，制定本工作方案。

一、指导思想

深入贯彻党的二十大精神，立足新发展阶段、贯彻新发展理念、构建新发展格局，以高质量发展统揽全局，围绕"四新"主攻"四化"，充分发挥数据的基础性和战略性资源作用，加强公共数据资源归集治理、共享应用和开放开发，促进数据高效流通，释放数据资源价值，为建设数字经济发展创新区提供有力支撑。

二、工作目标

按照"一体化"发展思路，推进基础设施一体化、归集治理一体化、共享应用一体化、开放开发一体化，加快形成"省市协同、条块结合，统一汇聚、按需共享，开发利用、赋能产业"的全省一体化公共数据资源体系，走出一条具有贵州特色的公共数据治理之路。

到 2024 年底,全省一体化公共数据资源体系初步建成,建成全省统一的公共数据平台,公共数据目录"一本账"动态更新机制常态化运行,公共数据基本实现分级分类归集治理,公共数据授权运营体系初步形成,开发利用水平明显提升。全省公共数据归集量达到 1000 亿条,向社会开放数据集不少于 20000 个。

到 2025 年底,全省一体化公共数据统筹管理机制、标准规范、安全保障体系更加健全,公共数据资源基础设施更加完善,公共数据实现全面归集,公共数据质量显著提升,公共数据场景应用需求普遍满足,数据运营市场主体规模加速扩大,高效有序的公共数据要素市场化配置体系基本形成。全省公共数据归集量达到 1500 亿条,向社会开放数据集不少于 25000 个。

三、重点任务

（一）构建一体化公共数据基础设施体系

1. 建设公共云平台体系。建立算力资源调度机制。建设贵州政务云平台备份节点。教育、医疗、公共交通等行业主管部门统筹本行业企事业单位推动行业云平台建设。建设全省统一调度、分级管控的公共云平台调度系统,接入贵州政务云平台、市（州）政务云平台和行业云平台。各级公共企事业单位非涉密信息系统原则上要依托政务云平台、行业云平台进行部署,国家行业主管部门另有要求的除外。

2. 建设公共数据平台。充分运用数联网,基于政务数据平台拓展建设公共数据平台,与电子政务外网、互联网、专网安全互联,作为全省公共数据管理总枢纽和服务总门户,统一提供公共数据目录管理、共享调度、开放开发等服务,支撑公共数据目录"一本账"和公共数据分级分类归集治理。

3. 建设公共数据区。构建横向贯通、纵向联动、分级管理、标准统一的公共数据区,提供公共数据采集、数据编目、元数据管理、数据归集、数据可视化等公共数据区共性服务。省直单位统筹本部门、本行业通过公共数据区开展数据治理。各市（州）依托公共数据区建设本地区公共数据专区。公共企业单位建设企业数据专区,接入公共数据区。

（二）构建一体化公共数据归集治理体系

1. 编制全量公共数据目录"一本账"。各级政府部门、公共事业单位、公共企业单位根据职能职责和公共数据目录"应编尽编"的原则,通过公共数据区编制全量公共数据目录,明确公共数据目录的共享、开放、回流等属性,形成全省统一标准、分级管理、共享共用的公共数据目录"一本账"。

2. 规范维护公共数据目录。各地数据主管部门负责推动本行政区域公共数据目录管理和质量提升，建立公共数据目录动态更新管理机制，制定公共数据需求清单、责任清单。各级政府部门、公共事业单位、公共企业单位要落实"目录关联系统、系统关联数据，及时编制、发布和维护本地区、本部门数据目录。因法律法规调整或职能发生变化等情形，在发生变化之日起 10 个工作日内更新本地区、本部门政务数据资源目录，并报同级数据主管部门审核。

3. 合规采集公共数据。各级各部门根据职责职能制定公共数据采集规范，建立动态更新和校核机制，统筹本部门、本行业、本领域公共数据采集。制定村级基础数据"一张表"管理规范，分级分类推动基础性、通用性基层数据采集。

4. 分级分类归集公共数据。按照物理归集为主，逻辑接入为辅的方式，推动公共数据全量归集，应归尽归。各级政府单位、事业单位通过公共数据区向同级数据主管部门全量归集数据。教育、医疗、公共交通等事业单位通过行业主管部门向同级数据主管部门全量归集数据。供水、供电、供气等公共企业单位在确保符合有关法律法规前提下，通过自建企业数据专区全量归集数据。

5. 提升公共基础数据和主题数据归集水平。持续完善人口、法人和非法人组织、自然资源和地理空间、宏观经济、电子证照等基础数据库，加快建设乡村振兴、市场监管、生态环保、基层治理、社会信用、法规规章和规范性文件等领域主题数据库，强化基础数据库和主题数据库管理。推动基础、主题数据库省市两级共建共用。各地可依托本地区公共数据专区，围绕经济运行、医疗健康、城市运行等场景，按需建设管理适应本地区经济社会发展的公共主题数据库。

6. 加强公共数据质量管理。各级政府部门、公共事业单位、公共企业单位要落实数据质量管理责任，制定本单位公共数据管理制度和业务标准，建立数据专员工作机制，开展数据质量管理，确保公共数据的准确性、完整性和时效性。各级数据主管部门要强化公共数据异议处置，加强公共数据质量评估处置。

（三）构建一体化公共数据共享应用体系

1. 深化公共数据共享。推动公共事业单位公共数据纳入共享责任范围。各级政府部门、事业单位根据责任清单统筹本部门、本行业数据共享，根据工作实际，通过省数据共享交换平台将可下沉公共数据授权至下级部门管理。推广运用数据共享专用章，持续优化数据共享审批流程。

2. 拓展公共数据场景应用。探索建立政企合作、社会参与、多方协同公共数据融合创新应用机制，推动公共数据资源"统采共用"。构建"一人一档"

和"一企一档",形成个人数字签名、企业电子印章等共性服务。建设经济运行辅助分析系统,支撑经济运行统计分析和监测。推进智慧社区建设,强化基层治理主题库及村级"一张表"建设与推广应用。推动"互联网＋医疗健康"服务创新发展。进一步加快就业信息化建设应用,深化社会保障卡"一卡通用"。建设"数智黔乡"产业互联网平台的省级核心枢纽平台和市(州)级运营平台,加快农业全产业链数字化转型。

(四)构建一体化公共数据开放开发体系

1. 加快公共数据开放。建立完善省市一体化数据开放和线上线下数据开放需求征集机制,通过高校、科研机构等设置数据开放咨询服务站,开展公共数据开放前置服务。围绕教育、医疗、就业、文旅、体育、公共交通、应急、金融等重点场景,向社会有序开放高质量数据集。支持在 FAST、乡村振兴、文化旅游等特色领域建立公共数据开放专区,鼓励科研院所、高等院校等机构利用开放数据开展行业分析报告、行业热力资源图、行业解决方案等探索。建立开放数据异议反馈机制,持续提升开放数据质量。

2. 推进公共数据开发利用。制定公共数据授权运营管理办法,规范公共数据授权运营管理。各地数据主管部门依法授权具备条件的市场主体运营本级所归集的公共数据。供水、供电、燃气、通信、广电等公共企业单位通过自主运营或者授权运营等形式运营本单位数据。探索建立公共数据运营收益分配机制,持续释放数据价值。利用公共数据开发形成的数据产品和服务,通过贵阳大数据交易所交易。

四、保障措施

1. 强化组织领导。省大数据发展领导小组办公室建立协调机制,统筹推进全省一体化公共数据资源体系建设,指导、管理、监督、评估各地各部门建设公共数据资源体系。各级政府要加强组织领导,将公共数据资源体系建设工作纳入重要议事日程,研究制定配套措施,协同推进公共数据资源体系建设。各级部门要切实发挥公共数据行业主管部门能动性,按照管行业必须管数据的原则,建立健全工作机制,统筹好本行业、本领域公共数据资源体系建设。

2. 强化资金保障。按照分级负担的原则,各级各部门应将公共数据目录梳理、归集、质量评估和共享开放相关经费纳入部门预算,在现有信息化经费中统筹安排。各级数据主管部门将公共数据资源体系建设内容作为信息化项目立项审核的重要依据,公共数据资源体系建设成效作为绩效评价重要内容。鼓励公共企业在贵阳大数据交易所上架优质数据产品。

3. 强化评估评价。制定一体化公共数据资源体系评估监督机制,开展一体化公共数据资源体系评估工作，强化对各级政府部门、事业单位、国有企业评估结果运用，推动各项工作落地落实。

4. 强化安全保障。制定完善数据安全管理制度，厘清信息系统全生命周期管理职责边界，落实主体责任和监督责任。建立健全公共数据管理制度，加强公共数据共享、开放和开发利用，强化数据安全保障和隐私保护。建立省、市、县三级网络安全与数据安全高效协同工作机制，统筹推进网络安全与数据安全保障体系的规划建设与运行管理，联合排查、协同处置有关安全风险事件，定期联合开展应急演练。

4.4 《贵州省人民政府印发贵州省关于加强数字政府建设实施方案的通知》

（黔府发〔2023〕21号）

各市、自治州人民政府，各县（市、区、特区）人民政府，省政府各部门、各直属机构：

现将《贵州省关于加强数字政府建设实施方案》印发给你们，请认真贯彻执行。

贵州省人民政府

2023 年 12 月 27 日

贵州省关于加强数字政府建设实施方案

为贯彻落实党中央、国务院关于加强数字政府建设的重大决策部署，按照《国务院关于加强数字政府建设的指导意见》（国发〔2022〕14号）等文件精神，以数字化发展助力政府职能转变，以数字政府建设助推贵州高质量发展，结合我省实际，制定本实施方案。

一、总体要求

（一）指导思想

以习近平新时代中国特色社会主义思想为指导，全面贯彻党的二十大精神，深入贯彻落实习近平总书记视察贵州重要讲话精神，按照省第十三次党代会部署，立足新发展阶段，完整、准确、全面贯彻新发展理念，融入新发展格局，整体协同、集中集约、敏捷高效、安全可控推进全省一体化数字政府建设，推动政府治理全方位、系统性流程再造和模式优化，为推进中国式现代化的贵州实践提供有力支撑。

（二）总体架构

围绕"3＋2＋8"的数字政府总体架构，打造"一网通办""一网统管""一网协同"的政府治理和服务新格局，引领驱动经济社会数字化发展。

三大基础能力。提升全省一体化的数字政府基础设施、数据资源、核心门户能力，集中集约提供共性服务，夯实全省数字政府基础底座。

两大关键支撑。强化数字政府安全保障和建设管理制度规则支撑，提升安全保障能力和自主可控水平，强化安全责任，健全建设管理制度、规范、标准，保障数字政府安全高效运行。

八大应用领域。有序推进政府数字化履职能力建设，聚焦经济调节、市场监管、社会治理、政务民生服务、生态环境保护、数字机关、政务公开、城市管理等重点领域，建设一批典型应用，带动其他领域政府数字化履职能力提升。

（三）总体目标

到 2025 年，全省一体化数字政府基础底座更加坚实，安全保障更加有力，制度规则更加协调，重点领域数字化履职能力显著提升，在服务重大战略、促进高质量发展、建设人民满意的服务型政府等方面发挥重要作用。

到 2035 年，基本建成"一体协同、数智赋治、以人为贵"的现代化数字政府，总体建设水平持续保持在全国第一梯队，有效驱动我省数字化转型发展。

二、建设完善全省一体化的数字政府基础设施体系

（一）全面提升贵州政务云统揽能力。加快推进贵州政务云平台信息技术创新改造和升级扩容，整合各市（州）政务云资源。原则上全省政务信息系统和政务数据应统一存储于贵州政务云平台。建设完善全省统一的政务云资源管理系统，强化政务云资源统筹调度和应用全环节监管。

（二）全面提升电子政务网络支撑能力。推动电子政务外网骨干网扩容升级和双链路智能化建设，加快互联网协议第 6 版（IPv6）改造。推动电子政务外网省市县乡村五级全覆盖，在确保安全情况下向企事业单位延伸。建设完善全省统一的电子政务网络管理系统，对非涉密电子政务网络全覆盖监管。进一步推进非涉密业务专网与电子政务外网整合。探索涉密网与非涉密网的跨网数据安全合规交换机制。

（三）全面提升技术支撑平台服务能力。加快推进数据、身份认证、地图、

视频、审批、区块链、人工智能、信用、电子证照、电子印章、数字档案等各类共性共用中台建设和应用,构建全省统一的集约化技术支撑体系。

三、建设完善全省一体化的数据资源体系

(一)持续做大数据资源总量。构建全省统一的公共数据资源目录体系,建立省市县三级公共数据"一本账"目录,推进公共数据目录"应编尽编"、公共数据资源"应归尽归",探索社会数据"统采共用"模式。优化人口、法人、自然资源、地理空间、宏观经济、电子证照等基础数据库。建设面向乡村振兴、市场监管、公共安全、生态环保、基层治理、社会信用、法规规章和规范性文件等领域的主题数据库。

(二)持续完善数据管理机制。健全省市县三级数据资源管理统筹协调机制,建立公共数据归集管理、授权运营等制度。建立负责本部门政务数据资源管理的数据专员考核机制,强化数据专员工作协同。探索在国有企事业单位推广数据专员工作机制。

(三)持续释放数据要素价值。优化提升省数据共享交换、开放、流通交易等数据服务平台能力。聚焦社保、不动产、通信、医保、税务、交通、供水、供电、供气等领域,推进公共企事业单位数据有序供给。探索制定公共数据共享开放责任清单。推动数字政府、数字乡村、城市运营、智能煤矿、智慧医疗、智慧旅游等应用场景建设。

四、建设完善全省一体化的核心门户体系

(一)加快建设完善政府服务"总出口"。依托全省统一的政府网站集约化平台及移动端(中国·贵州),各级政府分级分区域接入面向全省群众和市场主体的应用,汇集信息发布、解读回应、办事服务、互动交流等功能,探索各级各类政府服务资源智能重组、按需推送,打造网上政府服务的统一门户。

(二)加快建设完善便民惠企服务"总窗口"。依托全省一体化政务服务平台及移动端(贵人服务)和贵州省企业综合服务平台(贵商易),整合各级各部门政务服务系统,推进高频公共服务"一网通办",深化政务服务"掌上办",聚焦"政策找企业、企业找政策",构建企业全周期服务体系,打造便民惠企服务的统一门户。

(三)加快建设完善政民互动"总客服"。依托全省统一的 12345 政务服务便民热线系统,整合全省政务热线资源,推动与部门业务系统信息共享,推动实现诉求受理和业务办理有效衔接,推动 12345、110 与 119、120 等紧急

热线和水电气热等公共事业服务热线建立应急联动机制，打造政民互动的统一门户。

（四）加快建设完善线上监管"总枢纽"。依托全省统一的"互联网＋监管"系统，推动对接国家部委和省内自建监管系统，统一汇聚非涉密监管数据，推进食品、药品、危险化学品、燃气、特种设备等重点领域监管应用，打造政府线上监管的统一门户。

（五）加快建设完善政府协同办公"总入口"。依托省电子政务一体化办公平台及移动端（贵政通），集中管理组织机构、人员信息，逐步整合接入各级各部门建设和应用的政务信息系统，实现省市县乡村五级全覆盖，打造政府协同办公的统一门户。

五、建立健全数字政府安全保障体系

（一）强化安全管理责任。厘清政务信息系统全生命周期管理职责边界，落实主体责任和监督责任。构建跨地区、跨部门、跨层级的安全协同联动机制。建立数字政府安全风险评估、责任落实和重大事件处置机制。落实关键信息基础设施运营者的主体责任。加强对参与政府信息化建设、运营企业规范管理。

（二）严格落实安全制度。建立健全数据采集、存储、共享开放、销毁等全过程管理制度和标准，完善网络安全、保密监测预警和密码应用安全性评估制度，定期开展网络安全、保密和密码应用检查，强化关键信息基础设施网络安全等级保护。

（三）提升安全保障能力。建立健全动态监控、主动防御、协同响应的数字政府安全技术保障体系，强化日常监测、通报预警、应急处置能力。保障电子文件形成、传输、存储等全流程的安全合规，加强新技术在安全领域的应用，提升数字政府整体安全防护能力。

（四）提高自主可控水平。加快推进数字政府建设领域安全可靠技术和产品应用，加强相应运维保障能力建设，切实提高自主可控水平。开展对新技术新应用的安全评估，加强监督管理。

六、建立健全数字政府制度规则体系

（一）持续完善管理机制。优化政务信息化项目管理机制，各级建立健全数据主管部门负责资金、立项、评审、验收等项目全流程管理制度。依法加强审计监督，强化项目绩效管理，避免分散建设、重复建设。开展示范应用评选，鼓励各级各部门开展应用创新、服务创新和模式创新。

（二）持续完善法规制度。将数字政府建设中经过实践检验行之有效、实在管用的做法及时上升为制度，适时推动数字政府建设地方立法。及时修订和清理现行地方性法规、政府规章、行政规范性文件中与数字政府建设不相适应的条款。

（三）持续完善标准规范。加快推进数字政府相关标准规范体系建设，健全完善涵盖项目立项、资金、建设、数据、安全、运行、评估评价等方面的标准规范。加大数字政府标准推广执行力度，建立评估验证机制，提升应用水平。

七、有序推进政府数字化履职能力体系建设

（一）推进多措并举的大数据与经济调节融合应用。构建全省经济社会运行监测数字化体系，分级分类汇聚分析工业、消费、税收、财政、金融、农业农村等经济社会运行重点领域基础数据。建设经济运行辅助分析系统，建立由部门核心业务指标、宏观经济统计监测指标、重点工作任务指标等构成的指标体系，支撑经济运行统计分析和监测，强化决策支持能力。

（二）推进智能高效的智慧市场监管应用。加强监管事项清单数字化管理，运用多源数据对监管对象分级分类，实施差异化、精准化监管措施。建设完善市场主体公共信用评价体系。推进公共资源交易"全省一张网"建设，优化平台功能。

（三）推进线上线下融合的社会治理应用。提升网上行政复议、网上信访、网上调解等工作水平。实施"互联网＋基层治理"行动，推进智慧社区建设，强化基层治理主题库及村级"一张表"建设与推广应用，做好大数据助力防止返贫动态监测和帮扶。加快推进政法智能化建设，完善"大应用、大数据、大平台"智慧政法体系，拓展"天网工程""雪亮工程"覆盖范围。推进智慧消防物联网数据平台建设。完善应急指挥"一张图"，提升应急监测、预警、指挥调度能力。

（四）推进便利敏捷的政务民生服务应用。持续打造"贵人服务"品牌，深化"一网一窗通办"和"一网督办"，实现一般政务服务事项 100%"全程网办"，个人事项 90%"移动办"，电子证照与纸质证照同步制发比例达 90%。推进国家健康医疗大数据西部中心建设，推动"互联网＋医疗健康"服务创新发展。加快"大教育"平台建设。进一步加快就业信息化建设应用，深化社会保障卡"一卡通用"，建好重点省份农民工服务省级"一张网"，提高外出务工组织化程度。

（五）推进多方共治的生态环境保护应用。推进生态环境综合管理大平台建设，构建生态环境"一本账、一张网、一张图"管理体系，加强部门间生态环境数据共享互换。按照国家碳排放智能监测和动态核算体系要求，推动

形成集约节约、循环高效、普惠共享的绿色低碳发展新格局。建设省市县三级贯通的国土空间基础信息平台和国土空间规划"一张图"实施监督信息系统，支撑国土空间规划编制、动态监测评估预警和实施监管。

（六）推进扁平高效的数字机关应用。推进决策信息资源系统建设，充分汇聚整合多源数据资源，拓展应用场景。以信息化平台固化行政权力事项运行流程，推动行政审批、行政执法、公共资源交易等全流程数字化运行、管理和监督。健全互联网平台网民留言办理工作机制，探索"互联网＋督查"新模式。

（七）推进智能集约的政务公开应用。完善政务公开信息化平台，建设分类分级、集中统一、共享共用、动态更新的政策文件库。优化政策智能推送服务，变"人找政策"为"政策找人"。以政府网站集约化平台统一知识问答库为支撑，灵活开展政民互动。以数字化手段感知社会态势，及时回应群众关切。

（八）推进数据驱动的城市管理应用。以贵阳市为试点，加快推动城市精细化管理创新，打造覆盖城市运行监测、决策预警、治理调度的综合性管理平台，逐步在各市（州）推广应用。建设省级城市运行监控平台，接入各市（州）城市运行管理核心数据，监测城市运行状态，支撑跨域指挥协同。

八、以数字政府建设引领驱动经济社会数字化发展

（一）助推数字经济发展。以数字政府建设带动行业数据汇集和共享开放，驱动各行业数据应用场景打造，建立与数字经济持续健康发展相适应的治理方式和监管模式，助推数据清洗、标注、渲染、分析与可视化、数据安全等产业发展壮大，促进数字经济产业集群发展。开展数据要素登记服务，探索数据产权登记新方式，加快数据要素市场化配置改革。

（二）驱动数字社会建设。依托社区综合信息服务平台和线下社区服务机构，推广应用智慧便民服务终端机，提供线上线下相融合的社区生活服务、公共服务、社区治理等服务，集约建设便民惠民智慧服务圈。强化教育、健康、文旅、体育、社保等服务数字化转型，应用数字化手段加强就业、养老、儿童福利、托育、家政等民生领域供需对接。

（三）推进数字乡村建设。实施"数智黔乡"工程，建设"数智黔乡"产业互联网平台的省级核心枢纽平台和市级运营平台，加快农业全产业链数字化转型，打造一批农业数字化转型标杆。不断扩大全省农产品电商覆盖面。提升乡村文化数字化服务水平。推进政务服务向基层延伸，逐步汇聚惠民惠农财政补贴查询、就业等政务服务事项。

九、加强党对数字政府建设工作的领导

（一）加强组织领导。省大数据发展领导小组负责统筹协调全省数字政府建设工作。各级政府在党委统一领导下，履行数字政府建设主体责任，谋划落实好数字政府建设各项任务，主动向同级党委报告数字政府建设推进中的重大问题。各地各部门要建立完善数字政府建设领导协调机制，落实好"云长制"，强化各地各部门主要负责人亲自抓数字政府建设的机制。

（二）强化人才支撑。把提高领导干部数字治理能力作为各级行政学院的重要教学培训内容。创新数字政府建设人才引进、培养、使用机制，鼓励和引导省内技术创新人才、团队与国内外研究机构、高等院校合作，加强数字政府建设本地专业化人才培养。

（三）强化考核评估。建立常态化考核机制，按照质量效益原则，建设完善数字政府建设评估指标体系，重点分析和考核统筹管理、项目建设、数据共享开放、安全保障、应用成效等方面情况，将评估结果作为领导班子和有关领导干部综合考核评价的重要参考。加强跟踪分析和督促指导，重大事项及时向省委、省政府请示报告。

4.5 《贵州省数据流通交易管理办法》
等相关政策解读

贵州省是大数据产业比较发达、大数据应用比较超前的省份，其制度建设也走在全国省、自治区、直辖市的前列。本篇摘录了《贵州省数据流通交易管理办法（试行）》《贵州省数据要素登记服务管理办法（试行）》《关于建设贵州省一体化公共数据资源体系工作方案》《贵州省关于加强数字政府建设实施方案》四个政策文件，为方便解读，在此把四个政策文件放在一起，从多个维度学习探讨贵州省关于数据要素的制度措施。

一、规范数据流通交易

2022 年 12 月，贵州省大数据发展管理局出台了《贵州省数据流通交易管理办法（试行）》（黔数〔2022〕23 号，本节以下简称《交易管理办法》）。《交易管理办法》出台的背景是：关于数据要素，党中央、国务院出台了《中共中央、国务院关于构建更加完善的要素市场化配置体制机制的意见》（中发〔2020〕9 号）、《中共中央、国务院关于构建数据基础制度更好发挥数据要素

作用的意见》(中发〔2022〕32 号);关于贵州发展,国务院出台了《国务院关于支持贵州在新时代西部大开发上闯新路的意见》(国发〔2022〕2 号)。为贯彻落实这些文件精神,规范数据流通交易运行,培育数据要素市场,制定了本《交易管理办法》。

《交易管理办法》的主要内容包括:第一,对数据流通交易运行进行了规范。明确了数据流通交易坚持政府引导、市场主导,场景牵引、释放价值,鼓励创新、包容审慎,严守底线、安全发展的原则,遵守行业准则;提出鼓励多元化数据流通交易,强化政务数据供给,推动公共企事业单位数据流通交易,激发社会数据流通交易活力,培育数据流通交易产业生态。第二,关于交易场所。贵阳大数据交易所是省有关监管部门批准设立的从事数据交易的场所。第三,关于交易标的。包括数据产品和服务、算力资源、算法工具等。第四,关于交易主体。包括数据提供方、数据需求方、数据商、数据中介等。第五,关于交易流程。要求按照主体登记、标的登记、交易磋商、签订合同、交易结算、交易备案等流程组织实施。第六,关于安全管理。强调定期开展数据安全检查,排查数据安全风险;数据交易场所应当制定重大安全风险监测、风险警示、风险处置等风险控制制度以及突发事件应急处置预案;定期开展安全风险评估,健全管理机制,强化全流程数据安全管理。第七,关于监督管理。加强数据流通交易事前事中事后规范管理,可委托第三方机构进行评估,督促指导数据交易场所规范经营;数据交易场所应当依法合规经营,建立争议解决机制;交易主体应积极配合有关部门组织开展的数据流通交易监督管理活动,自觉维护市场秩序。

二、数据要素登记

2023 年 11 月,贵州省大数据发展管理局印发了《贵州省数据要素登记服务管理办法(试行)》(黔数〔2023〕21 号,本节以下简称《服务管理办法》)。《服务管理办法》出台的背景同样是贯彻落实中央系列文件,同时,虽然贵州省数据要素市场比全国起步要更早,但仍然处于初级阶段,数据交易中存在一些需要解决的问题。例如,数据的权属如何界定,市场的主体互信问题怎么解决,数据权益如何保障,等等。数据要素市场的发展呼唤相关政策的发布,对各方主体权责予以明确。

《服务管理办法》的主要内容包括 7 章 42 条。第一章,总则。明确了文件出台的目的,即规范数据要素登记服务,保护登记主体的合法权益,激活数据要素潜能;明确了适用范围、遵循的规则、主管部门等。第二章,登记服务机构。指出省数据流通交易服务中心承担本省数据要素登记服务工作;登记服务机构应建设安全可信的数据要素登记服务平台,为审核通过且通过公示期的登记主体颁发登记凭证；妥善保存登记信息，公开相关业务规则。第三章，登记主体及内容。明确了登记主体的概念范畴，要求登记主体应确保登记申请材料的真实性和完整性，明确了数据要素的具体登记内容，提出了登记主体应确保所登记的数据要素不得出现的情形。第四章，登记程序。明确了数据要素登记服务按照申请、受理、审核、在线公示、异议处理和发证等程序组织实施；登记主体通过数据要素登记服务平台填写登记信息；登记服务机构收到登记主体提交的申请后，3 个工作日内通过数据要素登记 OID 服务平台受理并开展登记审核工作；审核通过的，登记服务机构出具审核意见；审核结果在线公示，公示期间，其他利害关系人认为登记主体或者登记内容错误，且原登记主体拒绝办理变更登记或注销登记的，利害关系人可向登记服务机构提出异议并提交相应证明材料；通过公示期且无异议的登记主体获得相关登记凭证。第五章，登记类型。明确数据要素登记类型包括初始登记、交易登记、信托登记、变更登记、注销登记、撤销登记和续证登记，并对这些登记形式的概念范畴、登记内容进行了明确。例如，对于初始登记，细化了申请数据资源初始登记、申请算法模型初始登记、申请算力资源初始登记、申请数据产品初始登记的登记主体提交相关登记材料内容。第六章，安全管理。强调登记主管部门会同相关部门加强对登记服务机构和登记活动的监督管理；登记服务机构应建立重大安全风险监测、风险警示、风险处置等风险控制制度以及突发事件应急处置预案；第三方专业数据服务机构出具评估报告或其它审核报告时，应当保证报告的客观性、真实性、准确性和完整性；登记服务机构及其工作人员依法对与数据要素登记服务业务有关的数据、文件和资料进行保密。第七章为附则。

三、一体化公共数据资源体系建设

2023 年 12 月，贵州省大数据发展管理局出台了《关于建设贵州省一体化公共数据资源体系工作方案》（黔数据领〔2023〕2 号，本节以下简称《工作方案》）。《工作方案》出台的背景是：2016 年以来，贵州省实施政务数据"聚通用"攻坚工程，全面建设"贵州政务云"，全省政务数据汇聚量、共享交换量发生了几何级的增长，先后获批公共信息资源开放试点省、公共数据资源开发利用试点省、数据直达基层试点省，成为全国省级政府数据开放 5 个 A 类地区之一，数字中国发展评价指标体系中贵州数据资源位居全国第一梯队。然而贵州省在全省一体化公共数据资源体系建设方面尚处于起步阶段，亟须对公共数据资源体系建设进行系统部署和一体化推进，将贵州省在政务数据资源体系建设中积累的经验和成果拓展至公共数据领域，持续巩固其全国领先水平[①]。

《工作方案》明确了其发布的目的是充分发挥数据的基础性和战略性资源作用，加强公共数据资源归集治理、共享应用和开放开发，促进数据高效流通，释放数据资源价值，为建设数字经济发展创新区提供有力支撑。

《工作方案》重点任务包括：第一，构建一体化公共数据基础设施体系。包括建设公共云平台体系，建设公共数据平台，建设公共数据区。第二，构建一体化公共数据归集治理体系。包括编制全量公共数据目录"一本账"，规范维护公共数据目录，合规采集公共数据，分级分类归集公共数据，提升公共基础数据和主题数据归集水平，加强公共数据质量管理。第三，构建一体化公共数据共享应用体系。包括深化公共数据共享，拓展公共数据场景应用。第四，构建一体化公共数据开放开发体系，包括加快公共数据开放，推进公共数据开发利用。第五，保障措施。主要包括：①建立协调机制，各级各部门应将相关经费纳入部门预算，在现有信息化经费中统筹安排。②制定一体化公共数据资源体系评估监督机制。③制定完善数据安全管理制度，建立健全公共数据管理制度，加强公共数据共享、开放和开发利用；建立省、市、县三级网络安全与数据安全高效协同工作机制，统筹推进网络安全与数据安全保障体系的规划建设与运行管理。

四、加强数字政府建设

2023 年 12 月，贵州省大数据发展管理局出台了《贵州省关于加强数字政府建设实施方案》（黔府发〔2023〕21 号，本节以下简称《实施方案》）。《实施方案》出台的背景是：贵州省积极开展数字政府建设探索，从政务数据"聚通用"攻坚，到建设贵州政务云，不断优化完善省级政务信息化建设机制，按照集中集约的模式推动数字政府建设，"一网通办""一网统管""一网协同""跨省通办"等创新实践不断涌现，政务服务能力和政府内务协同效能大幅提升。为贯彻落实中央决策部署和省委省政府工作要求，巩固前期建设成效，充分释放数字化发展红利，确保总体建设水平持续提升，也为建设法治政府、廉洁政府和服务型政府提供有力支撑，制定了本《实施方案》。[②]

《实施方案》提出文件出台的目的是整体协同、集中集约、敏捷高效、安全可控推进全省一体化数字政府建设，推动政府治理全方位、系统性流程再

① 贵州省大数据发展管理局：《关于建设贵州省一体化公共数据资源体系的工作方案》解读 https://dsj.guizhou.gov.cn/jdhy/zcjd/wzjd/202312/t20231226_83402485.html，[2024-7-24].

② 贵州省人民政府办公厅：《贵州省关于加强数字政府建设的实施方案》政策解读，https://www.guizhou.gov.cn/zwgk/zcjd/wzjd/202401/t20240118_83567672.html，[2024-7-24].

造和模式优化。其总体架构简称"3＋2＋8"的数字政府。

从实施层面上来看，文件主要内容包括：第一，建设完善全省一体化的数字政府基础设施体系。全面提升贵州政务云统揽能力，加快推进贵州政务云平台信息技术创新改造和升级扩容，全面提升电子政务网络支撑能力，全面提升技术支撑平台服务能力。第二，建设完善全省一体化的数据资源体系。持续做大数据资源总量，持续完善数据管理机制，持续释放数据要素价值。第三，建设完善全省一体化的核心门户体系。加快建设完善政府服务"总出口"，加快建设完善便民惠企服务"总窗口"，加快建设完善线上监管"总枢纽"，加快建设完善政府协同办公"总入口"。第四，建立健全数字政府安全保障体系。强化安全管理责任，严格落实安全制度，提升安全保障能力，提高自主可控水平。第五，建立健全数字政府制度规则体系。持续完善管理机制，持续完善法规制度，持续完善标准规范。第六，有序推进政府数字化履职能力体系建设。推进多措并举的大数据与经济调节融合应用，推进智能高效的智慧市场监管应用，推进线上线下融合的社会治理应用，推进便利敏捷的政务民生服务应用，推进多方共治的生态环境保护应用，推进扁平高效的数字机关应用，推进智能集约的政务公开应用，推进数据驱动的城市管理应用。第七，以数字政府建设引领驱动经济社会数字化发展。助推数字经济发展，驱动数字社会建设，推进数字乡村建设。第八，加强党对数字政府建设工作的领导。包括加强组织领导，强化人才支撑，强化考核评估。

第 5 篇

深圳市相关政策

5.1 《深圳经济特区数据条例》

深圳市第七届人民代表大会常务委员会公告
（第十号）

《深圳经济特区数据条例》经深圳市第七届人民代表大会常务委员会第二次会议于 2021 年 6 月 29 日通过，现予公布，自 2022 年 1 月 1 日起施行。

深圳市人民代表大会常务委员会

2021 年 7 月 6 日

深圳经济特区数据条例
（2021 年 6 月 29 日深圳市第七届人民代表大会常务委员会第二次会议通过）

目录

第一章　总则

第一条 为了规范数据处理活动，保护自然人、法人和非法人组织的合法权益，促进数据作为生产要素开放流动和开发利用，加快建设数字经济、数字社会、数字政府，根据有关法律、行政法规的基本原则，结合深圳经济特区实际，制定本条例。

第二条 本条例中下列用语的含义：

（一）数据，是指任何以电子或者其他方式对信息的记录。

（二）个人数据，是指载有可识别特定自然人信息的数据，不包括匿名化处理后的数据。

（三）敏感个人数据，是指一旦泄露、非法提供或者滥用，可能导致自然人受到歧视或者人身、财产安全受到严重危害的个人数据，具体范围依照法律、行政法规的规定确定。

（四）生物识别数据，是指对自然人的身体、生理、行为等生物特征进行处理而得出的能够识别自然人独特标识的个人数据，包括自然人的基因、指纹、声纹、掌纹、耳廓、虹膜、面部识别特征等数据。

（五）公共数据，是指公共管理和服务机构在依法履行公共管理职责或者提供公共服务过程中产生、处理的数据。

（六）数据处理，是指数据的收集、存储、使用、加工、传输、提供、开放等活动。

（七）匿名化，是指个人数据经过处理无法识别特定自然人且不能复原的过程。

（八）用户画像，是指为了评估自然人的某些条件而对个人数据进行自动化处理的活动，包括为了评估自然人的工作表现、经济状况、健康状况、个人偏好、兴趣、可靠性、行为方式、位置、行踪等进行的自动化处理。

（九）公共管理和服务机构，是指本市国家机关、事业单位和其他依法管理公共事务的组织，以及提供教育、卫生健康、社会福利、供水、供电、供气、环境保护、公共交通和其他公共服务的组织。

第三条 自然人对个人数据享有法律、行政法规及本条例规定的人格权益。

处理个人数据应当具有明确、合理的目的，并遵循最小必要和合理期限原则。

第四条 自然人、法人和非法人组织对其合法处理数据形成的数据产品和服务享有法律、行政法规及本条例规定的财产权益。但是，不得危害国家安全和公共利益，不得损害他人的合法权益。

第五条　处理公共数据应当遵循依法收集、统筹管理、按需共享、有序开放、充分利用的原则，充分发挥公共数据资源对优化公共管理和服务、提升城市治理现代化水平、促进经济社会发展的积极作用。

第六条　市人民政府应当建立健全数据治理制度和标准体系，统筹推进个人数据保护、公共数据共享开放、数据要素市场培育及数据安全监督管理工作。

第七条　市人民政府设立市数据工作委员会，负责研究、协调本市数据管理工作中的重大事项。市数据工作委员会的日常工作由市政务服务数据管理部门承担。

市数据工作委员会可以设立若干专业委员会。

第八条　市网信部门负责统筹协调本市个人数据保护、网络数据安全、跨境数据流通等相关监督管理工作。

市政务服务数据管理部门负责本市公共数据管理的统筹、指导、协调和监督工作。

市发展改革、工业和信息化、公安、财政、人力资源保障、规划和自然资源、市场监管、审计、国家安全等部门依照有关法律、法规，在各自职责范围内履行数据监督管理相关职能。

市各行业主管部门负责本行业数据管理工作的统筹、指导、协调和监督。

第二章　个人数据

第一节　一般规定

第九条　处理个人数据应当充分尊重和保障自然人与个人数据相关的各项合法权益。

第十条　处理个人数据应当符合下列要求：

（一）处理个人数据的目的明确、合理，方式合法、正当；

（二）限于实现处理目的所必要的最小范围、采取对个人权益影响最小的方式，不得进行与处理目的无关的个人数据处理；

（三）依法告知个人数据处理的种类、范围、目的、方式等，并依法征得同意；

（四）保证个人数据的准确性和必要的完整性，避免因个人数据不准确、不完整给当事人造成损害；

（五）确保个人数据安全，防止个人数据泄露、毁损、丢失、篡改和非法使用。

第十一条　本条例第十条第二项所称限于实现处理目的所必要的最小范

围、采取对个人权益影响最小的方式，包括但是不限于下列情形：

（一）处理个人数据的种类、范围应当与处理目的有直接关联，不处理该个人数据则处理目的无法实现；

（二）处理个人数据的数量应当为实现处理目的所必需的最少数量；

（三）处理个人数据的频率应当为实现处理目的所必需的最低频率；

（四）个人数据存储期限应当为实现处理目的所必需的最短时间，超出存储期限的，应当对个人数据予以删除或者匿名化，法律、法规另有规定或者经自然人同意的除外；

（五）建立最小授权的访问控制策略，使被授权访问个人数据的人员仅能访问完成职责所需的最少个人数据，且仅具备完成职责所需的最少数据处理权限。

第十二条 数据处理者不得以自然人不同意处理个人数据为由，拒绝向其提供相关核心功能或者服务。但是，该个人数据为提供相关核心功能或者服务所必需的除外。

第十三条 市网信部门应当会同市工业和信息化、公安、市场监管等部门以及相关行业主管部门建立健全个人数据保护监督管理联合工作机制，加强对个人数据保护和相关监督管理工作的统筹和指导；建立个人数据保护投诉举报处理机制，依法处理相关投诉举报。

第二节 告知与同意

第十四条 处理个人数据应当在处理前以通俗易懂、明确具体、易获取的方式向自然人完整、真实、准确地告知下列事项：

（一）数据处理者的姓名或者名称以及联系方式；

（二）处理个人数据的种类和范围；

（三）处理个人数据的目的和方式；

（四）存储个人数据的期限；

（五）处理个人数据可能存在的安全风险以及对其个人数据采取的安全保护措施；

（六）自然人依法享有的相关权利以及行使权利的方式；

（七）法律、法规规定应当告知的其他事项。

处理敏感个人数据的，应当依照前款规定，以更加显著的标识或者突出显示的形式告知处理敏感个人数据的必要性以及对自然人可能产生的影响。

第十五条 紧急情况下为了保护自然人的人身、财产安全等重大合法权益，无法依照本条例第十四条规定进行事前告知的，应当在紧急情况消除后及时告知。

处理个人数据有法律、行政法规规定应当保密或者无需告知情形的，不适用本条例第十四条规定。

第十六条　数据处理者应当在处理个人数据前，征得自然人的同意，并在其同意范围内处理个人数据，但是法律、行政法规以及本条例另有规定的除外。

前款规定应当征得同意的事项发生变更的，应当重新征得同意。

第十七条　数据处理者不得通过误导、欺骗、胁迫或者其他违背自然人真实意愿的方式获取其同意。

第十八条　处理敏感个人数据的，应当在处理前征得该自然人的明示同意。

第十九条　处理生物识别数据的，应当在征得该自然人明示同意时，提供处理其他非生物识别数据的替代方案。但是，处理生物识别数据为处理个人数据目的所必需，且不能为其他个人数据所替代的除外。

基于特定目的处理生物识别数据的，未经自然人明示同意，不得将该生物识别数据用于其他目的。

生物识别数据具体管理办法由市人民政府另行制定。

第二十条　处理未满十四周岁的未成年人个人数据的，按照处理敏感个人数据的有关规定执行，并应当在处理前征得其监护人的明示同意。

处理无民事行为能力或者限制民事行为能力的成年人个人数据的，应当在处理前征得其监护人的明示同意。

第二十一条　处理个人数据有下列情形之一的，可以在处理前不征得自然人的同意：

（一）处理自然人自行公开或者其他已经合法公开的个人数据，且符合该个人数据公开时的目的；

（二）为了订立或者履行自然人作为一方当事人的合同所必需；

（三）数据处理者因人力资源管理、商业秘密保护所必需，在合理范围内处理其员工个人数据；

（四）公共管理和服务机构为了依法履行公共管理职责或者提供公共服务所必需；

（五）新闻单位依法进行新闻报道所必需；

（六）法律、行政法规规定的其他情形。

第二十二条　自然人有权撤回部分或者全部其处理个人数据的同意。

自然人撤回同意的，数据处理者不得继续处理该自然人撤回同意范围内的个人数据。但是，不影响数据处理者在自然人撤回同意前基于同意进行的合法数据处理。法律、法规另有规定的，从其规定。

第二十三条　处理个人数据应当采用易获取的方式提供自然人撤回其同

意的途径，不得利用服务协议或者技术等手段对自然人撤回同意进行不合理限制或者附加不合理条件。

第三节 个人数据处理

第二十四条 个人数据不准确或者不完整的，数据处理者应当根据自然人的要求及时补充、更正。

第二十五条 有下列情形之一的，数据处理者应当及时删除个人数据：

（一）法律、法规规定或者约定的存储期限届满；

（二）处理个人数据的目的已经实现或者处理个人数据对于处理目的已经不再必要；

（三）自然人撤回同意且要求删除个人数据；

（四）数据处理者违反法律、法规规定或者双方约定处理数据，自然人要求删除；

（五）法律、法规规定的其他情形。

有前款第一项、第二项规定情形，但是法律、法规另有规定或者经自然人同意的，数据处理者可以保留相关个人数据。

数据处理者根据本条第一款规定删除个人数据的，可以留存告知和同意的证据，但是不得超过其履行法定义务或者处理纠纷需要的必要限度。

第二十六条 数据处理者向他人提供其处理的个人数据，应当对个人数据进行去标识化处理，使得被提供的个人数据在不借助其他数据的情况下无法识别特定自然人。法律、法规规定或者自然人与数据处理者约定应当匿名化的，数据处理者应当依照法律、法规规定或者双方约定进行匿名化处理。

第二十七条 数据处理者向他人提供其处理的个人数据有下列情形之一的，可以不进行去标识化处理：

（一）应公共管理和服务机构依法履行公共管理职责或者提供公共服务的需要且书面要求提供的；

（二）基于自然人的同意向他人提供相关个人数据的；

（三）为了订立或者履行自然人作为一方当事人的合同所必需的；

（四）法律、行政法规规定的其他情形。

第二十八条 自然人可以向数据处理者要求查阅、复制其个人数据，数据处理者应当按照有关规定及时提供，并不得收取费用。

第二十九条 数据处理者基于提升产品或者服务质量的目的，对自然人进行用户画像的，应当向其明示用户画像的具体用途和主要规则。

自然人可以拒绝数据处理者根据前款规定对其进行用户画像或者基于用户画像推荐个性化产品或者服务，数据处理者应当以易获取的方式向其提供拒绝的有效途径。

第三十条　数据处理者不得基于用户画像向未满十四周岁的未成年人推荐个性化产品或者服务。但是，为了维护其合法权益并征得其监护人明示同意的除外。

第三十一条　数据处理者应当建立自然人行使相关权利和投诉举报的处理机制，并以易获取的方式提供有效途径。

数据处理者收到行使权利要求或者投诉举报的，应当及时受理，并依法采取相应处理措施；拒绝要求事项或者投诉的，应当说明理由。

第三章　公共数据

第一节　一般规定

第三十二条　市数据工作委员会设立公共数据专业委员会，负责研究、协调公共数据管理工作中的重大事项。

市政务服务数据管理部门承担市公共数据专业委员会日常工作，并负责统筹全市公共数据管理工作，建立和完善公共数据资源管理体系，推进公共数据共享、开放和利用。

区政务服务数据管理部门在市政务服务数据管理部门指导下，负责统筹本区公共数据管理工作。

第三十三条　市人民政府应当建立城市大数据中心，建立健全其建设运行管理机制，实现对全市公共数据资源统一、集约、安全、高效管理。

各区人民政府可以按照全市统一规划，建设城市大数据中心分中心，将公共数据资源纳入城市大数据中心统一管理。

城市大数据中心包括公共数据资源和支撑其管理的软硬件基础设施。

第三十四条　市政务服务数据管理部门负责推动公共数据向城市大数据中心汇聚，组织公共管理和服务机构依托城市大数据中心开展公共数据共享、开放和利用。

第三十五条　实行公共数据分类管理制度。

市政务服务数据管理部门负责统筹本市公共数据资源体系整体规划、建设和管理，并会同相关部门建设和管理人口、法人、房屋、自然资源与空间地理、电子证照、公共信用等基础数据库。

各行业主管部门应当按照公共数据资源体系整体规划和相关制度规范要求，规划本行业公共数据资源体系，建设并管理相关主题数据库。

公共管理和服务机构应当按照公共数据资源体系整体规划、行业专项规划和相关制度规范要求，建设、管理本机构业务数据库。

第三十六条　实行公共数据目录管理制度。

市政务服务数据管理部门负责建立全市统一的公共数据资源目录体系，

制定公共数据资源目录编制规范，组织公共管理和服务机构按照公共数据资源目录编制规范要求编制目录、处理各类公共数据，明确数据来源部门和管理职责。

公共管理和服务机构应当按照公共数据资源目录编制规范要求，对本机构的公共数据进行目录管理。

第三十七条 公共管理和服务机构收集数据应当符合下列要求：

（一）为依法履行公共管理职责或者提供公共服务所必需，且在其履行的公共管理职责或者提供的公共服务范围内；

（二）收集数据的种类和范围与其依法履行的公共管理职责或者提供的公共服务相适应；

（三）收集程序符合法律、法规相关规定。

公共管理和服务机构可以通过共享方式获得的数据，不得另行向自然人、法人和非法人组织收集。

第三十八条 公共管理和服务机构应当按照有关规定保存公共数据处理的过程记录。

第三十九条 市政务服务数据管理部门应当组织制定公共数据质量管理制度和规范，建立健全质量监测和评估体系，并组织实施。

公共管理和服务机构应当按照公共数据质量管理制度和规范，建立和完善本机构数据质量管理体系，加强数据质量管理，保障数据真实、准确、完整、及时、可用。

市公共数据专业委员会应当定期对公共管理和服务机构数据管理工作进行评价，并向市数据工作委员会报告评价结果。

第四十条 市人民政府应当加强公共数据共享、开放和利用体制机制和技术创新，不断提高公共数据共享、开放和利用的质量与效率。

第二节 公共数据共享

第四十一条 公共数据应当以共享为原则，不共享为例外。

市政务服务数据管理部门应当建立以公共数据资源目录体系为基础的公共数据共享需求对接机制和相关管理制度。

第四十二条 纳入公共数据共享目录的公共数据，应当按照有关规定通过城市大数据中心的公共数据共享平台在有需要的公共管理和服务机构之间及时、准确共享，法律、法规另有规定的除外。

公共数据共享目录由市政务服务数据管理部门另行制定，并及时调整。

第四十三条 公共管理和服务机构可以根据依法履行公共管理职责或者提供公共服务的需要提出公共数据共享申请，明确数据使用的依据、目的、范围、方式及相关需求，并按照本级政务服务数据管理部门和数据提供部门的要求，加强共享数据使用管理，不得超出使用范围或者用于其他目的。

公共数据提供部门应当在规定时间内，回应公共数据使用部门的共享需求，并提供必要的数据使用指导和技术支持。

第四十四条　公共管理和服务机构依法履行公共管理职责或者提供公共服务所需要的数据，无法通过公共数据共享平台共享获得的，可以由市人民政府统一对外采购，并按照有关规定纳入公共数据共享目录，具体工作由市政务服务数据管理部门统筹。

第三节　公共数据开放

第四十五条　本条例所称公共数据开放，是指公共管理和服务机构通过公共数据开放平台向社会提供可机器读取的公共数据的活动。

第四十六条　公共数据开放应当遵循分类分级、需求导向、安全可控的原则，在法律、法规允许范围内最大限度开放。

第四十七条　依照法律、法规规定开放公共数据，不得收取任何费用。法律、行政法规另有规定的，从其规定。

第四十八条　公共数据按照开放条件分为无条件开放、有条件开放和不予开放三类。

无条件开放的公共数据，是指应当无条件向自然人、法人和非法人组织开放的公共数据；有条件开放的公共数据，是指按照特定方式向自然人、法人和非法人组织平等开放的公共数据；不予开放的公共数据，是指涉及国家安全、商业秘密和个人隐私，或者法律、法规等规定不得开放的公共数据。

第四十九条　市政务服务数据管理部门应当建立以公共数据资源目录体系为基础的公共数据开放管理制度，编制公共数据开放目录并及时调整。

有条件开放的公共数据，应当在编制公共数据开放目录时明确开放方式、使用要求及安全保障措施等。

第五十条　市政务服务数据管理部门应当依托城市大数据中心建设统一、高效的公共数据开放平台，并组织公共管理和服务机构通过该平台向社会开放公共数据。

公共数据开放平台应当根据公共数据开放类型，提供数据下载、应用程序接口和安全可信的数据综合开发利用环境等多种数据开放服务。

第四节　公共数据利用

第五十一条　市人民政府应当加快推进数字政府建设，深化数据在经济调节、市场监管、社会管理、公共服务、生态环境保护中的应用，建立和完善运用数据管理的制度规则，创新政府决策、监管及服务模式，实现主动、精准、整体式、智能化的公共管理和服务。

第五十二条　市人民政府应当依托城市大数据中心建设基于统一架构的

业务中枢、数据中枢和能力中枢，形成统一的城市智能中枢平台体系，为公共管理和服务以及各区域各行业应用提供统一、全面的数字化服务，促进技术融合、业务融合、数据融合。

市人民政府可以依托城市智能中枢平台建设政府管理服务指挥中心，建立和完善运行管理机制，推动政府整体数字化转型，深化跨层级、跨地域、跨系统、跨部门、跨业务的数据共享和业务协同，建立统一指挥、一体联动、智能精准、科学高效的政府运行体系。

各行业主管部门应当依托城市智能中枢平台建设本行业管理服务平台，推动本行业管理服务全面数字化。

各区人民政府应当依托城市智能中枢平台，以服务基层为目标，整合数据资源、优化业务流程、创新管理模式，推进基层治理与服务科学化、精细化、智能化。

第五十三条 市人民政府应当依托城市智能中枢平台，推动业务整合和流程再造，深化前台统一受理、后台协同审批、全市一体运作的整体式政务服务模式创新。

市政务服务数据管理部门应当推动公共管理和服务机构加强公共数据在公共管理和服务过程中的创新应用，精简办事材料、环节，优化办事流程；对于可以通过数据比对作出审批决定的事项，可以开展无人干预智能审批。

第五十四条 市人民政府应当依托城市智能中枢平台，加强监管数据和信用数据归集、共享，充分利用公共数据和各领域监管系统，推行非现场监管、信用监管、风险预警等新型监管模式，提升监管水平。

第五十五条 市政务服务数据管理部门可以组织建设数据融合应用服务平台，向社会提供安全可信的数据综合开发利用环境，共同开展智慧城市应用创新。

第四章　数据要素市场

第一节　一般规定

第五十六条 市人民政府应当统筹规划，加快培育数据要素市场，推动构建数据收集、加工、共享、开放、交易、应用等数据要素市场体系，促进数据资源有序、高效流动与利用。

第五十七条 市场主体开展数据处理活动，应当落实数据管理主体责任，建立健全数据治理组织架构、管理制度和自我评估机制，对数据实施分类分级保护和管理，加强数据质量管理，确保数据的真实性、准确性、完整性、时效性。

第五十八条 市场主体对合法处理数据形成的数据产品和服务，可以依法自主使用，取得收益，进行处分。

第五十九条　市场主体向第三方开放或者提供使用个人数据的，应当遵守本条例第二章的有关规定；向特定第三方开放、委托处理、提供使用个人数据的，应当签订相关协议。

第六十条　使用、传输、受委托处理其他市场主体的数据产品和服务，涉及个人数据的，应当遵守本条例第二章的规定以及相关协议的约定。

第二节　市场培育

第六十一条　市人民政府应当组织制定数据处理活动合规标准、数据产品和服务标准、数据质量标准、数据安全标准、数据价值评估标准、数据治理评估标准等地方标准。

支持数据相关行业组织制定团体标准和行业规范，提供信息、技术、培训等服务，引导和督促市场主体规范其数据行为，促进行业健康发展。

鼓励市场主体制定数据相关企业标准，参与制定相关地方标准和团体标准。

第六十二条　数据处理者可以委托第三方机构进行数据质量评估认证；第三方机构应当按照独立、公开、公正原则，开展数据质量评估认证活动。

第六十三条　鼓励数据价值评估机构从实时性、时间跨度、样本覆盖面、完整性、数据种类级别和数据挖掘潜能等方面，探索构建数据资产定价指标体系，推动制定数据价值评估准则。

第六十四条　市统计部门应当探索建立数据生产要素统计核算制度，明确统计范围、统计指标和统计方法，准确反映数据生产要素的资产价值，推动将数据生产要素纳入国民经济核算体系。

第六十五条　市人民政府应当推动建立数据交易平台，引导市场主体通过数据交易平台进行数据交易。

市场主体可以通过依法设立的数据交易平台进行数据交易，也可以由交易双方依法自行交易。

第六十六条　数据交易平台应当建立安全、可信、可控、可追溯的数据交易环境，制定数据交易、信息披露、自律监管等规则，并采取有效措施保护个人数据、商业秘密和国家规定的重要数据。

第六十七条　市场主体合法处理数据形成的数据产品和服务，可以依法交易。但是，有下列情形之一的除外：

（一）交易的数据产品和服务包含个人数据未依法获得授权的；

（二）交易的数据产品和服务包含未经依法开放的公共数据的；

（三）法律、法规规定禁止交易的其他情形。

第三节 公平竞争

第六十八条 市场主体应当遵守公平竞争原则，不得实施下列侵害其他市场主体合法权益的行为：

（一）使用非法手段获取其他市场主体的数据；

（二）利用非法收集的其他市场主体数据提供替代性产品或者服务；

（三）法律、法规规定禁止的其他行为。

第六十九条 市场主体不得利用数据分析，对交易条件相同的交易相对人实施差别待遇，但是有下列情形之一的除外：

（一）根据交易相对人的实际需求，且符合正当的交易习惯和行业惯例，实行不同交易条件的；

（二）针对新用户在合理期限内开展优惠活动的；

（三）基于公平、合理、非歧视规则实施随机性交易的；

（四）法律、法规规定的其他情形。

前款所称交易条件相同，是指交易相对人在交易安全、交易成本、信用状况、交易环节、交易持续时间等方面不存在实质性差别。

第七十条 市场主体不得通过达成垄断协议、滥用在数据要素市场的支配地位、违法实施经营者集中等方式，排除、限制竞争。

第五章 数据安全

第一节 一般规定

第七十一条 数据安全管理遵循政府监管、责任主体负责、积极防御、综合防范的原则，坚持安全和发展并重，鼓励研发数据安全技术，保障数据全生命周期安全。

市人民政府应当统筹全市数据安全管理工作，建立和完善数据安全综合治理体系。

第七十二条 数据处理者应当依照法律、法规规定，建立健全数据分类分级、风险监测、安全评估、安全教育等安全管理制度，落实保障措施，不断提升技术手段，确保数据安全。

数据处理者因合并、分立、收购等变更的，由变更后的数据处理者继续落实数据安全管理责任。

第七十三条 处理敏感个人数据或者国家规定的重要数据的，应当按照有关规定设立数据安全管理机构、明确数据安全管理责任人，并实施特别技术保护。

第七十四条 市网信部门应当统筹协调相关主管部门和行业主管部门按照国家数据分类分级保护制度制定本部门、本行业的重要数据具体目录，对列入目录的数据进行重点保护。

第二节 数据安全管理

第七十五条 数据处理者应当对其数据处理全流程进行记录，保障数据来源合法以及处理全流程清晰、可追溯。

第七十六条 数据处理者应当依照法律、法规规定以及国家标准的要求，对所收集的个人数据进行去标识化或者匿名化处理，并与可用于恢复识别特定自然人的数据分开存储。

数据处理者应当针对敏感个人数据、国家规定的重要数据制定并实施去标识化或者匿名化处理等安全措施。

第七十七条 数据处理者应当对数据存储进行分域分级管理，选择安全性能、防护级别与安全等级相匹配的存储载体；对敏感个人数据和国家规定的重要数据还应当采取加密存储、授权访问或者其他更加严格的安全保护措施。

第七十八条 数据处理者应当对数据处理过程实施安全技术防护，并建立重要系统和核心数据的容灾备份制度。

第七十九条 数据处理者共享、开放数据的，应当建立数据共享、开放安全管理制度，建立和完善对外数据接口的安全管理机制。

第八十条 数据处理者应当建立数据销毁规程，对需要销毁的数据实施有效销毁。

数据处理者终止或者解散，没有数据承接方的，应当及时有效销毁其控制的数据。法律、法规另有规定的除外。

第八十一条 数据处理者委托他人代为处理数据的，应当与其订立数据安全保护合同，明确双方安全保护责任。

受托方完成处理任务后，应当及时有效销毁其存储的数据，但是法律、法规另有规定或者双方另有约定的除外。

第八十二条 数据处理者向境外提供个人数据或者国家规定的重要数据，应当按照有关规定申请数据出境安全评估，进行国家安全审查。

第八十三条 数据处理者应当落实与数据安全防护级别相适应的监测预警措施，对数据泄露、毁损、丢失、篡改等异常情况进行监测和预警。

监测到发生或者可能发生数据泄露、毁损、丢失、篡改等数据安全事件的，数据处理者应当立即采取补救、预防措施。

第八十四条 处理敏感个人数据或者国家规定的重要数据，应当按照有关规定定期开展风险评估，并向有关主管部门报送风险评估报告。

第八十五条 数据处理者应当建立数据安全应急处置机制，制定数据安全应急预案。数据安全应急预案应当按照危害程度、影响范围等因素对数据安全事件进行分级，并规定相应的应急处置措施。

第八十六条 发生数据泄露、毁损、丢失、篡改等数据安全事件的，数据处理者应当立即启动应急预案，采取相应的应急处置措施，及时告知相关权利人，并按照有关规定向市网信、公安部门和有关行业主管部门报告。

第三节 数据安全监督

第八十七条 市网信部门应当依照有关法律、行政法规以及本条例规定负责统筹协调数据安全和相关监督工作，并会同市公安、国家安全等部门和有关行业主管部门建立健全数据安全监督机制，组织数据安全监督检查。

第八十八条 市网信部门应当会同有关主管部门加强数据安全风险分析、预测、评估，收集相关信息；发现可能导致较大范围数据泄露、毁损、丢失、篡改等数据安全事件的，应当及时发布预警信息，提出防范应对措施，指导、监督数据处理者做好数据安全保护工作。

第八十九条 市网信部门以及其他履行数据安全监督职责的部门可以委托第三方机构，按照法律、法规规定和相关标准要求，对数据处理者开展数据安全管理认证以及数据安全评估工作，并对其进行安全等级评定。

第九十条 市网信部门以及其他履行数据安全监督职责的部门在履行职责过程中，发现数据处理者未按照规定落实安全管理责任的，应当按照规定约谈数据处理者，督促其整改。

第九十一条 市网信部门以及其他数据监督管理部门及其工作人员，应当对在履行职责过程中知悉的个人数据、商业秘密和需要保守秘密的其他数据严格保密，不得泄露、出售或者非法向他人提供。

第六章 法律责任

第九十二条 违反本条例规定处理个人数据的，依照个人信息保护有关法律、法规规定处罚。

第九十三条 公共管理和服务机构违反本条例有关规定的，由上级主管部门或者有关主管部门责令改正；拒不改正或者造成严重后果的，依法追究法律责任；因此给自然人、法人、非法人组织造成损失的，应当依法承担赔偿责任。

第九十四条 违反本条例第六十七条规定交易数据的，由市市场监督管理部门或者相关行业主管部门按照职责责令改正，没收违法所得，交易金额不足一万元的，处五万元以上二十万元以下罚款；交易金额一万元以上的，处二十万元以上一百万元以下罚款；并可以依法给予法律、行政法规规定的其他行政处罚。法律、行政法规另有规定的，从其规定。

第九十五条 违反本条例第六十八条、第六十九条规定，侵害其他市场主体、消费者合法权益的，由市市场监督管理部门或者相关行业主管部门按照职责责令改正，没收违法所得；拒不改正的，处五万元以上五十万元以下罚款；情节严重的，处上一年度营业额百分之五以下罚款，最高不超过五千万元；并可以依法给予法律、行政法规规定的其他行政处罚。法律、行政法规另有规定的，从其规定。

市场主体违反本条例第七十条规定，有不正当竞争行为或者垄断行为的，依照反不正当竞争或者反垄断有关法律、法规规定处罚。

第九十六条　数据处理者违反本条例规定，未履行数据安全保护责任的，依照数据安全有关法律、法规规定处罚。

第九十七条　履行数据监督管理职责的部门以及公共管理和服务机构不履行或者不正确履行本条例规定职责的，对直接负责的主管人员和其他直接责任人员依法给予处分；构成犯罪的，依法追究刑事责任。

第九十八条　违反本条例规定处理数据，致使国家利益或者公共利益受到损害的，法律、法规规定的组织可以依法提起民事公益诉讼。法律、法规规定的组织提起民事公益诉讼，人民检察院认为有必要的，可以支持起诉。

法律、法规规定的组织未提起民事公益诉讼的，人民检察院可以依法提起民事公益诉讼。

人民检察院发现履行数据监督管理职责的部门违法行使职权或者不作为，致使国家利益或者公共利益受到损害的，应当向有关行政机关提出检察建议；行政机关不依法履行职责的，人民检察院可以依法提起行政公益诉讼。

第九十九条　数据处理者违反本条例规定处理数据，给他人造成损害的，应当依法承担民事责任；构成违反治安管理行为的，依法给予治安管理处罚；构成犯罪的，依法追究刑事责任。

第七章　附则

第一百条　本条例自 2022 年 1 月 1 日起施行。

5.2 《深圳经济特区数字经济产业促进条例》

深圳市第七届人民代表大会常务委员会公告

（第六十五号）

《深圳经济特区数字经济产业促进条例》经深圳市第七届人民代表大会常务委员会第十一次会议于 2022 年 8 月 30 日通过，现予公布，自 2022 年 11 月 1 日起施行。

深圳市人民代表大会常务委员会

2022 年 9 月 5 日

深圳经济特区数字经济产业促进条例

（2022 年 8 月 30 日深圳市第七届人民代表大会常务委员会第十一次会议通过）

目录

第一章　总则

第二章　基础设施

第三章　数据要素

第四章　技术创新

第五章　产业集聚

第六章　应用场景

第七章　开放合作

第八章　支撑保障

第九章　附则

第一章　总则

第一条　为了优化数字经济产业发展环境，促进数字经济产业高质量发展，根据有关法律、行政法规的基本原则，结合深圳经济特区实际，制定本条例。

第二条　在深圳经济特区范围内促进数字经济产业发展的相关活动，适用本条例。

本条例所称数字经济产业，是指以数据资源作为关键生产要素、以现代信息网络作为重要载体、以数字技术的有效使用作为效率提升和经济结构优化重要推动力的各类产业。

第三条　数字经济产业促进应当遵循创新驱动、集聚发展、应用牵引、开放合作、安全可控、包容审慎的原则。

第四条　市、区人民政府应当加强对数字经济产业促进工作的领导，将数字经济产业纳入国民经济和社会发展规划，确定数字经济产业发展重点，建立健全数字经济产业工作领导协调机制，统筹部署数字经济产业发展，及时协调解决发展中的重大问题。

第五条　市工业和信息化部门负责推进、协调、督促本市数字经济产业发展。

市网信、发展改革、科技创新、公安、财政、人力资源保障、规划和自然资源、市场监管、统计、政务服务数据管理、中小企业服务、通信管理等部门在各自职责范围内履行数字经济产业促进相关职责。市各行业主管部门负责协调推动数字经济产业与本行业的融合发展。

第六条　市工业和信息化部门应当会同有关部门，根据国民经济与社会发展规划、国土空间总体规划编制本市数字经济产业发展相关规划或者计划，报市人民政府批准后发布并组织实施。

第七条　市统计部门应当建立数字经济产业统计监测机制，加强对数字经济产业的统计调查和监测分析，探索建立产业数字化评价指标体系和数据生产要素统计核算制度。

第八条　本市鼓励和支持企业、高等院校、科研机构、学术团体、行业协会、产业联盟、基金会、新型智库等组织和个人参与数字经济产业发展活动。

第二章　基础设施

第九条　市人民政府应当统筹推进下列数字基础设施建设：

（一）基于新一代信息技术演化生成的通信网络基础设施、算力基础设施和数字技术基础设施等信息基础设施；

（二）制造、交通、能源、市政等传统基础设施数字化、网络化、智能化升级形成的融合基础设施；

（三）支撑科学研究、技术开发、产品研制等具有公益属性的创新基础设施。

第十条　市发展改革、工业和信息化、科技创新、通信管理等部门应当会同有关部门针对本市重大产业发展需求和应用场景，遵循绿色发展原则，编制本市数字基础设施建设规划，并做好与其他相关基础设施规划的协调和衔接。

第十一条 市工业和信息化、通信管理等部门应当支持新一代高速信息网络和移动通信网络建设，构建覆盖适度超前的通信网络、智慧专网、卫星互联网等通信网络基础设施体系，并统筹推进通信网络基础设施集约化建设和全市公共无线局域网升级。

市工业和信息化部门应当统筹全市多功能智能杆等综合性智能设施的建设和管理，建成后交由运营主体统一运营维护。

第十二条 市发展改革、工业和信息化、科技创新、通信管理等部门应当统筹推进算力基础设施的规划建设，鼓励多元主体共同参与，构建以数据中心为支撑，云计算、边缘计算、智能计算和超级计算多元协同的发展格局。

鼓励面向数字经济应用场景开放算力资源与基础设施，探索建立算力交易平台，促进算力资源的高效利用和优化配置。

市发展改革、工业和信息化等部门应当制定数据中心绿色发展标准，统筹指引全市数据中心节能评估和升级改造，各区人民政府应当推动标准有效执行。

第十三条 市发展改革、工业和信息化、科技创新等部门应当统筹推进人工智能、区块链、云计算、边缘计算等新技术应用，支持建设新一代人工智能开放创新平台、区块链底层平台、行业云平台等基础平台，建立领先的数字技术基础设施支撑体系。

第十四条 市工业和信息化、通信管理等部门应当推动工业互联网基础设施建设，促进新一代信息技术与制造业深度融合创新，培育形成标识解析生态体系。围绕电子信息、汽车、智能装备等领域，开放和升级行业工业互联网平台，推动建设国家级工业互联网平台。

第十五条 市工业和信息化、交通运输、公安、通信管理等部门应当制定适用于自动驾驶的智能交通协同通信标准，推进道路基础设施、交通标志标识的数字化建设和改造，提高路侧设备与道路基础设施、智能管控设施的融合接入能力，统筹推进车联网建设，扩大车联网覆盖范围，建设低空领域无人机空中感知系统。

第十六条 市发展改革、工业和信息化等部门应当加强综合能源网络建设，推动能源与信息基础设施深度融合，构建安全可靠、互联互通、开放共享的智慧能源生态体系。开展数字化智能电网建设，推动智能电网与分布式能源、储能等技术融合，推进新能源汽车充换电和储能网络建设，实现储能设备和充电桩设施的标准化、网络化、智能化管理。

第十七条 市人民政府应当加快推进公共建筑和设施及其他涉及公共安全、公共管理、公共服务、社会治理的基础设施数字化改造，实现数据互联互通和数据共享。

市政务服务数据管理部门应当会同市规划和自然资源、住房建设部门利用数字技术，建设可视化城市空间数字平台和全市统一的智能物联感知平台，实时采集、处理和传输各领域感知信息，共同建设精准映射、虚实交互的数字孪生城市，提升城市治理智能化水平。

第十八条 市发展改革、科技创新等部门应当制定创新基础设施开放制度，统筹推进产学研深度融合的创新基础设施建设，发挥创新基础设施平台对数字经济产业的基础性、公益性和先导性作用，为源头创新、技术突破、关键技术创新提供基础设施支撑。

第三章　数据要素

第十九条 市人民政府应当加强数据资源整合和安全保护，依法推进公共数据共享开放，促进数据要素自主有序流动，加快数据要素市场培育，提高数据要素配置效率。

第二十条 市人民政府应当通过产业引导、社会资本引入、应用模式创新、强化合作交流等方式引导企业、社会组织等单位和个人开放自有数据资源。

鼓励企业、社会组织等单位和个人通过公共数据开放平台，对外提供各类数据服务和数据产品。

第二十一条 市政务服务数据管理部门应当会同有关行业主管部门促进各类数据深度融合，在卫生健康、社会保障、交通、科技、通信、企业投融资、普惠金融等领域推进公共数据和社会数据融合应用。

支持各类工业企业、互联网平台企业、科研院所、高等院校、社会组织等与市政务服务数据管理部门合作，开展数据汇聚与融合平台建设。

第二十二条 市人民政府应当坚持保障安全与发展数字经济并重的原则，依法建立健全网络安全、数据安全保障和个人信息保护体系。

数据处理者应当依法建立和完善数据安全管理制度，履行数据安全保护义务，不得危害国家安全、公共利益，不得损害个人、组织的合法权益。

第二十三条 鼓励市场主体加强数据开放和数据流动，推动数据要素资源化、资产化、资本化发展。

市场主体以合法方式获取的数据受法律保护。市场主体合法处理数据形成的数据产品和服务，可以依法交易。但是，法律、法规另有规定或者当事人另有约定的除外。

第二十四条 市人民政府应当组织开展数据资产的基础理论、管理模式研究，推动建立数据资产评估机制、构建数据资产定价指标体系、制定数据价值评估准则。

第二十五条 市人民政府应当推动依法设立数据交易平台，制定交易制度规则，培育高频标准化交易产品和场景，推动探索数据跨境流通、数据资产证券化等交易模式创新。

第二十六条 数据产品和服务供需双方可以通过数据交易平台进行交易撮合、签订合同、业务结算等活动；通过其他途径签订合同的，可以在数据交易平台备案。

鼓励数据交易平台与各类金融、中介等服务机构合作，形成包括权益确认、信息披露、资产评估、交易清结算、担保、争议解决等业务的综合数据交易服务体系。

第二十七条 鼓励建设和发展数据登记、数据价值评估、数据合规认证、交易主体信用评价等第三方服务机构，构建和完善数据要素市场服务体系。具体办法由市发展改革部门会同有关部门制定。

第二十八条 市发展改革、市场监管、政务服务数据管理等部门应当加强数据要素市场社会信用体系建设，建立交易异常行为发现与风险预警机制，保障数据流通过程可追溯、安全风险可防范。

第二十九条 市财政部门应当探索建立数据生产要素会计核算制度，明确核算范围、核算分类、初始计量、后续计量、资产处置等账务处理及报表列示事项，准确、全面反映数据生产要素的资产价值，推动数据生产要素资本化核算，并纳入国民经济核算体系。

第四章　技术创新

第三十条 市人民政府应当坚持创新驱动，推动数字经济相关领域的基础研究与应用基础研究，构建数字科技创新平台，健全完善规则、标准及测评体系建设，支持企业数字关键核心技术自主创新，促进数字科技成果转化。

第三十一条 市、区人民政府及科技创新、工业和信息化等部门应当协同高等院校、科研机构和企业，在高端芯片、基础和工业软件、人工智能、区块链、大数据、云计算、信息安全等领域推动数字关键核心技术攻关。

对于涉及公共利益的数字关键核心技术攻关项目，市人民政府可以通过竞争性遴选、下达指令性任务等方式组织开展。

第三十二条 市发展改革、科技创新、工业和信息化等部门应当加快数字经济领域高水平科研及产业转化平台建设，支持在未来网络、高端软件等领域建设重点实验室、工程实验室、制造业创新中心、工程技术研究中心、企业技术研究中心等。

市发展改革、科技创新、工业和信息化等部门应当推进数字经济产学研合作，支持科研院所、高等院校等与企业共建技术创新联盟、科技创新基地、博士工作站、博士后科研工作站等，加强科研力量优化配置和资源共享，促进关键共性技术研发、系统集成和工程化应用。

利用财政性资金或者国有资本购置、建设的科技创新平台和重大科技基础设施，应当建立科学、专业、高效的管理模式，并在保障安全规范的前提下，按照规定向社会开放。

第三十三条　市标准化管理部门应当会同市工业和信息化、科技创新等部门统筹推进数字经济相关标准体系建设。

鼓励科研机构、行业协会、产业联盟、企业等参与制定数字经济国际规则、国际标准、国家标准、行业标准和地方标准，自主制定数字经济团体标准、企业标准。

市、区人民政府及市场监管部门应当支持数字技术相关检验检测认证机构和标准试验验证平台发展，强化其对数字技术和设备的检测验证、标准制定、技术培训以及咨询服务等功能。

第五章　产业集聚

第三十四条　市发展改革、科技创新、工业和信息化、文化广电旅游体育等部门应当促进相关领域数字经济产业向集群化发展升级，根据产业特点和区域优势统筹规划各自领域数字经济产业集群空间布局，避免同质化无序竞争和低水平重复建设。

第三十五条　市人民政府应当统筹协调各区人民政府规划建设数字经济产业特色园区，推进各类产业园区数字基础设施建设和产业综合配套服务，鼓励园区对入驻的数字经济产业企业给予租金减免等相关优惠。

鼓励各类产业园区建设智慧园区，依托城市大数据中心开展数据共享，提升产业园区公共服务、物业管理、产业集聚、人才服务、创新协同等智慧化服务水平。鼓励智慧园区系统开发服务商、行业协会等组织建立智慧园区建设和管理标准，建设全程感知的一体化智慧园区管理平台，构建智慧示范园区。

第三十六条　市发展改革、科技创新、工业和信息化、文化广电旅游体育等部门应当梳理相关数字经济产业核心产业链、供应链补链强链需求，并会同市商务部门、各区人民政府开展定向招商工作。

第三十七条　市人民政府应当针对不同类型数字经济产业企业制定具有针对性的政策措施，鼓励数字经济产业生态主导型企业开放基础软硬件等核心技术和优势资源，搭建生态孵化平台，引领中小微企业协同建设生态圈，形成大中小微企业协同共生的数字经济产业生态。

第三十八条　市工业和信息化、科技创新、商务等部门应当协同产业联盟、行业协会、园区运营管理机构等，合作建立中小企业数字化转型服务体系，提供数字化转型相关咨询、培训、方案设计、测评、检验、融资对接等服务，降低中小企业数字化转型成本。

第六章 应用场景

第三十九条 市、区人民政府应当建设数字化城市治理平台，开展城市运行监测分析、协同指挥调度、联动处置等工作，应用数字技术推动城市治理手段、治理模式、治理理念创新，实现城市运行管理科学化、精细化、智能化。

市政务服务数据管理部门应当协调其他公共管理和服务机构，在保障数据安全的前提下，积极稳妥为市场主体开放应用场景。

鼓励社会组织、企业、公众围绕城市治理和民生服务参与应用场景设计，市政务服务数据管理部门应当适时开展面向社会的应用场景设计征集活动，推动城市共建共治。

第四十条 市政务服务数据管理部门应当推动数字技术在政务服务领域的全面应用，建设一体化政务服务平台和移动政务平台，推动依申请政务事项和公共服务事项线上线下融合办理。

第四十一条 市工业和信息化部门应当推动工业互联网创新发展，支持跨行业、跨领域、行业级、专业型工业互联网平台的建设与应用，提供制造业场景应用需求数字化解决方案，促进数字技术与制造业融合发展，加快制造业数字化、智能化转型和高质量发展。

第四十二条 市交通运输、商务等部门应当推动数字技术在物流、会展等服务业领域的应用，推进新业态新模式发展，创新服务内容和模式，提升服务质量和效率，拓展数字经济产业新空间。

第四十三条 市交通运输、公安等部门应当统筹推进智能交通体系建设，促进智能交通基础设施与运输服务、能源以及通信网络融合发展，构建交通信息基础设施和综合交通信息枢纽，推动城市道路交通体系的全要素数字化。

第四十四条 市卫生健康、市场监管等部门应当支持医疗卫生机构数字化改造，促进智慧医疗便民服务；推进数字技术在药品、医疗设备和医疗技术的研发，医学检验检测、临床诊断辅助决策、远程医疗、个人健康管理、公共卫生事件防控、医院管理、卫生监督执法、疾病预防和干预等领域的应用。

第四十五条 市文化广电旅游体育部门应当依托文化文物单位馆藏文化资源开发数字文化产品，提高博物馆、图书馆、美术馆、文化馆等文化场馆的数字化水平。

市文化广电旅游体育部门应当支持智慧旅游景区建设，鼓励开发数字化旅游产品，提供智慧化旅游服务，培育云旅游等网络体验与消费新模式，促进旅游业线上线下融合发展。

市文化广电旅游体育部门应当推动数字化全民健身体系建设，推进体育场馆和设施数字化改造，完善训练赛事和市民健身运动的数字化服务体系。

市文化广电旅游体育部门应当统筹推动数字创意产业创新发展，培育壮大创意设计、数字文化装备、影视制作、动漫游戏等产业，支持塑造优质数字内容原创作品，建设数字创意孵化和服务平台，加快数字创意与文化旅游产品以及教育等公共服务融合融通。

第四十六条　市商务、市场监管、工业和信息化等部门应当推进数字技术在餐饮业的创新应用，支持数字餐饮新技术、新业态、新模式发展，支持建设餐饮业互联网平台，开展食材溯源供应链数据共享服务；推动智能化信息管理系统、数控化烹饪设施建设。

市市场监管部门应当加强对餐饮单位食品安全数字化监管系统建设，联合教育等部门对学校食堂等重点场所推行在线监测。

第四十七条　市、区人民政府及地方金融监管部门应当推动金融业数字化转型升级，推进数字金融科技创新平台建设，促进金融数字技术创新，建设金融科技产业聚集区。鼓励依法合规开展数字金融创新，按照国家规定推进数字人民币应用，发展数字普惠金融、供应链金融、绿色金融等金融新业态，完善精准服务中小微企业数字金融体系，探索开展数据资产质押融资、保险、担保、证券化等金融创新服务。

第四十八条　市教育部门应当会同有关部门整合数字图书馆、数字博物馆、数字科技馆等社会资源，促进教育数据和数字教学资源的共建、共享、开放、流通。

市教育部门应当推动智慧校园、智慧课堂建设，探索新技术条件下的混合式、合作式、体验式、探究式等教学，根据各类教育特点创新教育场景示范应用，推进校园教育数字化。

第四十九条　市商务部门应当将本市企业研发生产的优质数字产品纳入本市特色产品目录，对符合条件的产品给予支持和推广。

市商务部门应当推动商业数字化转型，拓展电子商务功能，培育发展电子商务新业态。

市商务部门应当会同市市场监管等部门统筹推动跨境电商发展，鼓励跨境电商运营商应用数字技术创新服务模式，促进跨境电商系统与海关、金融、税务、口岸以及综合保税区等数字化系统相衔接，营造跨境电商发展良好生态。

第五十条　市人民政府应当加快信息无障碍建设，围绕城市治理、政务服务、交通、医疗、文化体育、餐饮、金融、教育、产品销售等高频事项和服务场景，支持运用数字技术提供适用的无障碍产品和服务，完善服务保障措施，促进全社会平等参与数字生活。

第七章 开放合作

第五十一条 市人民政府应当深化数字经济产业国际合作，推动在数据治理及流通、人才交流培养、技术合作和创新创业等领域全面协作，集聚世界一流的创新要素，探索对接国际的政策规则体系，建立有利于跨境科技成果转化和应用业态孵化的国际化营商环境。

第五十二条 市人民政府应当发挥数字经济产业资源集聚和辐射带动优势，加强同其他区域数字经济产业的合作，吸引市外优秀企业在本市设立国际总部、粤港澳大湾区总部和区域总部，鼓励本市优秀企业加强产业布局和市场开拓。

第五十三条 本市推动粤港澳大湾区数字经济协同发展，协同粤港澳大湾区其他城市建设粤港澳大湾区大数据中心，引导数据中心集约化、规模化、绿色化发展，推动算力、数据、应用资源集约化和服务化创新，全面支撑粤港澳大湾区数据生产要素流通汇聚和产业数字化升级。

第五十四条 本市推动粤港澳大湾区各城市加强粤港澳大湾区数据标准化体系建设，按照区域数据共享需要，共同建立数据资源目录、基础库、专题库、主题库、数据共享、数据质量和安全管理等基础性标准和规范，促进数据资源共享和利用。

第五十五条 本市推动建设粤港澳大湾区数据共享交换平台，支撑粤港澳大湾区数据共享共用、业务协同和场景应用建设，推动数据有效流动和开发利用。

第五十六条 本市推动粤港澳大湾区各城市数字认证体系、电子证照跨区域互认互通，支撑政务服务和城市运行管理跨区域协同。

第五十七条 市人民政府鼓励本市企业积极融入全球数字经济产业分工，设立境外生产和研发基地，建立全球营销网络及产业链体系。

市商务部门应当会同市发展改革、科技创新、工业和信息化等部门搭建数字经济产业国际风险预警平台，为企业开拓境外市场提供预警信息服务。

第五十八条 市人民政府应当支持数字经济产业生态主导型企业发起设立国际性产业与标准组织，吸引数字经济领域国际性产业与标准组织迁址本市或者在本市设立分支机构，鼓励本市企业和其他组织参与制定国际产业标准。

探索建立国际性产业与标准组织综合监管体系，优化注册条件、简化注册流程，分类管理数字化技术产业组织。

第五十九条 市商务部门应当会同市中小企业服务部门支持企业参加境内外数字经济产业高端展会论坛，推动企业开拓境内外市场。

市发展改革、科技创新、工业和信息化和其他行业主管部门应当支持在本市举办数字经济产业领域的展览、赛事、论坛等活动，搭建数字经济产业展示、交易、交流、合作平台。

第六十条 市网信、工业和信息化、通信管理等部门应当在国家及行业数据跨境传输安全管理制度框架下，会同有关部门开展数据跨境传输安全管理和跨境通信工作，提升跨境通信传输能力和国际数据通信服务能力，推动本市建设成为国际数据枢纽中心。

第八章　支撑保障

第六十一条 市人民政府应当坚持数字经济、数字政府、数字社会一体化建设。在政务服务、财政、税收、金融、人才、知识产权、土地供应、电力接引以及设施保护等方面完善政策措施，为数字经济产业健康发展提供保障。

第六十二条 探索利用财政资金、国有资本设立市、区两级数字经济产业投资基金，支持通过数字经济产业投资基金引导社会资本投资数字经济产业重点企业和重大项目。

第六十三条 市地方金融监管部门应当完善投融资服务体系，拓宽数字经济市场主体融资渠道，鼓励金融机构适应数字经济发展需求，创新金融服务，开发融资产品，为数字经济产业发展提供支持。

第六十四条 市通信管理部门应当积极承接省级通信管理部门下放的审批服务事项，优化增值电信业务经营许可、非经营性互联网信息服务备案、新型电信业务、电信网码号资源使用和调整、互联网域名注册服务机构设立、外商投资经营电信业务等审批服务。

第六十五条 市人民政府或者其授权的单位根据国家集中采购目录的有关规定和本市实际需要，可以将云计算、大数据、人工智能等数字产品和服务项目列入集中采购目录。

市工业和信息化部门应当定期发布首版次软件、首台（套）重大技术装备应用推广指导目录，支持数字产品的推广和应用。

第六十六条 市人才工作、人力资源保障等部门应当加强数字经济产业领域关键核心技术人才培养，建立与数字经济产业发展需要相匹配的人才评价机制。

市教育部门应当指导和督促本市高等院校、职业学校开设数字经济产业相关专业和课程，培养数字经济产业研究和应用型人才。

支持社会资本设立数字经济产业培训机构，培养符合数字经济产业发展需求的相关人才。

第六十七条 市商务、人力资源保障、工业和信息化等部门应当加强对数字经济产业新业态用工服务的指导，积极探索灵活多样的用工方式和多点执业新模式；制定和完善数字经济产业新业态从业人员在工作时间、报酬支付、保险保障等方面规定，保障数字经济产业新业态从业人员的合法权益。

第六十八条 本市推进知识产权快速维权体系建设，完善知识产权领域的区域和部门协作机制，加强数字经济领域知识产权保护，依法打击知识产权侵权行为。

第六十九条 市人民政府应当健全市场准入、公平竞争审查和监管等制度，建立全方位、多层次、立体化监管体系，实现事前事中事后全链条全领域监管。

第七十条 市、区人民政府应当对数字经济产业创新探索等实行包容审慎监管，分领域制定具体监管规则和标准，建立弹性监管工作机制。

第七十一条 鼓励专业服务机构为数字经济产业企业提供创业培训和辅导、知识产权、投资融资、技术支持、决策咨询、产权交易、法律等服务。

第七十二条 市人民政府应当加强数字经济知识的宣传、教育和培训，鼓励社会力量参与，普及数字产品使用，加强数字技能培训，引导科学认知，培养创新能力，提高全民数字技能，全面提升全社会数字素养。

第七十三条 市有关部门、企业等数据处理的主体应当落实数字经济产业发展过程中的安全保障责任，健全安全管理制度，加强重要领域数据资源、重要网络、信息系统和硬件设备安全保障，健全关键信息基础设施保障体系，建立安全风险评估、监测预警和应急处置机制，采取必要安全措施，保障数据、网络、设施等方面的安全。

第七十四条 有关部门及其工作人员未依照本条例规定履行相关职责的，对直接负责的主管人员和其他直接责任人员依法给予处分；构成犯罪的，依法追究刑事责任。

第九章　附则

第七十五条 本条例自 2022 年 11 月 1 日起施行。

5.3　深圳市发展和改革委员会关于印发《深圳市数据交易管理暂行办法》的通知

（深发改规〔2023〕3 号）

各有关单位：

《深圳市数据交易管理暂行办法》已经市政府同意，现印发给你们，请遵照执行。

深圳市发展和改革委员会

2023 年 2 月 21 日

深圳市数据交易管理暂行办法

第一章　总则

第一条　为引导培育本市数据交易市场，规范数据交易行为，促进数据有序高效流动，根据《中华人民共和国网络安全法》《中华人民共和国数据安全法》《中华人民共和国个人信息保护法》《深圳经济特区数据条例》《深圳经济特区数字经济产业促进条例》等有关法律法规规定，结合本市实际，制定本办法。

第二条　在经市政府批准成立的数据交易场所内进行的数据交易及其相关管理活动，适用本办法。

第三条　本市数据交易坚持创新制度安排、释放价值红利、促进合规流通、保障安全发展、实现互利共赢的原则，着力建立合规高效、安全可控的数据可信流通体系。

第四条　市发展改革部门是本市数据交易的综合监督管理部门，负责统筹协调全市数据交易管理工作，主要履行以下职责：

（一）统筹全市数据交易规划编制、政策制定以及规则制度体系建设，鼓励和引导市场主体在依法设立的数据交易场所进行数据交易；

（二）推动数据交易场所运营机构利用先进的信息化技术建立数据来源可确认、使用范围可界定、流通过程可追溯、安全风险可防范的数据交易服务环境；

（三）会同相关部门建立协同配合的数据交易监督工作机制，对数据交易场所运营机构和交易市场主体进行管理。

市网信、教育、科技创新、工业和信息化、公安、司法、财政、人力资源和社会保障、规划与自然资源、交通运输、商务、卫生健康、审计、国有资产监督管理、市场监督管理、统计、地方金融监督管理、政务服务数据管理、国家安全、证券监督管理等部门在各自职责范围内承担监管职责。

第五条 本办法所称数据交易场所是经市政府批准成立的，组织开展数据交易活动的交易场所。

数据卖方是指在数据交易场所内出售交易标的的法人或非法人组织。

数据买方是指在数据交易场所内购买交易标的的法人或非法人组织。

数据商是指从各种合法来源收集或维护数据，经汇总、加工、分析等处理转化为交易标的，向买方出售或许可；或为促成并顺利履行交易，向委托人提供交易标的发布、承销等服务，合规开展业务的企业法人。

第三方服务机构是指辅助数据交易活动有序开展，提供法律服务、数据资产化服务、安全质量评估服务、培训咨询服务及其他第三方服务的法人或非法人组织。

第二章 数据交易主体

第六条 数据交易主体包括数据卖方、数据买方和数据商。数据卖方应当作为数据商或通过数据商保荐，方可开展数据交易。

第七条 在保证数据安全、公共利益及数据来源合法的前提下，市场主体按照不同情形，依法享有数据资源持有权、数据加工使用权和数据产品经营权等权利。

数据卖方和数据商应加强数据质量、安全及合规管理，确保数据的真实性和来源合法性。数据买方应当按照交易申报的使用目的、场景和方式合规使用数据。

第八条 数据商运行管理指南、数据交易所生态合作方管理指南等业务规则由数据交易场所运营机构另行制定。

第三章 数据交易场所运营机构

第九条 数据交易场所运营机构应当按照相关法律、行政法规和数据交易综合监督管理部门的规定，为数据集中交易提供基础设施和基本服务，承担以下具体职责：

（一）提供数据集中交易的场所，搭建安全、可信、可控、可追溯的数据交易环境，支撑数据、算法、算力资源有序流通；

（二）提供交易标的上市、交易撮合、信息披露、交易清结算等配套服务；

（三）制定完善数据交易标的上市、可信流通、信息披露、价格生成、自律监管等交易规则、服务指南和行业标准；

（四）实行数据交易标的管理，审核、安排数据交易标的上市交易，决定数据交易标的暂停上市、恢复上市和终止上市；

（五）对交易过程形成的交易信息进行保管和归案；

（六）负责在数据交易场所内开展数据交易活动的数据交易主体和第三方服务机构的登记及其交易（服务）行为管理；

（七）组织实施交易品种和交易方式创新，探索开展数据跨境交易业务以及数据资产证券化等对接资本市场业务；

（八）依法依规建立数据交易安全保障体系，指导数据交易主体和第三方服务机构做好数据可信流通、留痕溯源、风险识别、合规检测等数据安全技术保障服务，采取有效措施保护个人信息、个人隐私、商业秘密、保密商务信息和国家规定的重要数据。及时发现、处理并依法向相关监管机构报送违法违规线索，配合相关监管机构检查和调查取证；

（九）开展数据交易宣传推广、教育培训、业务咨询和保护协作等市场培育服务；

（十）经主管部门批准的其他业务。

第十条　数据交易场所运营机构原则上应当采取公司制组织形式，依法建立健全法人治理结构，完善议事规则、决策程序和内部审计制度，加强内控管理，保持内部治理的有效性。

第十一条　数据交易场所运营机构开展经营活动不得违法从事下列活动：

（一）采取集中竞价、做市商等集中交易方式进行交易；

（二）未经交易主体委托、违背交易主体意愿、假借交易主体名义开展交易活动；

（三）挪用交易主体交易资金；

（四）为牟取佣金收入，诱使交易主体进行不必要的交易；

（五）提供、传播虚假或者误导交易主体的信息；

（六）利用交易软件进行后台操纵；

（七）其他违背交易主体真实意思表示或与交易主体利益相冲突的行为。

数据交易场所运营机构不得对外提供融资、融资担保、股权质押。

数据交易场所运营机构的董事、监事、高级管理人员及其他工作人员不得直接或间接入市参与本交易场所交易，也不得接受委托进行交易。

第四章　数据交易标的

第十二条　数据交易场所的交易标的包括数据产品、数据服务、数据工具等。

（一）数据产品

数据产品主要包括用于交易的原始数据和加工处理后的数据衍生产品。包括但不限于数据集、数据分析报告、数据可视化产品、数据指数、API 数据、加密数据等。

（二）数据服务

数据服务指卖方提供数据处理（收集、存储、使用、加工、传输等）服务能力，包括但不限于数据采集和预处理服务、数据建模、分析处理服务、数据可视化服务、数据安全服务等。

（三）数据工具

数据工具指可实现数据服务的软硬件工具，包括但不限于数据存储和管理工具、数据采集工具、数据清洗工具、数据分析工具、数据可视化工具、数据安全工具。

（四）经主管部门同意的其他交易标的

危害国家安全、公共利益，侵犯个人、组织合法权益，包括不借助其他数据的情况下可以识别特定自然人的数据，不得作为交易标的。如发现重大敏感数据出境涉嫌危害国家安全需进行国家安全审查。

第十三条 数据交易标的在数据交易场所上市前，数据商应当提交关于数据来源、数据授权使用目的和范围、数据处理行为等方面的说明材料以及第三方服务机构出具的数据合规评估报告。数据交易主体可委托第三方服务机构开展数据资产价值评估、数据质量评估认证、数据安全检测评估认证等服务。

第十四条 鼓励以下情形的数据交易标的在数据交易场所内进行交易：

（一）公共数据经授权运营方式加工形成的、已不具备公共属性的数据产品；

（二）本市财政资金保障运行的公共管理和服务机构采购非公共数据产品、数据服务和数据工具；

（三）市属和区属国有企业采购或出售的数据产品、数据服务和数据工具。

第十五条 数据买方应按照买卖双方约定和数据授权使用的目的和范围使用数据。数据商及第三方服务机构未经数据卖方和买方许可，不得擅自使用交易的数据产品和数据工具，不得泄漏交易过程中的未公开材料及其获悉的其他非公开信息。

第十六条 数据交易场所运营机构应当制定数据产品质量评估及管理规范、数据及数据交易合规性审核指南、数据流通交易负面清单和谨慎清单。

第五章　数据交易行为

第十七条　数据交易包括交易准备、交易磋商、交易合同签订、交付结算、争议处理等行为。

第十八条　在交易准备环节，数据卖方应依据实际情况披露交易标的的描述说明、适用范围、更新频率、计费方式等信息，并向数据交易场所运营机构提供产品或服务样例。数据买方应提供所属行业、数据需求内容、数据用途等信息。

数据交易场所运营机构应对数据卖方和数据买方提供的信息进行审核，督促数据交易主体及时、准确提供信息。

第十九条　在交易磋商环节，数据卖方和数据买方就交易时间、数据用途、使用期限、交付质量、交付方式、交易金额、交易参与方安全责任、保密条款等内容进行协商。

数据交易场所运营机构应提供在线撮合服务，并向数据买方提供用于测试样例数据的实验环境，保障测试实验环境安全。

数据交易场所运营机构应当从数据质量维度、数据样本一致性维度、数据计算贡献维度、数据业务应用维度等方面探索构建数据价值评估指标体系，为数据交易定价提供参考。

第二十条　数据交易场所运营机构应当对数据交易合同进行审核并备份存证，合同需包括数据描述、数据用途、数据质量、交易方式、交易金额、数据使用期限、安全责任、交易时间、保密条款等内容。

数据买方如使用本市财政资金进行采购，应当按照有关规定公开合同签订时间、合同价款、项目概况、违约责任等合同基本信息，但涉及国家秘密、商业秘密的除外。

第二十一条　数据交易场所运营机构应当建立统一的安全规范和技术标准保障交付安全。

数据交易场所运营机构应当实行交易资金第三方结算制度，由交易资金的开户银行或非银行支付机构负责交易资金的结算。

第二十二条　数据交易场所运营机构应建立争议解决机制，制定并公布争议解决规则，根据自愿原则，公平、公正解决争议。

第六章　数据交易安全

第二十三条　数据交易场所运营机构应当建立数据流通交易安全基础设施，加强防攻击、防泄漏、防窃取的监测、预警、控制和应急处置能力建设，关键设备应当采用自主可控的产品和服务。

第二十四条 数据交易场所运营机构、数据卖方、数据买方、数据商和第三方服务机构应依照法律、法规、规章和国家标准的强制性要求，建立健全全流程数据安全管理制度，组织开展安全教育培训，落实数据安全保护责任，采取相应的技术措施和其他必要措施，保障数据安全。

第二十五条 数据交易场所运营机构应当制定数据安全事件应急预案，对重要系统和数据库进行容灾备份，定期开展数据交易环境安全等级保护测试和渗透测试等数据安全应急演练，提升数据安全事件应对能力。

第二十六条 数据交易场所运营机构应当制定数据安全分级管理实施细则。数据交易主体应当根据数据安全管理的不同级别采取不同强度的安全保护措施。

第七章　管理与监督

第二十七条 市发展改革部门会同市网信、工业和信息化、公安、市场监督管理、政务服务数据管理、地方金融监管、国家安全等部门建立数据交易监管机制专责小组，主要承担以下职责：

（一）制定监管制度，建立协同监管工作机制；

（二）落实"双随机，一公开"监管要求，制定监督检查方案并组织实施；

（三）协调、督促相关监管部门对检查发现或投诉举报的问题依照法律法规进行处理处罚；

（四）其他数据交易监管事项。

第二十八条 数据交易监管机制专责小组应当加强对交易监管数据的归集、监测、共享，推行非现场监管、信用监管、风险预警等新型监管模式，提升监管水平。

第二十九条 监管机制专责小组依法依规对数据交易场所运营机构履行数据安全责任、落实安全管理制度和保护技术措施等情况进行监督，不定期开展飞行检查，查阅、复制有关文件和资料，对数据交易场所运营机构的有关人员进行约见谈话、询问。对于监管机制专责小组指出的相关问题，数据交易场所运营机构应当按要求进行整改。

第三十条 监管机制专责小组在依法开展监管执法活动时，数据交易场所运营机构、数据交易主体及第三方服务机构应予以配合，并提供相关信息和技术支撑。

第三十一条 数据交易场所运营机构发现违反市场监督管理、网络安全、数据安全等方面相关法律、法规、规章的数据交易行为，应当依法采取必要的处置措施，保存有关记录，并向监督管理部门报告。

第三十二条 数据交易场所运营机构对交易过程形成完整的交易日志并

安全保存，保存时间不少于三十年。法律法规另有规定的，依照其规定。交易信息可作为监管部门进行监管执法的重要依据。

第三十三条　鼓励数据相关行业组织加强行业自律建设，提供信息、技术、培训等服务，促进行业健康发展。

第八章　附则

第三十四条　本办法由深圳市发展和改革委员会负责解释。

第三十五条　本办法自 2023 年 3 月 1 日起施行，有效期三年。

5.4　深圳市发展和改革委员会关于印发《深圳市数据商和数据流通交易第三方服务机构管理暂行办法》的通知

（深发改规〔2023〕4 号）

各有关单位：

经市政府同意，现将《深圳市数据商和数据流通交易第三方服务机构管理暂行办法》印发给你们，请遵照执行。

深圳市发展和改革委员会
2023 年 2 月 24 日

深圳市数据商和数据流通交易第三方服务机构管理暂行办法

第一章　总则

第一条　为促进我市数据交易市场健康发展，规范数据商和数据流通交易第三方服务机构（以下简称数据商和第三方服务机构）业务活动，根据《中华人民共和国网络安全法》《中华人民共和国数据安全法》《中华人民共和国个人信息保护法》《深圳经济特区数据条例》《深圳经济特区数字经济产业促进条例》等法律法规，结合本市实际，制定本办法。

第二条　在经市政府批准成立的数据交易场所内开展业务活动的数据商和第三方服务机构，适用本办法。

第三条　本办法所称数据商，是指从各种合法来源收集或维护数据，经汇总、加工、分析等处理转化为交易标的，向买方出售或许可；或为促成并顺利履行交易，向委托人提供交易标的发布、承销等服务，合规开展业务的企业法人。

第三方服务机构是指辅助数据交易活动有序开展，提供法律服务、数据资产化服务、安全质量评估服务、培训咨询服务及其它第三方服务的法人或非法人组织。

第四条 数据商和第三方服务机构从事数据交易活动应当遵循依法合规、规范统一、公平自愿、诚实守信、安全可控的原则，遵守商业道德，不得危害国家安全、公共利益以及企业和个人的合法权益。

第五条 市发展改革部门是本市数据交易的综合监督管理部门，负责制定数据商和第三方服务机构的监督管理制度，加强对数据商和第三方服务机构管理工作的统筹、指导和监督。

市网信、工业和信息化、公安、司法行政、财政、人力资源和社会保障、审计、市场监督管理、地方金融监督管理、政务服务数据管理、国家安全等部门按照职责分工，依照相关法律法规和部门规章履行相关管理职能。

第六条 数据交易场所在市发展改革部门等监督管理部门指导下制定完善数据商和第三方服务机构管理规范，做好行政管理部门对数据商和第三方服务机构实施行政检查和行政处罚的配合工作。

第二章 业务运行

第七条 数据商可以从事资产开发、数据发布、数据销售等业务。

资产开发业务是指数据源开发和数据产品、数据服务、数据工具增值开发。

数据发布业务是指发布或代理发布交易标的，面向发布委托人开展辅导推荐、监督审核和名义担保等活动。

数据销售业务是指销售或代理销售交易标的，包括产品推广、产品议价、可信流通等活动。

第八条 第三方服务机构可以依法从事法律服务、数据资产化服务、安全质量评估服务、培训咨询服务等业务。

法律服务包括数据合规评估、数据公证、争议仲裁、司法鉴定等服务。

数据资产化服务包括数据资产评估、数据保险、数据资产融资、数据资产信托等服务。

数据安全质量评估服务包括数据质量评估、数据安全评估和认证、数据安全审计等服务。

培训咨询服务包括人才培训、业务培训、咨询等服务。

第九条　数据商和第三方服务机构及其从业人员开展相关业务时，应当遵守法律、法规的规定，诚实守信，勤勉尽责，遵守职业道德规范，不得危害国家安全、公共利益以及企业和个人的合法权益。

第十条　数据商应当对其开发、发布、销售的交易标的进行严格审查，确保交易标的来源合法、内容真实、质量可靠。涉及跨境交易向境外提供交易标的的，应当符合国家数据出境安全管理规定。

第十一条　数据商签订采购、销售、许可、经纪等合同一般包括交易标的、数据种类、数量、质量、数据用途、使用期限、交易金额、履行方式、安全责任、保密条款、违约责任和争议解决方法等实质性条款。

第十二条　第三方服务机构及其从业人员开展相关业务，应当坚持独立、客观、公正原则，对于任何组织和个人的不当干预应当予以拒绝。

第十三条　第三方服务机构出具法律意见书、评估报告或其它鉴证报告时，应当保证报告的客观性、真实性、准确性和完整性，不得出现虚假记载、误导性陈述或其它违反法律法规、行业规则的情形。

第十四条　数据商和第三方服务机构及其从业人员应当遵守保密原则，妥善保存客户委托文件、数据资料、工作底稿等信息和资料，任何人不得泄露、隐匿、伪造、篡改或者毁损。

第十五条　数据商和第三方服务机构应当真实、完整、规范地整理交易全过程资料并留档保存，不得伪造、篡改、隐匿或销毁，防止业务档案丢失、泄密。保管期限自业务合同有效期终止之日起计算不得少于 30 年。

第三章　安全管理

第十六条　数据商开展数据开发业务，应当保障处理过程安全可追溯。经数据提供方同意，数据商可以将部分非主体、非关键性的数据开发业务委托他人开展。数据商应当对受托方的数据安全保护能力、资质进行审核，明确受托方的安全保护责任和保密义务，约定其终止任务后对所处理数据的处置方式，并监督其完成处置。

第十七条　数据商代理数据发布、销售业务，应当审核数据来源以及数据提供方的身份、资质，未达到数据安全合规要求的，不得代理。

第十八条　数据商应当采取安全保护管理措施，设立安全管理部门，建立健全数据安全分类分级管理、员工访问权限管理、供应商资质管理和内部审计等制度，定期开展安全教育培训。

第十九条　数据商应当落实与数据级别相适应的安全技术保护措施，对重要数据实施物理隔离。建设安全稳定运行的基础设施、网络结构、信息系统，提升防御恶意攻击的能力，对重要系统和核心数据进行容灾备份。

第二十条 数据商应当建立健全数据安全监测预警与应急处置机制，及时开展风险评估，制定数据安全应急预案。

发生数据泄露、毁损、丢失、篡改等数据安全事件的，数据商应当立即启动应急预案，及时告知相关权利人和数据交易场所，并按照有关规定向相关行政管理部门和执法部门报告。

第四章　监督管理

第二十一条 综合监督管理部门应当会同行业主管部门建立数据商和第三方服务机构的联合监管机制，对数据商和第三方服务机构不定期开展飞行检查，查阅、复制有关文件和资料。对于有效投诉举报多、有数据安全事件或违法违规记录的数据商应当进行重点监管。数据商和第三方服务机构应当积极配合监督检查，提供相关业务档案。

第二十二条 数据商应当在法律、法规、规章规定的目的和范围内处理数据，不得交易以下标的：

（一）涉及国家秘密的；

（二）涉及合法权利人商业秘密，未经其书面同意的；

（三）包含未经依法开放公共数据的；

（四）包含未依法获得授权个人数据的；

（五）明知数据买方将利用其从事非法活动的；

（六）用于从事危害国家安全活动的；

（七）法律、法规规定禁止交易的其它标的。

第二十三条 数据商和第三方服务机构不得出现以下行为：

（一）通过隐瞒事实、虚假宣传等方式拓展业务；

（二）通过散布虚假消息等方式损害竞争对手商业信誉；

（三）接受贿赂或者获取其它不正当利益；

（四）违规获取、泄露处理过程中的数据、交易标的，未经相关主体同意披露非公开交易信息；

（五）其它损害相关主体权益的不正当行为。

第二十四条 行业主管部门应当建立第三方服务机构评价机制，鼓励服务对象对第三方服务机构进行评价。

第二十五条 综合监督管理部门、行业主管部门与数据交易场所应当建立数据商和第三方服务机构监管信息共享工作机制，加强对数据商和第三方服务机构的监督管理。

第五章 附则

第二十六条 本办法由深圳市发展和改革委员会负责解释。

第二十七条 本办法自 2023 年 3 月 10 日起施行，有效期三年。

5.5 《深圳经济特区数据条例》 等相关法律、政策解读

深圳是国务院批复确定的经济特区、全国性经济中心城市和国家创新型城市，在经济实践的先行先试方面作用突出。对于数字经济产业发展、数据交易、数据流通及数据商业的管理，深圳亦是先行先试，积累了很多成熟经验供其他地区借鉴。深圳数据产业及数据资产的实践，得益于制度先行、政策先行，这些制度和政策为数字经济产业发展实践做好了顶层设计，起到了先导作用。

本书摘录了《深圳经济特区数据条例》《深圳经济特区数字经济产业促进条例》《深圳市数据交易管理暂行办法》《深圳市数据商和数据流通交易第三方服务机构管理暂行办法》四项法律、政策文件，既是择优供读者学习借鉴，也是供其它省（自治区、直辖市）参照比较，相互学习、补充，共同推进数据交易管理工作深入开展。

一、关于数据条例①

《深圳经济特区数据条例》立法的背景及目的，可以概括为四个需要。一是全面实施大数据战略，落实综合改革实施方案要求的需要。国家大政方针及深圳的特殊定位要求深圳在数据产权制度、数据产权保护和利用的新机制、数据隐私保护制度、政府数据共享开放以及数据交易等方面先行探索，在数据法律制度构建方面先行先试。二是规范个人数据处理活动，强化个人数据保护的需要。个人数据成为经济社会发展的重要数据资源类型，其应用也在迅猛发展，但是由于个人数据保护相关法律规范的缺失，未经个人同意收集个人数据、超出必要获取用户权限、非法交易个人数据、滥用个人数据等侵权问题屡见不鲜，有必要通过立法，规范个人数据处理活动，强化对个人数据的保护。三是推进公共数据资源开放利用，提升政府数据治理能力的需要。深圳市公共数据仍呈现出"数据总量规模小、数据质量较差、可利用率不高、

---

① 本节引用了深圳市人大常委会法工委《深圳经济特区数据条例》解读，网址：https://www.sznews.com/zhuanti/content/2021-07/07/content_24368291.htm，[2024-7-24].

用户参与度低"的特点,有必要通过立法解决现有公共数据共享开放的瓶颈难题。四是加快培育数据要素市场,促进数字经济发展的需要。数据交易机制不完善阻碍了数据交易的规模扩张、导致了企业间数据不正当竞争纠纷多发等,亟须通过立法,规范数据要素市场化行为,推动数据的有序流动和数据产业的健康发展。

不同于数据相关法律以及其他省市地方性法规、规章从涉及数据的某个具体领域制定单项、专门性数据规范。《深圳经济特区数据条例》内容涵盖了个人数据、公共数据、数据要素市场、数据安全等方面,是国内数据领域首部基础性、综合性立法。其包含的主要内容如下。

第一,探索数据相关权益范围和类型。明确自然人对个人数据依法享有人格权益,包括知情同意、补充更正、删除、查阅复制等权益;自然人、法人和非法人组织对其合法处理数据形成的数据产品和服务享有法律、行政法规及条例规定的财产权益,可以依法自主使用,取得收益,进行处分。第二,强化个人数据保护。明确处理个人数据的基本原则即处理个人数据应当具有明确、合理的目的,并遵循最小必要和合理期限原则。确立以"告知—同意"为前提的个人数据处理规则,合理限制生物识别数据的处理,规范用户画像和个性化推荐的应用,强化对未成年人个人数据的保护。第三,提升公共数据治理水平。建立公共数据治理体系,从提升公共数据质量、促进公共数据共享开放等方面,设计了公共数据治理的顶层框架。就公共数据开放确立了分类分级、需求导向、安全可控的原则,要求公共数据应当在法律、法规允许范围内最大限度开放。第四,探索培育数据要素市场。从建立健全数据标准体系、推动数据质量评估认证和数据价值评估、探索建立数据要素统计核算制度、拓宽数据交易渠道、明确数据交易范围五个方面探索培育数据要素市场,并填补目前数据交易相关法律规范的空白;创新性地规定了市场主体不得以非法手段获取其他市场主体的数据,或者利用非法收集的其他市场主体数据提供替代性产品或者服务,侵害其他市场主体的合法权益等措施。第五,保护数据全生命周期安全。在国家立法的基础上进一步细化数据安全保护的相关内容。第六,在地方立法中首次确立了数据领域的公益诉讼制度。第七,规定了关于违反条例相关规定的法律责任。

二、关于数字经济产业促进条例①

《深圳经济特区数字经济产业促进条例》立足深圳产业发展实际,以数字

---

① 本节引用了深圳市人大常委会法工委《深圳经济特区数据条例》解读,网址:http://www.ssia.org.cn/page75?article_id=483,[2024-7-24].

经济核心产业促进为主线，聚焦数字经济产业发展的全生命周期和全链条服务进行制度设计。

该法律制定的背景及必要性在于贯彻落实党中央、国务院关于发展数字经济的战略部署，深圳有必要为数字经济产业创新发展先行示范，贡献深圳经验。具体包括：①巩固提升深圳市数字经济产业核心支柱产业地位的需要。立法对进一步巩固提升数字经济产业的核心支柱产业地位，推动政府、企业、高等院校、研究机构、社会组织等提高思想认识，汇集各类资源，形成工作合力，进一步做大做强数字经济产业，全力打造全国数字经济创新发展试验区和全球数字先锋城市具有重要意义。②破解数字经济产业发展痛点难点问题的需要。运用经济特区立法权在数字经济产业领域开展立法，有利于破解数字经济产业发展的痛点难点问题，形成与数字经济产业发展相适应的营商环境，为数字经济产业健康发展提供法治保障。

《深圳经济特区数字经济产业促进条例》共设九章七十五条，包括总则、基础设施、数据要素、技术创新、产业集聚、应用场景、开放合作、支撑保障、附则九章，其主要内容如下。

第一，夯实数字基础设施。厘清数字基础设施的范围，提出统筹推进信息、融合、创新等数字基础设施建设，针对本市重大产业发展需求和应用场景，遵循绿色发展原则，编制本市数字基础设施建设规划；明确通信网络、算力、数字技术、智能制造、智能交通、智慧能源、智慧市政、创新等基础设施的建设部门和建设原则。第二，培育数据要素市场。完善数据要素市场体系，通过市场培育、数据开源、数据融合、数据评估、数据交易规则、第三方数据服务等规定，进一步推动各类数据要素快捷流动、各类市场主体加速融合；确立保障安全与发展数字经济并重的原则，建立健全网络安全、数据安全保障和个人信息保护体系；探索建立数据生产要素会计核算制度，准确、全面反映数据生产要素的资产价值，推动数据生产要素资本化核算。第三，加强数字技术创新。加强数字经济领域关键核心技术攻关，加快数字经济领域高水平科研及产业转化平台建设、推进数字经济产学研合作，推进数字经济相关标准体系建设。第四，推动数字经济产业集聚。促进相关领域数字经济产业向集群化发展升级，根据产业特点和区域优势统筹规划各自领域数字经济产业集群空间布局；统筹规划建设数字经济产业特色园区，提升产业园区智慧化服务水平；鼓励数字经济产业生态主导型企业搭建生态孵化平台。第五，丰富数字化应用场景。围绕产业数字化，以支持制造业、服务业领域的数字化改造和转型升级为主线，推动数字技术与实体经济的深度融合；明确城市治理、政务服务、交通、医疗、文化体育、金融、教育等场景的数字化应用及推进主体；规定各类应用场景的服务保障措施，促进全社会平等参与数字生活。第六，深化国内国际开放合作。深化数字经济产业国际合作，加强同国内其他区域数字经济产业合作，积极融入国内国际双循环；推动建设粤港澳大湾区大数据中心和标准化体系，支持数字经济产业生态主导型企业发起设立国际性产业与标准组织，提升跨境通信传输能力和国际数据通信服务能力，推动本市建设成为国际数据枢纽中心。第七，强化支撑保障体系。规定市人民政府在政务服务、财政、税收、金融、人才、知识产权、土地供应、电力接引以及设施保护等方面完善政策措施，明确相关政府部门在支持数字经济产业发展方面的相应举措，推进知识产权快速维权体系建设，健全市场准入、公平竞争审查和监管等制度，规定市有关部门、企业等数据处理主体应当健全安全管理制度，落实安全保障责任。

三、关于数据交易及数据流通

《深圳市数据交易管理暂行办法》《深圳市数据商和数据流通交易第三方服务机构管理暂行办法》对数据交易、数据流通进行了规定，与前两个条例相比较，这两个文件是更加聚焦于微观层面的政策措施，为深圳市的数据流通及交易制定了更为具体的政策措施和遵循指南。

《深圳市数据交易管理暂行办法》的目的是引导培育本市数据交易市场，规范数据交易行为，促进数据有序高效流动。适用主体是在经市政府批准成立的数据交易场所内进行的数据交易及其相关管理活动。交易原则是坚持创新制度安排、释放价值红利、促进合规流通、保障安全发展、实现互利共赢。

关于交易的主体、场所、标的及行为，文件按照交易行为发生的情况进行了逐一分解，把交易的主体、场所、标的、行为等都在"显微镜"下进行剖析，逐一提出要求，具有很强的可操作性。

文件规定，数据交易主体包括数据卖方、数据买方和数据商。数据交易场所运营机构为数据集中交易提供基础设施和基本服务。数据交易场所的交易标的包括数据产品、数据服务、数据工具等。数据交易行为包括交易准备、交易磋商、交易合同签订、交付结算、争议处理等。数据安全是数据交易的重点内容，数据的泄露可能给国家、社会、企业或者个人造成巨大危害，所以交易安全必须重点关注。数据交易场所运营机构应当建立数据流通交易安全基础设施，加强防攻击、防泄漏、防窃取的监测、预警、控制和应急处置能力建设，关键设备应当采用自主可控的产品和服务。规定市发展改革部门牵头建立数据交易监管机制专责小组，负责制定监管制度，建立协同监管工作机制，制定监督检查方案并组织实施。

《深圳市数据商和数据流通交易第三方服务机构管理暂行办法》目的是促进深圳市数据交易市场健康发展，规范数据商和第三方服务机构业务活动。

规范对象为在经市政府批准成立的数据交易场所内开展业务活动的数据商和第三方服务机构。文件明确界定了数据商和第三方服务机构的业务范围，并对于数据商和第三方机构的业务运行做出明确规定。例如，数据商可以从事资产开发、数据发布、数据销售等业务，并且对三项业务范围进行了明确界定；第三方服务机构可以依法从事法律服务、数据资产化服务、安全质量评估服务、培训咨询服务等业务，并且对这四项业务范围进行了明确界定。文件对安全管理提出明确要求。例如，数据商开展数据开发业务，应当保障处理过程安全可追溯；建设安全稳定运行的基础设施、网络结构、信息系统，提升防御恶意攻击的能力，对重要系统和核心数据进行容灾备份。文件提出了明确的监督管理要求。例如，综合监督管理部门应当会同行业主管部门建立数据商和第三方服务机构的联合监管机制，对于有效投诉举报多、有数据安全事件或违法违规记录的数据商应当进行重点监管；行业主管部门应当建立第三方服务机构评价机制，鼓励服务对象对第三方服务机构进行评价，等等。

通过对深圳市四个法律、政策文件的梳理，可以发现深圳市不仅在数据要素、数据产业发展的大方向上及早立法、先行先试，同时又在数据流通、数据交易的细节上也制定了明确细致的规范，为数据应用、数据产业发展、数据资产入表等工作奠定了坚实的制度基础。可以预期，在本轮大数据开发利用的热潮中，深圳依然会勇立潮头、有所作为，为其他省市提供有益的借鉴。